소방공무원 공채/경채 시험대비

당신도 이번에 반드시 합격합니다!

소방공무원 출제위원이 직접 집필한

소방관계법규

7개년 기출문제

우석대학교 소방방재학과 교수 / 소방공무원 출제위원 역임 **공하성** 지음

BM (주)도서출판 성안당

도서 A/S 안내

성안당에서 발행하는 모든 도서는 저자와 출판사, 그리고 독자가 함께 만들어 나갑니다.

좋은 책을 펴내기 위해 많은 노력을 기울이고 있습니다. 혹시라도 내용상의 오류나 오탈자 등이 발견되면 "좋은 책은 나라의 보배"로서 우리 모두가 함께 만들어 간다는 마음으로 연락주시기 바랍니다. 수정 보완하여 더 나은 책이 되도록 최선을 다하겠습니다.

성안당은 늘 독자 여러분들의 소중한 의견을 기다리고 있습니다. 좋은 의견을 보내주시는 분께는 성안당 쇼핑몰의 포인트(3,000포인트)를 적립해 드립니다.

잘못 만들어진 책이나 부록 등이 파손된 경우에는 교환해 드립니다.

저자 문의 : https://pf.kakao.com/_liKxbG https://cafe.naver.com/119fireone (공하성)

본서 기획자 e-mail : coh@cyber.co.kr (최옥현)

홈페이지 : http://www.cyber.co.kr 전화 : 031) 950-6300

Preface

머리말

소방공무원 시험!!

한 번에 합격할 수 있습니다.

저는 소방분야에서 20여 년간 몸담고 있고 학생들에게 소방공무원 시험과 관련된 강의를 꾸준히 해왔습니다. 그래서 소방공무원 시험에 어떤 문제가 주로 출제되고 어떻게 공부하면 합격할 수 있는지 자세히 알고 있습니다.

그래서 이 책은 문제마다 유사 기출문제를 표시하여 공부하기 쉽도록 구성하였습니다. 특히 학원 강의를 듣듯 해설을 매우 자세하게 설명했습니다. 또한, 혼동하기 쉬운 내용은 표로 다시 한번 정리하여 수험생들의 공부시간을 단축시킬 수 있도록 노력하였습니다.

무엇보다 기초가 부족한 수험생들을 위해 관련 용어도 해설에 덧붙여 설명하였고 출제 가능성이 높고 자주 출제되는 중요한 문제에는 별표 개수를 표시하여 학습효과를 높였습니다.

♣ 문제번호 위의 별표 개수로 출제확률을 확인하세요!

★ 출제확률 30%	★★ 출제확률 70%	★★★ 출제확률 90%

한 번에 합격하신 여러분들의 밝은 미소를 기억하며…….
이 책에 대한 모든 영광을 그분께 돌려드립니다.

저자 공하성 올림

GUIDE

시험 가이드

1 응시자격

결격사유에 해당한 사람 또는 응시자격이 정지된 사람은 시험에 응시할 수 없음

(1) 「국가공무원법」 제33조, 「공무원임용시험령」 제15조

(2) 「소방공무원임용령」 제51조(부정행위자에 대한 조치)

(3) 「부패방지권익위법」 제82조(비위면직자 등의 취업제한)

(4) 「병역법」 제76조(병역의무 불이행자에 대한 제재)

(5) 「소방공무원임용령」 제15조(경력경쟁채용 등의 요건 등)

「소방공무원임용령」 제15조 제4항 제1호에 따른 "공공기관 그 밖의 이에 준하는 기관"이란 다음의 기관을 말한다.

- ▸ 국가 및 지방자치단체
- ▸ 「공공기관의 운영에 관한 법률」 제4조에 의거 기획재정부장관이 지정한 기관(알리오 누리집에서 확인)
- ▸ 「지방공기업법」에 따른 지방공사, 지방공단(클린아이 누리집에서 확인)
- ▸ 「지방자치단체 출자·출연 기관의 운영에 관한 법률」에 따른 출자·출연 기관(클린아이 누리집에서 확인)

2 시험방법

제1차 시험 필기시험 ⇨ 제2차 시험 체력시험 ⇨ 제3차 시험 신체검사 ⇨ 제4차 시험 면접시험

3 시험 시간 및 과목

공채 3과목 75문항 / 경채 2과목 65문항

채용 구분		시험과목
공채 10:00~11:15 (75분)		소방학개론(25문항), 소방관계법규(25문항), 행정법총론(25문항) [한국사, 영어 → 검정시험으로 대체]
경채 10:00~11:05 (65분)	일반 소방사 ~ 소방장	소방학개론(25문항), 소방관계법규(40문항) [한국사, 영어 → 검정시험으로 대체]
	구급	소방학개론(25문항), 응급처치학개론(40문항) [한국사, 영어 → 검정시험으로 대체]
	화학	소방학개론(25문항), 화학개론(40문항) [한국사, 영어 → 검정시험으로 대체]
	정보통신	소방학개론(25문항), 컴퓨터일반(40문항) [한국사, 영어 → 검정시험으로 대체]

※ 건축, 구조, 소방(소방관련 학과), 소방정, 심리상담, 안전관리(화재조사), 자동차정비, 자동차운전, 전기 등은 일반분야 시험과목 응시

4 ▸▸ 소방관계법규 출제범위

- 출제기준

  전년 필기시험일 기준으로 관계 법령의 시행일 적용

- 공채/경채 참고

  「소방공무원임용령」 [별표 3] '소방공무원 공개경쟁채용시험 등의 필기시험과목표', [별표 5] '소방공무원 경력경쟁채용시험 등의 필기시험과목표'

- 시험범위

  「소방기본법」, 「소방의 화재조사에 관한 법률」, 「소방시설공사업법」, 「화재의 예방 및 안전관리에 관한 법률」, 「소방시설 설치 및 관리에 관한 법률」, 「위험물안전관리법」과 각 법률의 하위법령(각 시험 시행일 기준으로 문제출제)

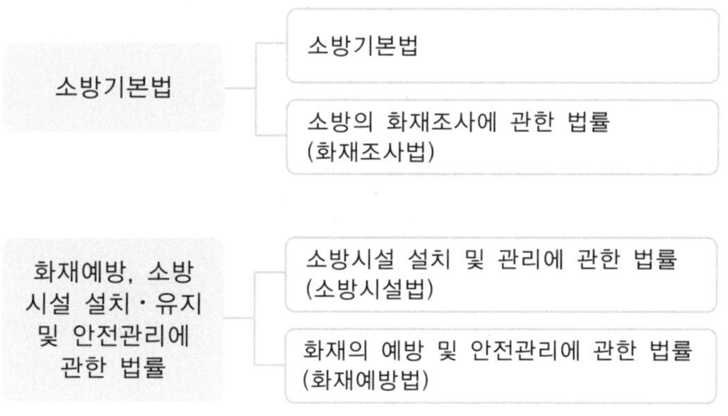

※ 필기 · 체력 · 신체검사서 · 서류전형 · 면접시험 등을 포함한 시험일정은 소방청 원서접수 시스템(http://119gosi.kr) 등을 통한 「소방공무원 채용시험 시행계획 공고문」을 반드시 확인하시기 바랍니다.

CONTENTS

차 례

2023 공개/경력 경쟁채용 기출문제

- 공개경쟁채용 기출문제 ········· 23-1
- 경력경쟁채용 기출문제 ······ 23-28

2022 공개/경력 경쟁채용 기출문제

- 공개경쟁채용 기출문제 ········· 22-1
- 경력경쟁채용 기출문제 ······ 22-22

2021 공개/경력 경쟁채용 기출문제

- 공개경쟁채용 기출문제 ········· 21-1
- 경력경쟁채용 기출문제 ······ 21-20

2020 공개/경력 경쟁채용 기출문제

- 공개경쟁채용 기출문제 ········· 20-1
- 경력경쟁채용 기출문제 ······ 20-17

2019 공개/경력 경쟁채용 기출문제

- 공개경쟁채용 기출문제 ········· 19-1
- 경력경쟁채용 기출문제 ······ 19-21

2018 공개/경력 경쟁채용 기출문제

- 공개경쟁채용 기출문제 ········· 18-1
- 경력경쟁채용 기출문제 ······ 18-19

2017 공개/경력 경쟁채용 기출문제

- 공개경쟁채용 기출문제 ········· 17-1
- 경력경쟁채용 기출문제 ······ 17-20

기출문제가
곧 적중문제

소방관계법규 기출문제

2023 공개/경력 경쟁채용 기출문제

2022 공개/경력 경쟁채용 기출문제

2021 공개/경력 경쟁채용 기출문제

2020 공개/경력 경쟁채용 기출문제

2019 공개/경력 경쟁채용 기출문제

2018 공개/경력 경쟁채용 기출문제

2017 공개/경력 경쟁채용 기출문제

우리에겐 무한한 가능성이 있습니다!

2023 공개경쟁채용 기출문제

맞은 문제수 ☐ / 틀린 문제수 ☐

★★★

01 「소방기본법」상 벌칙 중 벌금의 상한이 나머지 셋과 다른 것은?

유사기출 19년 경채 17년 경채

① 정당한 사유 없이 소방대의 생활안전활동을 방해한 자
② 화재진압 및 구조·구급 활동을 위하여 출동하는 소방자동차의 출동을 방해한 사람
③ 정당한 사유 없이 화재진압 등 소방활동을 위하여 필요할 때 물의 사용이나 수도의 개폐장치의 사용 또는 조작을 하지 못하게 하거나 방해한 자
④ 정당한 사유 없이 소방대가 현장에 도착할 때까지 사람을 구출하는 조치 또는 불을 끄거나 불이 번지지 아니하도록 하는 조치를 하지 아니한 관계인

해설

①, ③, ④ 100만원 이하 벌금
② 5년 이하 징역 또는 5000만원 이하 벌금

100만원 이하 벌금(소방기본법 54조)	5년 이하 징역 또는 5000만원 이하 벌금(소방기본법 50조)
① **피난명령** 위반 ② 위험시설 등에 대한 긴급조치 방해 ③ 소방활동(**인명구출, 화재진압**)을 하지 않은 관계인 보기 ④ ④ 위험시설 등에 정당한 사유 없이 물의 **사용**이나 **수도의 개폐장치**의 사용 또는 조작을 하지 못하게 하거나 **방해**한 자 보기 ③ ⑤ 소방대의 **생활안전활동**을 **방해**한 자 보기 ①	① 소방자동차의 **출동 방해** 보기 ② ② 사람구출 방해(**소방활동 방해**) ③ 소방용수시설 또는 비상소화장치의 **효용** 방해 ④ 출동한 소방대의 화재진압·인명구조 또는 구급활동 **방해** ⑤ 소방대의 현장출동 **방해** ⑥ 출동한 소방대원에게 **폭행·협박** 행사

정답 ②

★★
02 「소방기본법 시행규칙」상 국고보조의 대상이 되는 소방활동장비의 종류와 규격으로 옳지 않은 것은?

유사기출 23년 경채

① 구조정 : 90마력 이상
② 배연차(중형) : 170마력 이상
③ 구급차(특수) : 90마력 이상
④ 소방헬리콥터 : 5 ~ 17인승

① 90마력 이상 → 30톤급

소방기본법 시행규칙 [별표 1의2]
국고보조의 대상이 되는 소방활동장비 및 설비의 종류와 규격

구 분	종 류				규 격
소방활동장비	소방자동차	펌프차	대형		240HP 이상
			중형		170 ~ 240HP 미만
			소형		120 ~ 170HP 미만
		물탱크 소방차	대형		240HP 이상
			중형		170 ~ 240HP 미만
		화학 소방차	비활성 가스를 이용한 소방차		
			고성능		340HP 이상
			내폭		340HP 이상
			일반	대형	240HP 이상
				중형	170 ~ 240HP 미만
		사다리 소방차	고가(사다리 길이 33m 이상)		330HP 이상
			굴절	27m 이상급	330HP 이상
				18 ~ 27m 미만급	240HP 이상
		조명차	중형		170HP
		배연차	중형		170HP 이상 [보기 ②]
		구조차	대형		240HP 이상
			중형		170 ~ 240HP 미만
		구급차	특수		90HP 이상 [보기 ③]
			일반		85 ~ 90HP 미만
	소방정		소방정		100톤 이상급, 50톤급
			구조정		30톤급 [보기 ①]
	소방헬리콥터				5 ~ 17인승 [보기 ④]

비교

소방기본법 시행규칙 [별표 1의2]

국고보조대상

<table>
<tr><th>구 분</th><th colspan="4">종 류</th><th>규 격</th></tr>
<tr><td rowspan="12">소방활동장비</td><td rowspan="12">통신설비</td><td rowspan="4">유선통신장비</td><td colspan="2">디지털전화교환기</td><td>국내 100회선 이상, 내선 1000회선 이상</td></tr>
<tr><td colspan="2">키폰장치</td><td>국내 100회선 이상, 내선 200회선 이상</td></tr>
<tr><td colspan="2">팩스</td><td>일제 개별 동보장치</td></tr>
<tr><td colspan="2">영상장비 다중화 장치</td><td>동화상 및 정지화상 E_1급 이상</td></tr>
<tr><td rowspan="8">무선통신기기</td><td rowspan="3">극초단파 무선기기</td><td>고정용</td><td>공중전력 50W 이하</td></tr>
<tr><td>이동용</td><td>공중전력 20W 이하</td></tr>
<tr><td>휴대용</td><td>공중전력 5W 이하</td></tr>
<tr><td rowspan="3">초단파 무선기기</td><td>고정용</td><td>공중전력 50W 이하</td></tr>
<tr><td>이동용</td><td>공중전력 20W 이하</td></tr>
<tr><td>휴대용</td><td>공중전력 5W 이하</td></tr>
<tr><td rowspan="2">단파 무전기</td><td>고정용</td><td>공중전력 100W 이하</td></tr>
<tr><td>이동용</td><td>공중전력 50W 이하</td></tr>
<tr><td rowspan="14">소방전용 통신설비 및 전산설비</td><td rowspan="14">전산설비</td><td rowspan="3">주전산기기</td><td>중앙처리장치</td><td colspan="2">• 클럭속도 : 90MHz 이상
• 워드길이 : 32bit 이상</td></tr>
<tr><td>주기억장치</td><td colspan="2">• 용량 : 125Mbyte 이상
• 전송속도 : 22Mbyte/s 이상
• 캐시메모리 : 1Mbyte 이상</td></tr>
<tr><td>보조기억장치</td><td colspan="2">• 용량 : 5Gbyte 이상</td></tr>
<tr><td rowspan="3">보조전산기기</td><td>중앙처리장치</td><td colspan="2">• 성능 : 26MIPS 이상
• 클럭속도 : 25MHz 이상
• 워드길이 : 32bit 이상</td></tr>
<tr><td>주기억장치</td><td colspan="2">• 용량 : 32Mbyte 이상
• 전송속도 : 22Mbyte/s 이상
• 캐시메모리 : 128kbyte 이상</td></tr>
<tr><td>보조기억장치</td><td colspan="2">• 용량 : 22Gbyte 이상</td></tr>
<tr><td rowspan="3">서버</td><td>중앙처리장치</td><td colspan="2">• 성능 : 80MIPS 이상
• 클럭속도 : 100MHz 이상
• 워드길이 : 32bit 이상</td></tr>
<tr><td>주기억장치</td><td colspan="2">• 용량 : 32Mbyte/s 이상
• 전송속도 : 22Mbyte/s 이상
• 캐시메모리 : 128kbyte 이상</td></tr>
<tr><td>보조기억장치</td><td colspan="2">용량 : 3Gbyte 이상</td></tr>
<tr><td rowspan="4">단말기</td><td>중앙처리장치</td><td colspan="2">클럭속도 : 100MHz 이상</td></tr>
<tr><td>주기억장치</td><td colspan="2">용량 : 16Mbyte 이상</td></tr>
<tr><td>보조기억장치</td><td colspan="2">용량 : 1Gbyte 이상</td></tr>
<tr><td>모니터</td><td colspan="2">컬러, 15인치 이상</td></tr>
<tr><td colspan="2">라우터(네트워크 연결장치)</td><td colspan="2">6시리얼포트 이상</td></tr>
</table>

구 분	종 류		규 격
소방전용통신설비 및 전산설비	전산설비	스위칭허브	**16이더넷포트** 이상
		이에스유, 씨에스유	**56kbyte/s** 이상
		스캐너	A4 사이즈, 컬러 600, 인치당 2400도트 이상
		플로터	A4 사이즈, 컬러 300, 인치당 600도트 이상
		빔프로젝트	밝기 400Lux 이상 컴퓨터 데이터 접속 가능
		액정프로젝트	밝기 400Lux 이상 컴퓨터 데이터 접속 가능
		무정전 전원장치	**5kVA** 이상

정답 ①

★★
03 유사기출 23년 경채

「소방기본법 시행규칙」상 지하에 설치하는 소화전 또는 저수조의 경우 소방용수표지는 다음 기준에 따라 설치하여야 한다. (　　) 안에 들어갈 내용으로 옳은 것은?

- 맨홀 뚜껑은 지름 (㉠)mm 이상의 것으로 할 것. 단, 승하강식 소화전의 경우에는 이를 적용하지 않는다.
- 맨홀 뚜껑 부근에는 (㉡) 반사도료로 폭 (㉢)cm의 선을 그 둘레를 따라 칠할 것

	㉠	㉡	㉢
①	648	노란색	15
②	678	붉은색	15
③	648	붉은색	25
④	678	노란색	25

해설 **소방기본법 시행규칙 [별표 2]**
소방용수표지

(1) **지하**에 설치하는 소화전 또는 저수조의 소방용수표지
  ① 맨홀 뚜껑은 지름 **648mm** 이상의 것으로 할 것(단, **승하강식** 소화전의 경우에는 제외) **보기 ㉠**
  ② 맨홀 뚜껑에는 '**소화전 · 주정차금지**' 또는 '**저수조 · 주정차금지**'의 표시를 할 것
  ③ 맨홀 뚜껑 부근에는 **노란색 반사도료**로 폭 15cm의 선을 그 둘레를 따라 칠할 것 **보기 ㉡, ㉢**

(2) **지상**에 설치하는 **소화전**, **저수조** 및 **급수탑**의 소방용수표지

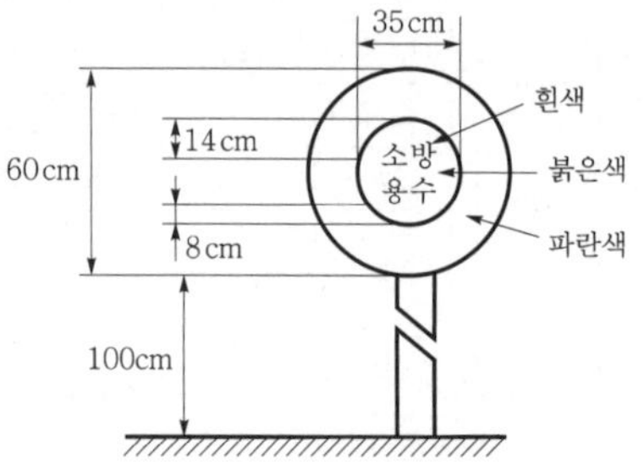

• 문자는 **흰색**, 안쪽 바탕은 **붉은색**, 바깥쪽 바탕은 **파란색**으로 하고 반사재료를 사용하여야 한다.

정답 ①

★★
04 「소방시설공사업법」상 소방기술 경력 등의 인정 등에 관한 내용으로 옳은 것은?

유사기출

23년 경채

① 소방본부장, 소방서장은 소방기술의 효율적인 활용과 소방기술의 향상을 위하여 소방기술과 관련된 자격·학력 및 경력을 가진 사람을 소방기술자로 인정할 수 있다.
② 소방본부장, 소방서장은 소방기술과 관련된 자격·학력 및 경력을 인정받은 사람에게 소방기술 인정 자격수첩과 경력수첩을 발급할 수 있다.
③ 소방기술과 관련된 자격·학력 및 경력의 인정 범위와 자격수첩 및 경력수첩의 발급 절차 등에 관하여 필요한 사항은 대통령령으로 정한다.
④ 소방청장은 자격수첩 또는 경력수첩을 발급받은 사람이 거짓이나 그 밖의 부정한 방법으로 자격수첩 또는 경력수첩을 발급받은 경우에 그 자격을 취소하여야 한다.

해설

① 소방본부장, 소방서장 → 소방청장
② 소방본부장, 소방서장 → 소방청장
③ 대통령령 → 행정안전부령

소방시설공사업법 28조
소방기술 경력 등의 인정 등
(1) **소방청장**은 소방기술과 관련된 자격·학력 및 경력을 가진 사람을 소방기술자로 인정할 수 있다. 보기 ①
(2) **소방청장**은 소방기술과 관련된 자격·학력 및 경력을 인정받은 사람에게 소방기술 인정 자격수첩 및 경력수첩을 발급할 수 있다. 보기 ②
(3) 소방기술과 관련된 자격·학력 및 경력의 인정 범위와 자격수첩 및 경력수첩의 발급절차 등에 관하여 필요한 사항 : **행정안전부령** 보기 ③
(4) 소방청장(행정안전부령) 자격취소·정지사항

자격취소	6개월 ~ 2년 이하 자격정지
① **거짓**이나 그 밖의 **부정한 방법**으로 자격수첩 또는 경력수첩을 발급받은 경우 보기 보기 ④ ② 자격수첩 또는 경력수첩을 다른 사람에게 빌려준 경우	① 동시에 **둘 이상**의 **업체**에 **취업**한 경우 ② 이 법 또는 이 법에 따른 명령을 위반한 경우

(5) 자격이 취소된 사람은 취소된 날부터 **2년**간 자격수첩 또는 경력수첩을 발급받을 수 없다.

정답 ④

★★
05 「소방시설공사업법 시행규칙」상 감리업자가 소방공사의 감리를 마쳤을 때 소방공사 감리 결과보고(통보)서에 첨부하는 서류가 아닌 것은?

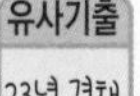

유사기출 23년 경채

① 착공신고 후 변경된 건축설계도면 1부
② 소방청장이 정하여 고시하는 소방시설 성능시험조사표 1부
③ 소방공사 감리일지(소방본부장 또는 소방서장에게 보고하는 경우에만 첨부) 1부
④ 특정소방대상물의 사용승인 신청서 등 사용승인 신청을 증빙할 수 있는 서류 1부

해설

① 건축설계도면 → 소방시설 설계도면

소방시설공사업법 시행규칙 19조
소방공사감리 결과보고서(통보) 첨부서류

(1) **소방청장**이 정하여 고시하는 소방시설 **성능시험조사표** 1부 보기 ②
(2) 착공신고 후 변경된 **소방시설 설계도면** 1부 보기 ①
(3) **소방공사 감리일지**(소방본부장 또는 소방서장에게 보고하는 경우에만 첨부) 1부 보기 ③
(4) **특정소방대상물**의 사용승인 신청서 등 사용승인 신청을 증빙할 수 있는 서류 1부 보기 ④

중요

소방시설공사업법 시행규칙 19조
소방공사감리 결과보고(통보)서

구 분	설 명
보고대상	**소방본부장 · 소방서장**
보고일	완료된 날부터 **7일** 이내
알림 대상	① 관계인 ② 도급인 ③ 건축사

용어

소방안전관리대상물	특정소방대상물	소방대상물
① **대통령령**으로 정하는 특정소방대상물 ② 소방안전관리자를 배치해야 하는 건물	① 건축물 등의 규모·용도 및 수용인원 등을 고려하여 **소방시설**을 설치하여야 하는 소방대상물로서 **대통령령**으로 정하는 것 ② 소방시설이 설치되어 있는 건물	소방차가 출동해서 불을 끌 수 있는 것

정답 ①

★★★

06 「소방시설공사업법 시행령」상 상주 공사감리 대상을 설명한 것이다. ( ) 안에 들어갈 내용으로 옳은 것은?

유사기출 23년 경채 21년 경채 16년 경채

- 연면적 (㉠) 이상의 특정소방대상물(아파트는 제외한다)에 대한 소방시설의 공사
- 지하층을 포함한 층수가 (㉡) 이상인 아파트에 대한 소방시설의 공사

	㉠	㉡
①	30000m^2	16층 이상으로서 300세대
②	30000m^2	16층 이상으로서 500세대
③	50000m^2	16층 이상으로서 300세대
④	50000m^2	16층 이상으로서 500세대

해설 **소방시설공사업법 시행령 [별표 3], 소방시설공사업법 시행규칙 16조**
소방공사감리 대상

종 류	대 상	세부 배치기준
상주공사 감리	• 연면적 **3000m^2** 이상(아파트 제외) 보기 ㉠ • **16층** 이상(지하층 포함)이고 **500세대** 이상 **아파트** 보기 ㉡	• 감리원(기계), 감리원(전기) 각 1명(단, 감리원(기계, 전기) 1명 가능) • 소방시설용 배관(전선관 포함)을 **설치**하거나 **매립**하는 때부터 소방시설 완공검사증명서를 발급받을 때까지 감리원 배치
일반공사 감리	상주 공사감리에 해당하지 않는 소방시설의 공사	• **주 1회** 이상 방문 감리 • 담당감리현장 **5개** 이하로서, 연면적 총합계 **10만m^2** 이하

정답 ②

★★

07 「소방시설공사업법 시행령」상 소방시설공사 분리도급의 예외에 해당하는 것만을 고른 것은?

유사기출 23년 경채

㉠ 「재난 및 안전관리 기본법」에 따른 재난의 발생으로 긴급하게 착공해야 하는 공사인 경우
㉡ 국방 및 국가안보 등과 관련하여 기밀을 유지해야 하는 공사인 경우
㉢ 연면적이 3000m^2 이하인 특정소방대상물에 비상경보설비를 설치하는 공사인 경우
㉣ 「국가를 당사자로 하는 계약에 관한 법률 시행령」 및 「지방자치단체를 당사자로 하는 계약에 관한 법률 시행령」에 따른 원안입찰 또는 일부입찰
㉤ 「국가를 당사자로 하는 계약에 관한 법률 시행령」 및 「지방자치단체를 당사자로 하는 계약에 관한 법률 시행령」에 따른 실시설계 기술제안입찰 또는 기본설계 기술제안입찰
㉥ 문화재수리 및 재개발·재건축 등의 공사로서 공사의 성질상 분리하여 도급하는 것이 곤란하다고 시·도지사가 인정하는 경우

① ㉠, ㉡, ㉢　　② ㉠, ㉡, ㉤
③ ㉡, ㉢, ㉤　　④ ㉣, ㉤, ㉥

ⓒ $3000m^2$ → $1000m^2$
ⓔ 원안입찰 또는 일부입찰 → 대안입찰 또는 일괄입찰
ⓗ 시·도지사 → 소방청장

소방시설공사업법 시행령 11조의2
소방시설공사 분리도급의 예외

(1) 「재난 및 안전관리 기본법」에 따른 **재난**의 발생으로 긴급하게 착공해야 하는 공사인 경우 보기 ㉠
(2) 국방 및 국가안보 등과 관련하여 **기밀**을 **유지**해야 하는 공사인 경우 보기 ㉡
(3) **소방시설공사**에 해당하지 않는 공사인 경우
(4) 연면적이 **$1000m^2$** 이하인 특정소방대상물에 **비상경보설비**를 설치하는 공사인 경우 보기 ㉢
(5) 다음의 입찰로 시행되는 공사
  ① 「국가를 당사자로 하는 계약에 관한 법률 시행령」 및 「지방자치단체를 당사자로 하는 계약에 관한 법률 시행령」에 따른 **대안입찰** 또는 **일괄입찰** 보기 ㉣
  ② 「국가를 당사자로 하는 계약에 관한 법률 시행령」 및 「지방자치단체를 당사자로 하는 계약에 관한 법률 시행령」에 따른 **실시설계 기술제안입찰** 또는 **기본설계 기술제안입찰** 보기 ㉤
(6) 그 밖에 **문화재수리** 및 **재개발·재건축** 등의 공사로서 공사의 성질상 분리하여 도급하는 것이 곤란하다고 **소방청장**이 인정하는 경우 보기 ㉥

정답 ②

★★
08 「소방시설공사업법 시행령」상 소방기술자의 배치기준을 설명한 것으로 옳지 않은 것은?

유사기출 23년 경채

① 연면적 $200000m^2$ 이상인 특정소방대상물의 공사현장에는 행정안전부령으로 정하는 특급기술자인 소방기술자(기계분야 및 전기분야)를 배치하여야 한다.
② 지하층을 포함한 층수가 16층 이상 40층 미만인 특정소방대상물의 공사현장에는 행정안전부령으로 정하는 고급기술자 이상의 소방기술자(기계분야 및 전기분야)를 배치하여야 한다.
③ 연면적 $5000m^2$ 이상 $30000m^2$ 미만인 특정소방대상물(아파트는 제외)의 공사현장에는 행정안전부령으로 정하는 중급기술자 이상의 소방기술자(기계분야 및 전기분야)를 배치하여야 한다.
④ 물분무등소화설비(호스릴 방식의 소화설비는 제외) 또는 제연설비가 설치되는 특정소방대상물의 공사현장에는 행정안전부령으로 정하는 초급기술자 이상의 소방기술자(기계분야 및 전기분야)를 배치하여야 한다.

④ 초급기술자 → 중급기술자

소방시설공사업법 시행령 [별표 2]
소방기술자의 배치기준

소방기술자의 배치기준	소방시설 공사현장의 기준
행정안전부령으로 정하는 **특급**기술자인 소방기술자(기계분야 및 전기분야)	① 연면적 **200000m²** 이상인 특정소방대상물의 공사현장 보기 ① ② **지하층**을 **포함**한 층수가 **40층** 이상인 특정소방대상물의 공사현장
행정안전부령으로 정하는 **고급**기술자 이상의 소방기술자(기계분야 및 전기분야)	① 연면적 **30000~200000m²** 미만인 특정소방대상물(아파트 제외)의 공사현장 ② **지하층**을 **포함**한 층수가 **16~40층** 미만인 특정소방대상물의 공사현장 보기 ②
행정안전부령으로 정하는 **중급**기술자 이상의 소방기술자(기계분야 및 전기분야)	① **물분무등소화설비**(호스릴 방식 소화설비 제외) 또는 **제연설비**가 설치되는 특정소방대상물의 공사현장 보기 ④ ② 연면적 **5000~30000m²** 미만인 특정소방대상물(아파트 제외)의 공사현장 보기 ③ ③ 연면적 **10000~200000m²** 미만인 아파트의 공사현장
행정안전부령으로 정하는 **초급**기술자 이상의 소방기술자(기계분야 및 전기분야)	① 연면적 **1000~5000m²** 미만인 특정소방대상물(아파트 제외)의 공사현장 ② 연면적 **1000~10000m²** 미만인 아파트의 공사현장 ③ **지하구**의 공사현장
자격수첩을 발급받은 소방기술자	연면적 **1000m²** 미만인 특정소방대상물의 공사현장

비교

소방시설공사업법 시행령 [별표 4]
소방공사감리원의 배치기준

공사현장	산정방법	
	책임감리원	보조감리원
• 연면적 **5000m²** 미만 • **지하구**	**초급**감리원 이상(기계 및 전기)	
• 연면적 **5000~30000m²** 미만	**중급**감리원 이상(기계 및 전기)	
• **물분무등소화설비**(호스릴 제외) 설치 • **제연설비** 설치 • 연면적 **30000~200000m²** 미만(아파트)	**고급**감리원 이상 (기계 및 전기)	**초급**감리원 이상 (기계 및 전기)
• 연면적 **30000~200000m²** 미만(아파트 제외) • **16~40층** 미만(지하층 포함)	**특급**감리원 이상 (기계 및 전기)	**초급**감리원 이상 (기계 및 전기)

<table>
<tr><th rowspan="2">공사현장</th><th colspan="2">산정방법</th></tr>
<tr><th>책임감리원</th><th>보조감리원</th></tr>
<tr><td>• 연면적 200000m² 이상
• 40층 이상(지하층 포함)</td><td>특급감리원
중 소방기술사</td><td>초급감리원 이상
(기계 및 전기)</td></tr>
</table>

정답 ④

★★

09 「화재의 예방 및 안전관리에 관한 법률」상 건설현장 소방안전관리대상물의 소방안전관리자의 업무에 관한 내용으로 옳지 않은 것은?

유사기출 23년 경채

① 건설현장의 소방계획서의 작성
② 화기취급의 감독, 화재위험작업의 허가 및 관리
③ 공사진행 단계별 피난안전구역, 피난로 등의 확보와 관리
④ 건설현장 작업자를 제외한 책임자에 대한 소방안전 교육 및 훈련

해설

④ 작업자를 제외한 책임자 → 작업자

화재예방법 29조
건설현장 소방안전관리대상물의 소방안전관리자의 업무

(1) 건설현장의 소방계획서의 작성 보기 ①
(2) 「소방시설 설치 및 관리에 관한 법률」에 따른 **임시소방시설**의 설치 및 관리에 대한 감독
(3) 공사진행 단계별 **피난안전구역**, **피난로** 등의 확보와 관리 보기 ③
(4) 건설현장의 작업자에 대한 **소방안전 교육** 및 **훈련** 보기 ④
(5) **초기대응체계**의 구성·운영 및 교육
(6) **화기취급**의 감독, **화재위험작업**의 허가 및 관리 보기 ②
(7) 그 밖에 건설현장의 소방안전관리와 관련하여 **소방청장**이 고시하는 업무

정답 ④

★★★

10 「화재의 예방 및 안전관리에 관한 법률 시행령」상 특수가연물의 저장 및 취급 기준에서 특수가연물 표지에 관한 내용으로 옳지 않은 것은?

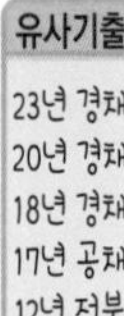

유사기출 23년 경채 20년 경채 18년 경채 17년 공채 12년 전북 11년 부산

① 특수가연물 표지 중 화기엄금 표시부분의 바탕은 붉은색으로, 문자는 백색으로 할 것
② 특수가연물 표지는 한 변의 길이가 0.3m 이상, 다른 한 변의 길이가 0.6m 이상인 직사각형으로 할 것
③ 특수가연물 표지의 바탕은 검은색으로, 문자는 흰색으로 할 것. 단, '화기엄금' 표시 부분은 제외한다.
④ 특수가연물을 저장 또는 취급하는 장소에는 품명, 최대저장수량, 단위부피당 질량 또는 단위체적당 질량, 관리책임자 성명·직책, 연락처 및 화기취급의 금지표시가 포함된 특수가연물 표지를 설치해야 한다.

③ 검은색 → 흰색, 흰색 → 검은색

화재예방법 시행령 [별표 3]

1. 특수가연물 표지

(1) 특수가연물을 저장 또는 취급하는 장소에는 **품명**, **최대저장수량**, **단위부피당 질량** 또는 **단위체적당 질량**, **관리책임자 성명·직책**, **연락처** 및 **화기취급의 금지표시**가 **포함**된 특수가연물 표지 설치 보기 ④

(2) 특수가연물 표지 규격

① 특수가연물 표지는 한 변의 길이가 0.3m 이상, 다른 한 변의 길이가 0.6m 이상인 **직사각형**으로 할 것 보기 ②

② 특수가연물 표지의 바탕은 **흰색**으로, 문자는 **검은색**으로 할 것(단, '**화기엄금**' 표시부분은 제외) 보기 ③

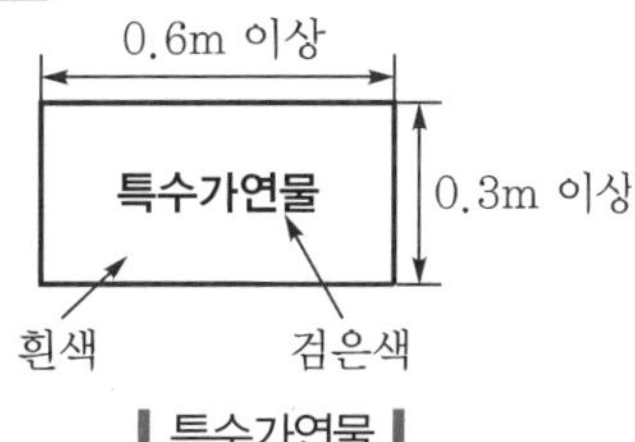

▌특수가연물▐

③ 특수가연물 표지 중 **화기엄금** 표시부분의 바탕은 **붉은색**으로, 문자는 **흰색**으로 할 것 보기 ①

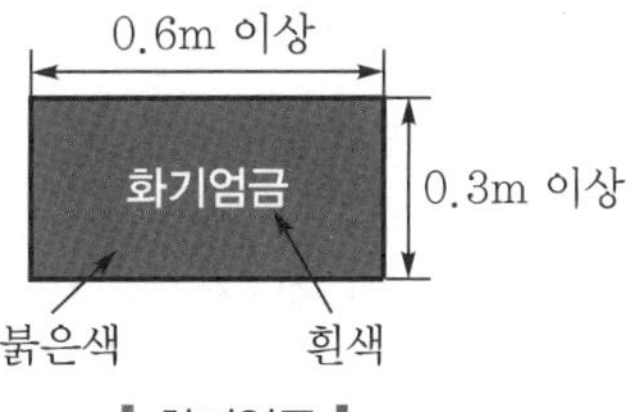

▌화기엄금▐

(3) 특수가연물 표지는 특수가연물을 저장하거나 취급하는 장소 중 보기 쉬운 곳에 설치해야 한다.

2. 특수가연물의 저장 및 취급의 기준(단, 석탄·목탄류를 발전용으로 저장하는 것 제외)

(1) **품명별**로 구분하여 쌓을 것

(2) 쌓는 높이는 10m 이하가 되도록 하고, 쌓는 부분의 바닥면적은 50m^2(석탄·목탄류는 200m^2) 이하가 되도록 할 것(단, 살수설비를 설치하거나 방사능력 범위에 해당 특수가연물이 포함되도록 대형 수동식 소화기를 설치하는 경우에는 쌓는 높이를 15m 이하, 쌓는 부분의 바닥면적을 200m^2(석탄·목탄류는 300m^2) 이하로 할 수 있다)

(3) 쌓는 부분의 바닥면적 사이는 실내의 경우 1.2m 또는 **쌓는 높이**의 $\frac{1}{2}$ 중 **큰 값**(실외 3m 또는 **쌓는 높이** 중 **큰 값**) 이상으로 간격을 둘 것

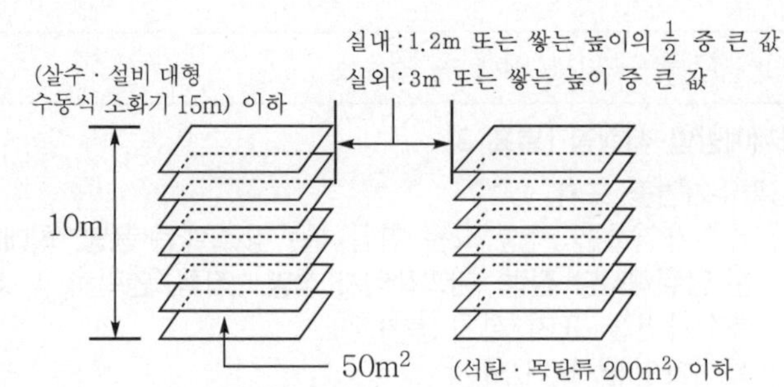

▎살수 · 설비 대형 수동식 소화기 200m²(석탄 · 목탄류 300m²) 이하▎

정답 ③

★★

11 유사기출 23년 경채

「화재의 예방 및 안전관리에 관한 법률」 및 같은 법 시행령상 소방안전관리자를 선임해야 하는 건설현장 소방안전관리대상물에 해당하지 않는 것은?

① 신축을 하려는 부분의 연면적 5000m²인 냉동 · 냉장창고
② 신축을 하려는 부분의 연면적의 합계가 20000m²인 복합건축물
③ 증축을 하려는 부분의 연면적의 합계가 30000m²인 업무시설
④ 증축을 하려는 부분의 연면적이 5000m²이고, 지상층의 층수가 10층인 업무시설

해설

④ 10층 → 11층 이상

화재예방법 시행령 29조
건설현장 소방안전관리대상물
(1) 신축 · 증축 · 개축 · 재축 · 이전 · 용도변경 또는 대수선을 하려는 부분의 연면적의 합계가 **15000m²** 이상인 것 [보기 ②, ③]
(2) 신축 · 증축 · 개축 · 재축 · 이전 · 용도변경 또는 대수선을 하려는 부분의 연면적이 **5000m²** 이상인 것으로서, 다음에 해당하는 것
　① **지하 2개 층** 이상인 것
　② **지상 11층** 이상인 것 [보기 ④]
　③ 냉동창고, 냉장창고 또는 냉동 · 냉장창고 [보기 ①]

정답 ④

★★

12 유사기출 23년 경채

「화재의 예방 및 안전관리에 관한 법률」상 화재예방안전진단의 범위에 해당하는 것만을 있는 대로 고른 것은?

> ㉠ 소방계획 및 피난계획 수립에 관한 사항
> ㉡ 소방시설 등의 유지 · 관리에 관한 사항
> ㉢ 비상대응조직 및 교육훈련에 관한 사항
> ㉣ 화재 위험성 평가에 관한 사항

① ㉠　　② ㉠, ㉡
③ ㉠, ㉡, ㉢　　④ ㉠, ㉡, ㉢, ㉣

화재예방법 41조

화재예방안전진단의 범위

(1) 화재위험요인의 조사에 관한 사항
(2) **소방계획** 및 **피난계획** 수립에 관한 사항 [보기 ㉠]
(3) 소방시설 등의 유지・관리에 관한 사항 [보기 ㉡]
(4) **비상대응조직** 및 **교육훈련**에 관한 사항 [보기 ㉢]
(5) **화재 위험성 평가**에 관한 사항 [보기 ㉣]
(6) 그 밖에 화재예방진단을 위하여 **대통령령**으로 정하는 사항

정답 ④

★★★

13 「화재의 예방 및 안전관리에 관한 법률」 및 같은 법 시행규칙상 소방안전관리자의 선임신고 등에 관한 설명이다. ( ) 안에 들어갈 내용으로 옳은 것은?

유사기출

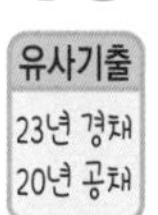

23년 경채
20년 공채

- 소방안전관리대상물의 관계인이 소방안전관리자를 선임한 경우에는 선임한 날부터 (㉠)일 이내에 선임사실을 소방본부장 또는 소방서장에게 신고하여야 한다.
- 소방안전관리대상물의 관계인은 소방안전관리자를 선임사유가 발생한 날부터 (㉡)일 이내에 선임해야 한다.

	㉠	㉡		㉠	㉡
①	14	30	②	14	60
③	30	30	④	30	60

해설 **14일**

(1) 방치된 위험물 공고기간(화재예방법 시행령 17조)
(2) 소방기술자 실무교육기관 휴・폐업 신고일(소방시설공사업법 시행규칙 34조)
(3) **제**조소 등의 용도**폐**지 신고일(위험물관리법 11조)
(4) 위험물안전관리자의 **선**임신고일(위험물관리법 15조)
(5) 소방안전관리자의 **선**임신고일(화재예방법 26조) [보기 ㉠]

암기 **14제폐선**

비교

30일	14일
① 소방안전관리자 선임 [보기 ㉡] ② 위험물안전관리자 선임	① 소방안전관리자 선임 신고 ② 위험물안전관리자 선임 신고

정답 ①

★★★
14 특정소방대상물의 바닥면적이 다음과 같을 때 「소방시설 설치 및 관리에 관한 법률 시행령」에 따른 수용인원은 총 몇 명인가? (단, 바닥면적을 산정할 때에는 복도, 계단 및 화장실을 포함하지 않으며, 계산 결과 소수점 이하의 수는 반올림한다)

유사기출
23년 경채
22년 경채
15년 경채

- 관람석이 없는 강당 1개, 바닥면적 460m2
- 강의실 10개, 각 바닥면적 57m2
- 휴게실 1개, 바닥면적 38m2

① 380 ② 400
③ 420 ④ 440

해설 **소방시설법 시행령 [별표 7]**
수용인원의 산정방법

<table>
<tr><th colspan="2">특정소방대상물</th><th>산정방법</th></tr>
<tr><td rowspan="2">• 숙박시설</td><td>침대가 있는 경우</td><td>종사자수 + 침대수</td></tr>
<tr><td>침대가 없는 경우</td><td>종사자수 + $\frac{\text{바닥면적 합계}}{3m^2}$(소수점 이하 반올림)</td></tr>
<tr><td colspan="2">• 강의실 • 교무실
• 상담실 • 실습실
• 휴게실</td><td>$\frac{\text{바닥면적 합계}}{1.9m^2}$(소수점 이하 반올림)</td></tr>
<tr><td colspan="2">• 기타</td><td>$\frac{\text{바닥면적 합계}}{3m^2}$(소수점 이하 반올림)</td></tr>
<tr><td colspan="2">• 강당
• 문화 및 집회시설, 운동시설
• 종교시설</td><td>$\frac{\text{바닥면적 합계}}{4.6m^2}$(소수점 이하 반올림)</td></tr>
</table>

- **복도**, **계단** 및 **화장실**의 바닥면적 **제외**

중요

소수점 이하 반올림	소수점 이하 버림
수용인원 산정 (소방시설법 시행령 [별표 7])	소방안전관리보조자 수 (화재예방법 시행령 [별표 5])

(1) 강당 $= \frac{\text{바닥면적 합계}}{4.6m^2} = \frac{460m^2}{4.6m^2} = 100$명

(2) 강의실 $= \frac{\text{바닥면적 합계}}{1.9m^2} = \frac{57m^2}{1.9m^2} = 30$명, 10개×30명 = 300명

(3) 휴게실 $= \frac{\text{바닥면적 합계}}{1.9m^2} = \frac{38m^2}{1.9m^2} = 20$명

∴ 100명 + 300명 + 20명 = 420명

정답 ③

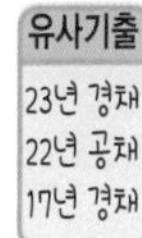

★★★
15 「소방시설 설치 및 관리에 관한 법률 시행령」상 스프링클러설비를 설치해야 하는 특정소방대상물에 해당하는 것만을 고른 것은?

유사기출
23년 경채
22년 공채
17년 경채

㉠ 수련시설 내에 있는 학생 수용을 위한 기숙사로서, 연면적 $5000m^2$인 경우
㉡ 교육연구시설 내에 있는 합숙소로서, 연면적 $100m^2$인 경우
㉢ 숙박시설로 사용되는 바닥면적의 합계가 $500m^2$인 경우
㉣ 영화상영관의 용도로 쓰는 4층의 바닥면적이 $1000m^2$인 경우

① ㉠, ㉡　　② ㉠, ㉣
③ ㉡, ㉢　　④ ㉢, ㉣

해설

㉡ 합숙소 → 기숙사, $100m^2$ → $5000m^2$ 이상
㉢ $500m^2$ → $600m^2$ 이상

소방시설법 시행령 [별표 4]
스프링클러설비의 설치대상

설치대상	조 건
① 문화 및 집회시설(동·식물원 제외) ② 종교시설(주요 구조부가 목조인 것 제외) ③ 운동시설[물놀이형 시설, 바닥(불연재료), 관람석 없는 운동시설 제외]	• 수용인원 : **100명** 이상 • 영화상영관 : 지하층·무창층 **$500m^2$**(기타 **$1000m^2$**) 보기 ㉣ • 무대부 – 지하층·무창층·4층 이상 **$300m^2$** 이상 – 1~3층 **$500m^2$** 이상
④ 판매시설 ⑤ 운수시설 ⑥ 물류터미널	• 수용인원 **500명** 이상 • 바닥면적 합계 **$5000m^2$** 이상
⑦ 조산원, 산후조리원 ⑧ 정신의료기관 ⑨ 종합병원, 병원, 치과병원, 한방병원 및 요양병원 ⑩ 노유자시설 ⑪ 수련시설(숙박 가능한 곳) ⑫ 숙박시설 보기 ㉢	• 바닥면적 합계 **$600m^2$** 이상
⑬ 지하가(터널 제외)	• 연면적 **$1000m^2$** 이상
⑭ 지하층·무창층(축사 제외) ⑮ 4층 이상	• 바닥면적 **$1000m^2$** 이상
⑯ 10m 넘는 랙크식 창고	• 바닥면적 합계 **$1500m^2$** 이상

설치대상	조 건
⑰ 창고시설(물류터미널 제외)	• 바닥면적 합계 **5000m^2** 이상
⑱ 기숙사 **보기 ㉠, ㉡** ⑲ 복합건축물	• 연면적 **5000m^2** 이상
⑳ **6층** 이상	• 모든 층
㉑ 공장 또는 창고 시설	• 특수가연물 저장·취급 : 지정수량 **1000배** 이상 • 중·저준위 방사성 폐기물의 저장시설 중 소화수를 수집·처리하는 설비가 있는 저장시설
㉒ 지붕 또는 외벽이 불연재료가 아니거나 내화구조가 아닌 공장 또는 창고시설	• 물류터미널(⑥에 해당하지 않는 것) – 바닥면적 합계 **2500m^2** 이상 – 수용인원 **250명** • 창고시설(물류터미널 제외) : 바닥면적 합계 **2500m^2** 이상 • 지하층·무창층·4층 이상(⑭·⑮에 해당하지 않는 것) : 바닥면적 합계 **500m^2** 이상 • 랙크식 창고(⑯에 해당하지 않는 것) : 바닥면적 합계 **750m^2** 이상 • 특수가연물 저장·취급(㉑에 해당하지 않는 것) : 지정수량 **500배** 이상
㉓ 교정 및 군사시설	• 보호감호소, 교도소, 구치소 및 그 지소, 보호관찰소, 갱생보호시설, 치료감호시설, 소년원 및 소년분류심사원의 수용시설 • 보호시설(외국인보호소는 보호대상자의 생활공간으로 한정) • 유치장
㉔ 발전시설	• 전기저장시설

중요

소방시설법 시행령 [별표 4]
특수가연물 저장·취급

지정수량 500배 이상	지정수량 750배 이상	지정수량 1000배 이상
① 자동화재탐지설비 ② 스프링클러설비(지붕 또는 외벽이 불연재료가 아니거나 내화구조가 아닌 공장 또는 창고시설)	① 옥내·외 소화전설비 ② 물분무등소화설비	스프링클러설비(공장 또는 창고설비)

정답 ②

★★★
16 「소방시설 설치 및 관리에 관한 법률 시행령」상 건축물 등의 신축·증축·개축·재축·이전·용도변경 또는 대수선의 허가·협의 및 사용승인을 할 때 미리 소방본부장 또는 소방서장의 동의를 받아야 하는 건축물 등의 범위로 옳지 않은 것은?

유사기출
23년 경채
19년 경채
16년 공채

① 연면적 $100m^2$ 이상인 특정소방대상물 중 노유자(老幼者) 시설 및 수련시설
② 「학교시설사업 촉진법」에 따라 건축 등을 하려는 연면적 $100m^2$ 이상의 학교시설
③ 지하층 또는 무창층이 있는 건축물로서 바닥면적이 $150m^2$(공연장의 경우에는 $100m^2$) 이상인 층이 있는 것
④ 차고·주차장 또는 주차용도로 사용되는 시설로서 차고·주차장으로 사용되는 바닥면적이 $200m^2$ 이상인 층이 있는 건축물이나 주차시설

해설

① $100m^2$ → $200m^2$

소방시설법 시행령 7조
건축허가 등의 동의대상물
(1) 연면적 **$400m^2$**(학교시설 : **$100m^2$**, **수련시설·노유자시설 : $200m^2$**, **정신의료기관·장애인 의료재활시설 : $300m^2$**) 이상 보기 ①, ②
(2) **6층** 이상인 건축물
(3) 차고·주차장으로서 바닥면적 **$200m^2$** 이상(자동차 **20대** 이상) 보기 ④
(4) **항공기격납고, 관망탑, 항공관제탑, 방송용 송수신탑**
(5) 지하층 또는 무창층의 바닥면적 **$150m^2$** 이상(공연장은 **$100m^2$** 이상) 보기 ③
(6) **위험물저장 및 처리시설, 지하구**
(7) 전기저장시설, 풍력발전소
(8) 조산원, 산후조리원, 의원(입원실 있는 것)
(9) 결핵환자나 한센인이 24시간 생활하는 노유자시설
(10) 요양병원(의료재활시설 제외)
(11) 노인주거복지시설·노인의료복지시설 및 재가노인복지시설, 학대피해노인 전용쉼터, 아동복지시설, 장애인거주시설
(12) 정신질환자 관련 시설(종합시설 중 24시간 주거를 제공하지 아니하는 시설 제외)
(13) 노숙인 자활시설, 노숙인 재활시설 및 노숙인 요양시설
(14) 공장 또는 창고시설로서 지정수량의 **750배 이상**의 특수가연물을 저장·취급하는 것
(15) 가스시설로서 지상에 노출된 탱크의 저장용량의 합계가 **100t** 이상인 것

비교

1. 가스시설 저장용량

건축허가 동의	2급 소방안전관리대상물	1급 소방안전관리대상물
100t 이상	100~1000t 미만	1000t 이상

2. 6층 이상
① 건축허가 동의
② 자동화재탐지설비
③ 스프링클러설비

정답 ①

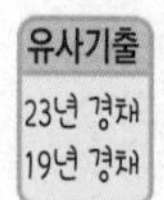

★★★
17 「소방시설 설치 및 관리에 관한 법률」상 중앙소방기술심의위원회의 심의사항으로 옳지 않은 것은?

유사기출 23년 경채 19년 경채

① 화재안전기준에 관한 사항
② 소방시설에 하자가 있는지의 판단에 관한 사항
③ 소방시설의 설계 및 공사감리의 방법에 관한 사항
④ 소방시설의 구조 및 원리 등에서 공법이 특수한 설계 및 시공에 관한 사항

해설

② 소방시설 → 소방시설공사

1. 소방시설법 18조
소방기술심의위원회의 심의사항

중앙소방기술심의위원회	지방소방기술심의위원회
① 화재안전기준에 관한 사항 보기 ① ② 소방시설의 구조 및 원리 등에서 공법이 특수한 설계 및 시공에 관한 사항 보기 ④ ③ 소방시설의 설계 및 공사감리의 방법에 관한 사항 보기 ③ ④ **소방시설공사**의 하자를 판단하는 기준에 관한 사항 보기 ② ⑤ 성능위주설계 신기술 · 신공법 등 검토 · 평가에 고도의 기술이 필요한 경우로서 중앙위원회에 심의를 요청한 사항	**소방시설**에 하자가 있는지의 판단에 관한 사항

2. 소방시설법 시행령 20조

중앙소방기술심의위원회	지방소방기술심의위원회
① 연면적 **100000m²** 이상의 특정소방대상물에 설치된 소방시설의 설계 · 시공 · 감리의 하자 유무에 관한 사항 보기 ④ ② **새로운 소방시설**과 **소방용품** 등의 도입 여부에 관한 사항 ③ 소방기술과 관련하여 **소방청장**이 심의에 부치는 사항	① 연면적 **100000m²** 미만의 특정소방대상물에 설치된 소방시설의 설계 · 시공 · 감리의 하자 유무에 관한 사항 ② **소방본부장** 또는 **소방서장**이 화재안전기준 또는 위험물 제조소 등의 시설기준의 적용에 관하여 기술검토를 요청하는 사항 ③ 소방기술과 관련하여 **시 · 도지사**가 심의에 부치는 사항

정답 ②

★★
18 「소방시설 설치 및 관리에 관한 법률 시행령」상 전문소방시설관리업의 보조 기술인력 등록기준으로 옳은 것은?

유사기출 23년 경채

① 특급점검자 이상의 기술인력 : 2명 이상
② 중급·고급 점검자 이상의 기술인력 : 각 1명 이상
③ 초급·중급 점검자 이상의 기술인력 : 각 1명 이상
④ 초급·중급·고급 점검자 이상의 기술인력 : 각 2명 이상

해설 **소방시설법 시행령 [별표 9]**
소방시설관리업의 업종별 등록기준 및 영업범위

항목 업종별	기술인력		영업범위
	주된 기술인력	보조기술인력 보기 ④	
전문 소방시설 관리업	① 소방시설관리사 자격을 취득한 후 소방 관련 실무 경력이 **5년 이상**인 사람 **1명** 이상 ② 소방시설관리사 자격을 취득한 후 소방 관련 실무 경력이 **3년 이상**인 사람 **1명** 이상	① 고급 점검자 : **2명** 이상 ② 중급 점검자 : **2명** 이상 ③ 초급 점검자 : **2명** 이상	모든 특정소방 대상물
일반 소방시설 관리업	소방시설관리사 자격증 취득 후 소방 관련 실무경력이 **1년 이상**인 사람	① 중급 점검자 : **1명** 이상 ② 초급 점검자 : **1명** 이상	1급, 2급, 3급 소방안전관리 대상물

정답 ④

★★
19 「소방시설 설치 및 관리에 관한 법률 시행규칙」상 행정처분 시 감경사유로 옳지 않은 것은?

유사기출 23년 경채

① 경미한 위반사항으로, 유도등이 일시적으로 점등되지 않는 경우
② 경미한 위반사항으로, 스프링클러설비 헤드가 살수반경에 미치지 못하는 경우
③ 위반행위가 사소한 부주의나 오류가 아닌 고의에 의한 것으로 인정되는 경우
④ 위반행위자가 처음 해당 위반행위를 한 경우로서 5년 이상 소방시설관리사의 업무, 소방시설관리업 등을 모범적으로 해 온 사실이 인정되는 경우

해설 ③ 사소한 부주의나 오류가 아닌 고의에 의한 것 → 사소한 부주의나 오류 등 과실로 인한 것

소방시설법 시행규칙 [별표 8]
행정처분 시 가중·감경 사유

가중사유	감경사유
① 위반행위가 사소한 부주의나 오류가 아닌 고의나 **중대한 과실**에 의한 것으로 인정되는 경우	① 위반행위가 사소한 부주의나 오류 등 **과실**로 인한 것으로 인정되는 경우 보기 ③

가중사유	감경사유
② 위반의 내용·정도가 중대하여 관계인에게 미치는 피해가 크다고 인정되는 경우	② 위반의 내용·정도가 경미하여 관계인에게 미치는 피해가 작다고 인정되는 경우 ③ 위반행위자가 처음 해당 위반행위를 한 경우로서 **5년 이상** 소방시설관리사의 업무, 소방시설관리업 등을 모범적으로 해 온 사실이 인정되는 경우 보기 ④ ④ 다음 경미한 위반사항에 해당되는 경우 ㉠ 스프링클러설비 **헤드**가 **살수반경**에 미치지 못하는 경우 보기 ② ㉡ 자동화재탐지설비 **감지기 2개 이하**가 설치되지 않은 경우 ㉢ **유도등**이 **일시적**으로 **점등**되지 않는 경우 보기 ① ㉣ **유도표지**가 정해진 위치에 붙어 있지 않은 경우

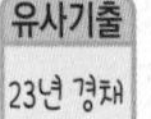 ③

★★
20 「위험물안전관리법 시행규칙」상 제조소 등에서의 위험물의 저장 및 취급에 관한 기준 중 위험물의 유별 저장·취급의 공통기준으로 옳은 것은?

유사기출 23년 경채

① 제1류 위험물은 가연물과의 접촉·혼합이나 분해를 촉진하는 물품과의 접근 또는 과열·충격·마찰 등을 피하는 한편, 알칼리금속의 과산화물 및 이를 함유한 것에 있어서는 물과의 접촉을 피하여야 한다.

② 제2류 위험물 중 자연발화성 물질에 있어서는 불티·불꽃 또는 고온체와의 접근·과열 또는 공기와의 접촉을 피하고, 금수성 물질에 있어서는 물과의 접촉을 피하여야 한다.

③ 제3류 위험물은 산화제와의 접촉·혼합이나 불티·불꽃·고온체와의 접근 또는 과열을 피하는 한편, 철분·금속분·마그네슘 및 이를 함유한 것에 있어서는 물이나 산과의 접촉을 피하고 인화성 고체에 있어서는 함부로 증기를 발생시키지 아니하여야 한다.

④ 제4류 위험물은 가연물과의 접촉·혼합이나 분해를 촉진하는 물품과의 접근 또는 과열을 피하여야 한다.

② 제2류 위험물 → 제3류 위험물
③ 제3류 위험물 → 제2류 위험물
④ 제4류 위험물 → 제6류 위험물

위험물관리법 시행규칙 [별표 18]
위험물의 유별 저장 · 취급의 공통기준(중요 기준)

위험물	공통기준
제1류 위험물	**가연물**과의 접촉 · 혼합이나 분해를 촉진하는 물품과의 접근 또는 과열 · 충격 · 마찰 등을 피하는 한편, 알칼리금속의 과산화물 및 이를 함유한 것에 있어서는 물과의 접촉을 피할 것 보기 ①
제2류 위험물	**산화제**와의 접촉 · 혼합이나 불티 · 불꽃 · 고온체와의 접근 또는 과열을 피하는 한편, 철분 · 금속분 · 마그네슘 및 이를 함유한 것에 있어서는 물이나 산과의 접촉을 피하고 인화성 고체에 있어서는 함부로 증기를 발생시키지 않을 것 보기 ②
제3류 위험물	**자연발화성** 물질에 있어서는 불티 · 불꽃 또는 고온체와의 접근 · 과열 또는 공기와의 접촉을 피하고, 금수성 물질에 있어서는 물과의 접촉을 피할 것 보기 ③
제4류 위험물	**불티 · 불꽃 · 고온체**와의 접근 또는 과열을 피하고, 함부로 **증기**를 발생시키지 않을 것 보기 ④
제5류 위험물	**불티 · 불꽃 · 고온체**와의 접근이나 과열 · 충격 또는 **마찰**을 피할 것
제6류 위험물	**가연물**과의 접촉 · 혼합이나 분해를 촉진하는 물품과의 접근 또는 과열을 피할 것

정답 ①

★★★
21
유사기출
23년 경채
22년 공채
21년 공채
16년 경채
15년 경채
13년 경기
11년 서울
11년 부산

「위험물안전관리법」 및 같은 법 시행령상 관계인이 예방규정을 정하여야 하는 제조소 등에 해당하지 않는 것은?

① 4000L의 알코올류를 취급하는 제조소
② 30000kg의 유황을 저장하는 옥외저장소
③ 2500kg의 질산에스테르류를 저장하는 옥내저장소
④ 150000L의 경유를 저장하는 옥외탱크저장소

④ 150배로 200배 이하이므로 해당없음

위험물관리법 시행령 15조
예방규정을 정하여야 할 제조소 등

배 수	제조소 등
10배 이상	제조소 · 일반취급소
100배 이상	옥외저장소
150배 이상	옥내저장소
200배 이상	옥외탱크저장소 옥내탱크저장소 ×
모두 해당	이송취급소
모두 해당	암반탱크저장소

암기 0 제 일
0 외
5 내
2 탱

(1) 알코올류 = $\frac{4000L}{400L}$ = 10배 보기 ①

(2) 유황 = $\frac{30000kg}{100kg}$ = 300배 보기 ②

(3) 질산에스테르류 = $\frac{2500kg}{10kg}$ = 250배 보기 ③

(4) 경유 = $\frac{150000L}{1000L}$ = 150배 보기 ④

중요

위험물관리법 시행령 [별표 1]
위험물 및 지정수량

(1) 제1류 위험물

성 질	품 명	지정수량	위험등급
산화성 고체	염소산염류	50kg	Ⅰ
	아염소산염류		Ⅰ
	과염소산염류		Ⅰ
	무기과산화물		Ⅰ
	크롬·납 또는 요오드의 산화물	300kg	Ⅱ
	브롬산염류		Ⅱ
	질산염류		Ⅱ
	요오드산염류		Ⅱ
	과망간산염류	1000kg	Ⅲ
	중크롬산염류		Ⅲ

(2) 제2류 위험물

성 질	품 명	지정수량	위험등급
가연성 고체	• 황화린 • 적린 • **유황** 보기 ②	100kg	Ⅱ
	• 마그네슘 • 철분 • 금속분	500kg	Ⅲ

성 질	품 명	지정수량	위험등급
가연성 고체	•그 밖에 행정안전부령이 정하는 것	100kg 또는 500kg	Ⅱ~Ⅲ
	•인화성 고체	1000kg	Ⅲ

(3) 제3류 위험물

성 질	품 명	지정수량	위험등급
자연 발화성 물질 및 금수성 물질	칼륨	10kg	Ⅰ
	나트륨		
	알킬알루미늄		
	알킬리튬		
	황린	20kg	
	알칼리금속(K, Na 제외) 및 알칼리토금속	50kg	Ⅱ
	유기금속화합물(알킬알루미늄, 알킬리튬 제외)		
	금속의 수소화물	300kg	Ⅲ
	금속의 인화물		
	칼슘 또는 알루미늄의 탄화물		

(4) 제4류 위험물

성 질	품 명		지정수량	대표물질	위험등급
인화성 액체	특수인화물		50L	디에틸에테르・이황화탄소・아세트알데히드・산화프로필렌・이소프렌・펜탄・디비닐에테르・트리클로로실란	Ⅰ
	제1석유류	비수용성	200L	휘발유・벤젠・톨루엔・크실렌・시클로헥산・아크롤레인・에틸벤젠・초산에스테르류・의산에스테르류・콜로디온・메틸에틸케톤	Ⅱ
		수용성	400L	아세톤・피리딘・시안화수소	Ⅱ
	알코올류 **보기 ①**		400L	메틸알코올・에틸알코올・프로필알코올・이소프로필알코올・부틸알코올・아밀알코올・퓨젤유・변성알코올	Ⅱ
	제2석유류	비수용성	1000L	등유・**경유**・테레빈유・장뇌유・송근유・스티렌・클로로벤젠 **보기 ④**	Ⅲ
		수용성	2000L	의산・초산・메틸셀로솔브・에틸셀로솔브・알릴알코올	Ⅲ
	제3석유류	비수용성	2000L	중유・크레오소트유・니트로벤젠・아닐린・담금질유	Ⅲ
		수용성	4000L	에틸렌글리콜・글리세린	Ⅲ

성 질	품 명	지정수량	대표물질	위험등급
인화성 액체	제4석유류	6000L	기어유・실린더유	Ⅲ
	동・식물유류	10000L	아마인유・해바라기유・들기름・대두유・야자유・올리브유・팜유	Ⅲ

(5) 제5류 위험물

성 질	품 명	지정수량	대표물질	위험등급
자기반응성물질	유기과산화물	10kg	과산화벤조일・메틸에틸케톤퍼옥사이드	I
	질산에스테르류 보기 ③		질산메틸・질산에틸・니트로셀룰로오스・니트로글리세린・니트로글리콜・셀룰로이드	I
	니트로화합물	200kg	피크린산・트리니트로톨루엔・트리니트로벤젠・테트릴	Ⅱ
	니트로소화합물		파라니트로소벤젠・디니트로소레조르신・니트로소아세트페논	Ⅱ
	아조화합물		아조벤젠・히드록시아조벤젠・아미노아조벤젠・아족시벤젠	Ⅱ
	디아조화합물		디아조메탄・디아조디니트로페놀・디아조카르복실산에스테르・질화납	Ⅱ
	히드라진유도체		히드라진・히드라조벤젠・히드라지드・염산히드라진・황산히드라진	Ⅱ
	히드록실아민	100kg	히드록실아민	Ⅱ
	히드록실아민염류		염산히드록실아민, 황산히드록실아민	Ⅱ

(6) 제6류 위험물

성 질	품 명	지정수량	위험등급
산화성 액체	과염소산	300kg	I
	과산화수소		
	질산		

정답 ④

★★
22 유사기출 23년 경채

「위험물안전관리법 시행령」상 지정수량 이상의 위험물을 옥외저장소에 저장할 수 있는 것으로 옳지 않은 것은? (단, 「국제해사기구에 관한 협약」에 의하여 설치된 국제해사기구가 채택한 「국제해상위험물규칙」(IMDG Code)에 적합한 용기에 수납된 위험물은 제외한다)

① 제1류 위험물 중 염소산염류
② 제2류 위험물 중 유황
③ 제4류 위험물 중 알코올류
④ 제6류 위험물

① 해당없음

위험물관리법 시행령 [별표 2]
지정수량 이상의 위험물을 저장하기 위한 장소와 그에 따른 저장소의 구분

지정수량 이상의 위험물을 저장하기 위한 장소	저장소의 구분
① 옥내(지붕과 기둥 또는 벽 등에 의하여 둘러싸인 곳)에 저장(위험물을 저장하는데 따르는 취급 포함)하는 장소(단, 옥내탱크저장소에 저장하는 경우 제외)	옥내저장소
② 옥외에 있는 탱크(지하탱크저장소, 간이탱크저장소, 이동탱크저장소, 암반탱크저장소 제외)에 위험물을 저장하는 장소	옥외탱크저장소
③ **옥내**에 있는 **탱크**에 위험물을 저장하는 장소	옥내탱크저장소
④ **지하**에 매설한 **탱크**에 위험물을 저장하는 장소	지하탱크저장소
⑤ **간이탱크**에 위험물을 저장하는 장소	간이탱크저장소
⑥ **차량**(피견인자동차에 있어서는 앞 차축을 갖지 아니하는 것으로서 당해 피견인자동차의 일부가 견인자동차에 적재되고 당해 피견인자동차와 그 적재물의 중량의 상당부분이 견인자동차에 의하여 지탱되는 구조)에 고정된 탱크에 위험물을 저장하는 장소	이동탱크저장소
⑦ 옥외에 위험물을 저장하는 장소(단, 옥외탱크저장소에 저장하는 경우 제외) ㉠ 유황 또는 인화성 고체(인화점이 0℃ 이상인 것) 보기 ② ㉡ 제1석유류(인화점이 0℃ 이상인 것)·알코올류·제2석유류·제3석유류·제4석유류 및 동·식물유류 보기 ③ ㉢ 제6류 위험물 보기 ④ ㉣ 제2류 위험물 및 제4류 위험물 중 시·도의 조례에서 정하는 위험물(「관세법」에 의한 보세구역 안에 저장하는 경우) ㉤ 「국제해사기구에 관한 협약」에 의하여 설치된 국제해사기구가 채택한 「국제해상위험물규칙」(IMDG Code)에 적합한 용기에 수납된 위험물	옥외저장소
⑧ **암반** 내의 공간을 이용한 탱크에 액체의 위험물을 저장하는 장소	암반탱크저장소

 ①

★★
23

「위험물안전관리법 시행규칙」상 제조소의 위치·구조 및 설비의 기준에 근거하여 취급하는 위험물의 최대수량이 지정수량의 20배인 경우 제조소 주위에 보유하여야 하는 공지의 너비는?

① 2m 이상
② 3m 이상
③ 4m 이상
④ 5m 이상

해설 **위험물관리법 시행규칙 [별표 4]**
위험물제조소의 보유공지

취급하는 위험물의 최대수량	공지의 너비
지정수량 10배 이하	3m 이상
지정수량 10배 초과	5m 이상 보기 ④

정답 ④

★★
24 「위험물안전관리법 시행규칙」상 화학소방자동차에 갖추어야 하는 소화능력 또는 설비의 기준으로 옳은 것은?

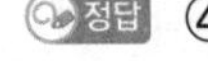

유사기출 23년 경채

① 포수용액 방사차 : 포수용액의 방사능력이 매분 1000L 이상일 것
② 분말 방사차 : 1000kg 이상의 분말을 비치할 것
③ 할로겐화합물 방사차 : 할로겐화합물의 방사능력이 매초 40kg 이상일 것
④ 이산화탄소 방사차 : 1000kg 이상의 이산화탄소를 비치할 것

해설
① 1000L → 2000L
② 1000kg → 1400kg
④ 1000kg → 3000kg

위험물관리법 시행규칙 [별표 23]
화학소방자동차의 방사능력

구 분	방사능력
① 분말방사차	35kg/s 이상(1400kg 이상 비치) 보기 ②
② 할로겐화합물 방사차 ③ 이산화탄소 방사차	40kg/s 이상(3000kg 이상 비치) 보기 ③, ④
④ 제독차	50kg 이상 비치
⑤ 포수용액 방사차	2000L/min 이상(100000L 이상 비치) 보기 ①

암기 분 3
할 5
이 4
포 2
제5(재워줘)

정답 ③

★★
25 유사기출 23년 경채

「위험물안전관리법 시행규칙」상 위험물의 운반에 관한 기준 중 적재방법에 대한 내용으로 옳지 않은 것은? (단, 덩어리 상태의 유황을 운반하기 위하여 적재하는 경우 또는 위험물을 동일 구내에 있는 제조소 등의 상호 간에 운반하기 위하여 적재하는 경우는 제외한다)

① 하나의 외장용기에는 다른 종류의 위험물을 수납하지 아니할 것
② 고체위험물은 운반용기 내용적의 95% 이하의 수납률로 수납할 것
③ 액체위험물은 운반용기 내용적의 98% 이하의 수납률로 수납하되, 55℃의 온도에서 누설되지 아니하도록 충분한 공간용적을 유지하도록 할 것
④ 자연발화물질 중 알킬알루미늄 등은 운반용기 내용적의 95% 이하의 수납률로 수납하되, 55℃의 온도에서 10% 이상의 공간용적을 유지하도록 할 것

해설

④ 95% → 90%, 55℃ → 50℃, 10% → 5%

위험물관리법 시행규칙 [별표 19]
위험물의 운반에 관한 기준(적재방법)

(1) 위험물이 온도변화 등에 의하여 누설되지 아니하도록 운반용기를 밀봉하여 수납할 것(단, 온도변화 등에 의한 위험물로부터의 가스의 발생으로 운반용기 안의 압력이 상승할 우려가 있는 경우(발생한 가스가 독성 또는 인화성을 갖는 등 위험성이 있는 경우 제외)에는 가스의 배출구(위험물의 누설 및 다른 물질의 침투를 방지하는 구조로 된 것)를 설치한 운반용기에 수납 가능
(2) 수납하는 위험물과 위험한 반응을 일으키지 아니하는 등 당해 위험물의 성질에 적합한 재질의 운반용기에 수납할 것
(3) **고체**위험물은 운반용기 내용적의 **95% 이하**의 수납률로 수납할 것 보기 ②
(4) **액체**위험물은 운반용기 내용적의 **98% 이하**의 수납률로 수납하되, **55℃**의 온도에서 누설되지 아니하도록 충분한 공간용적을 유지하도록 할 것 보기 ③
(5) 하나의 외장용기에는 다른 종류의 위험물을 수납하지 아니할 것 보기 ①
(6) 제3류 위험물의 운반용기 수납기준
  ① 자연발화성 물질에 있어서는 불활성 기체를 봉입하여 밀봉하는 등 공기와 접하지 아니하도록 할 것
  ② 자연발화성 물질 외의 물품에 있어서는 파라핀・경유・등유 등의 보호액으로 채워 밀봉하거나 불활성 기체를 봉입하여 밀봉하는 등 수분과 접하지 아니하도록 할 것
  ③ 알킬알루미늄 등은 운반용기 내용적의 **90% 이하**의 수납률로 수납하되, **50℃**의 온도에서 **5% 이상**의 **공간용적**을 유지하도록 할 것 보기 ④

▎운반용기의 수납률 ▎

위험물	수납률
알킬알루미늄 등	**90%** 이하(**50℃**에서 **5%** 이상 공간용적 유지)
고체위험물	**95%** 이하
액체위험물	**98%** 이하(**55℃**에서 누설되지 않을 것)

정답 ④

2023 경력경쟁채용 기출문제

맞은 문제수 [ ] / 틀린 문제수 [ ]

★★★

01 「소방기본법」상 벌칙 중 벌금의 상한이 나머지 셋과 다른 것은?

유사기출: 23년 공채, 19년 경채, 17년 경채

① 정당한 사유 없이 소방대의 생활안전활동을 방해한 자

② 화재진압 및 구조·구급 활동을 위하여 출동하는 소방자동차의 출동을 방해한 사람

③ 정당한 사유 없이 화재진압 등 소방활동을 위하여 필요할 때 물의 사용이나 수도의 개폐장치의 사용 또는 조작을 하지 못하게 하거나 방해한 자

④ 정당한 사유 없이 소방대가 현장에 도착할 때까지 사람을 구출하는 조치 또는 불을 끄거나 불이 번지지 아니하도록 하는 조치를 하지 아니한 관계인

해설

①, ③, ④ 100만원 이하의 벌금
② 5년 이하의 징역 또는 5000만원 이하의 벌금

100만원 이하 벌금(소방기본법 54조)	5년 이하 징역 또는 5000만원 이하 벌금(소방기본법 50조)
① **피난명령** 위반 ② 위험시설 등에 대한 긴급조치 방해 ③ 소방활동(**인명구출**, **화재진압**)을 하지 않은 관계인 [보기 ④] ④ 위험시설 등에 정당한 사유 없이 물의 **사용**이나 **수도의 개폐장치**의 사용 또는 조작을 하지 못하게 하거나 **방해**한 자 [보기 ③] ⑤ 소방대의 **생활안전활동**을 **방해**한 자 [보기 ①]	① 소방자동차의 **출동 방해** [보기 ②] ② 사람구출 방해(**소방활동 방해**) ③ 소방용수시설 또는 비상소화장치의 **효용** 방해 ④ 출동한 소방대의 화재진압·인명구조 또는 구급활동 **방해** ⑤ 소방대의 현장출동 **방해** ⑥ 출동한 소방대원에게 **폭행**·**협박** 행사

정답 ②

★★★
02 「소방기본법 시행규칙」상 소방용수시설 및 지리조사에 관한 내용으로 옳지 않은 것은?

유사기출
19년 공채
14년 전북
13년 경기
13년 전북

① 소방본부장 또는 소방서장은 원활한 소방활동을 위하여 소방용수시설 및 지리조사를 월 1회 이상 실시하여야 한다.
② 지리조사는 소방대상물에 인접한 도로의 폭·교통상황, 도로주변의 토지의 고저·건축물의 개황을 제외한 소방활동에 필요한 사항이다.
③ 조사결과는 전자적 처리가 불가능한 특별한 사유가 없으면 전자적 처리가 가능한 방법으로 작성·관리하여야 한다.
④ 소방용수시설 및 지리조사는 소방용수조사부 및 지리조사부 서식에 의하되, 그 조사결과를 2년간 보관하여야 한다.

해설

② ~를 제외한 → 그 밖에 소방활동에

소방기본법 시행규칙 7조
소방용수시설 및 지리조사
(1) 조사자 : **소방본부장·소방서장**
(2) 조사일시 : **월 1회** 이상 보기 ①
(3) 조사내용 보기 ②
① 소방용수시설
② 도로의 **폭·교통상황**
③ 도로주변의 토지 고저
④ 건축물의 **개황**
(4) 조사결과 : **2년간** 보관(전자적 처리가 가능한 방법으로 작성·관리) 보기 ③, ④

중요

횟수
(1) 월 1회 이상 : 소방용수시설 및 지리조사(소방기본법 시행규칙 7조)

암기 **월1지(월요일이 지났다)**

(2) 연 1회 이상
① 화재예방강화지구 안의 화재안전조사·훈련·교육(화재예방법 시행령 20조)
② 특정소방대상물의 소방훈련·교육(화재예방법 시행규칙 36조)
③ 제조소 등의 정기점검(위험물관리법 시행규칙 64조)
④ 종합점검(소방시설법 시행규칙 [별표 3])
⑤ 작동점검(소방시설법 시행규칙 [별표 3])

암기 **연1정종(연일 정종술을 마셨다)**

(3) 2년마다 1회 이상
① 소방대원의 소방교육·훈련(소방기본법 시행규칙 9조)
② 실무교육(화재예방법 시행규칙 29조)

암기 **실2(실리)**

정답 ②

★★
03 「소방기본법 시행규칙」상 국고보조의 대상이 되는 소방활동장비의 종류와 규격으로 옳지 않은 것은?

유사기출 23년 공채

① 구조정 : 90마력 이상
② 배연차(중형) : 170마력 이상
③ 구급차(특수) : 90마력 이상
④ 소방헬리콥터 : 5 ~ 17인승

① 90마력 이상 → 30톤급

소방기본법 시행규칙 [별표 1의2]
국고보조의 대상이 되는 소방활동장비 및 설비의 종류와 규격

구 분	종 류				규 격
소방활동장비	소방자동차	펌프차	대형		240HP 이상
			중형		170 ~ 240HP 미만
			소형		120 ~ 170HP 미만
		물탱크 소방차	대형		240HP 이상
			중형		170 ~ 240HP 미만
		화학 소방차	비활성 가스를 이용한 소방차		
			고성능		340HP 이상
			내폭		340HP 이상
			일반	대형	240HP 이상
				중형	170 ~ 240HP 미만
		사다리 소방차	고가(사다리 길이 33m 이상)		330HP 이상
			굴절	27m 이상급	330HP 이상
				18 ~ 27m 미만급	240HP 이상
		조명차	중형		170HP
		배연차	중형		170HP 이상 보기 ②
		구조차	대형		240HP 이상
			중형		170 ~ 240HP 미만
		구급차	특수		90HP 이상 보기 ③
			일반		85 ~ 90HP 미만
	소방정		소방정		100톤 이상급, 50톤급
			구조정		30톤급 보기 ①
	소방헬리콥터				5 ~ 17인승 보기 ④

비교

소방기본법 시행규칙 [별표 1의2]

국고보조 대상

구 분	종 류				규 격
소방활동장비	통신설비	유선통신장비	디지털전화교환기		국내 **100회선** 이상, 내선 **1000회선** 이상
			키폰장치		국내 **100회선** 이상, 내선 **200회선** 이상
			팩스		일제 개별 동보장치
			영상장비 다중화 장치		동화상 및 정지화상 E_1급 이상
		무선통신기기	극초단파 무선기기	고정용	공중전력 **50W** 이하
				이동용	공중전력 **20W** 이하
				휴대용	공중전력 **5W** 이하
			초단파 무선기기	고정용	공중전력 **50W** 이하
				이동용	공중전력 **20W** 이하
				휴대용	공중전력 **5W** 이하
			단파 무전기	고정용	공중전력 **100W** 이하
				이동용	공중전력 **50W** 이하
소방전용 통신설비 및 전산설비	전산설비	주전산기기	중앙처리장치		• 클럭속도 : **90MHz** 이상 • 워드길이 : **32bit** 이상
			주기억장치		• 용량 : **125Mbyte** 이상 • 전송속도 : **22Mbyte/s** 이상 • 캐시메모리 : **1Mbyte** 이상
			보조기억장치		• 용량 : **5Gbyte** 이상
		보조전산기기	중앙처리장치		• 성능 : **26MIPS** 이상 • 클럭속도 : **25MHz** 이상 • 워드길이 : **32bit** 이상
			주기억장치		• 용량 : **32Mbyte** 이상 • 전송속도 : **22Mbyte/s** 이상 • 캐시메모리 : **128kbyte** 이상
			보조기억장치		• 용량 : **22Gbyte** 이상
		서버	중앙처리장치		• 성능 : **80MIPS** 이상 • 클럭속도 : **100MHz** 이상 • 워드길이 : **32bit** 이상
			주기억장치		• 용량 : **32Mbyte/s** 이상 • 전송속도 : **22Mbyte/s** 이상 • 캐시메모리 : **128kbyte** 이상
			보조기억장치		용량 : **3Gbyte** 이상
		단말기	중앙처리장치		클럭속도 : **100MHz** 이상
			주기억장치		용량 : **16Mbyte** 이상
			보조기억장치		용량 : **1Gbyte** 이상
			모니터		컬러, **15인치** 이상
		라우터(네트워크 연결장치)			**6시리얼포트** 이상

구 분	종 류		규 격
소방 전용 통신 설비 및 전산 설비	전산설비	스위칭허브	**16이더넷포트** 이상
		이에스유, 씨에스유	**56kbyte/s** 이상
		스캐너	A4 사이즈, 컬러 600, 인치당 2400도트 이상
		플로터	A4 사이즈, 컬러 300, 인치당 600도트 이상
		빔프로젝트	밝기 400Lux 이상 컴퓨터 데이터 접속 가능
		액정프로젝트	밝기 400Lux 이상 컴퓨터 데이터 접속 가능
		무정전 전원장치	5kVA 이상

정답 ①

★★★

04 「소방기본법 시행령」상 소방자동차 전용구역의 설치방법에 관한 내용이다. ( ) 안에 들어갈 내용으로 옳은 것은?

유사기출
21년 경채
19년 경채

> • 전용구역 노면표지의 외곽선은 빗금무늬로 표시하되, 빗금은 두께를 (㉠)cm로 하여 (㉡)cm 간격으로 표시한다.
> • 전용구역 노면표지 도료의 색채는 (㉢)을 기본으로 하되, 문자(P, 소방차 전용)는 백색으로 표시한다.

	㉠	㉡	㉢
①	20	40	황색
②	20	40	적색
③	30	50	황색
④	30	50	적색

해설 **소방기본법 시행령 [별표 2의5]**
전용구역의 설치방법

(1) 전용구역 노면표지의 외곽선은 빗금무늬로 표시하되, 빗금은 두께를 **30cm**로 하여 **50cm** 간격으로 표시한다. 보기 ㉠, ㉡
(2) 전용구역 노면표지 도료의 색채는 **황색**을 기본으로 하되, 문자(P, 소방차 전용)는 **백색**으로 표시한다. 보기 ㉢

▌소방차 전용구역▐

정답 ③

★★

05 유사기출 23년 공채

「소방기본법 시행규칙」상 지하에 설치하는 소화전 또는 저수조의 경우 소방용수표지는 다음 기준에 따라 설치하여야 한다. (   ) 안에 들어갈 내용으로 옳은 것은?

- 맨홀 뚜껑은 지름 (㉠)mm 이상의 것으로 할 것. 단, 승하강식 소화전의 경우에는 이를 적용하지 않는다.
- 맨홀 뚜껑 부근에는 (㉡) 반사도료로 폭 (㉢)cm의 선을 그 둘레를 따라 칠할 것

	㉠	㉡	㉢
①	648	노란색	15
②	678	붉은색	15
③	648	붉은색	25
④	678	노란색	25

해설 **소방기본법 시행규칙 [별표 2]**
소방용수표지
(1) **지하**에 설치하는 소화전 또는 저수조의 소방용수표지
① 맨홀 뚜껑은 지름 **648mm** 이상의 것으로 할 것(단, **승하강식** 소화전의 경우는 제외) 보기 ㉠
② 맨홀 뚜껑에는 '소화전 · 주정차금지' 또는 '저수조 · 주정차금지'의 표시를 할 것
③ 맨홀 뚜껑 부근에는 **노란색 반사도료**로 폭 **15cm**의 선을 그 둘레를 따라 칠할 것 보기 ㉡, ㉢
(2) **지상**에 설치하는 소화전, 저수조 및 **급수탑**의 소방용수표지

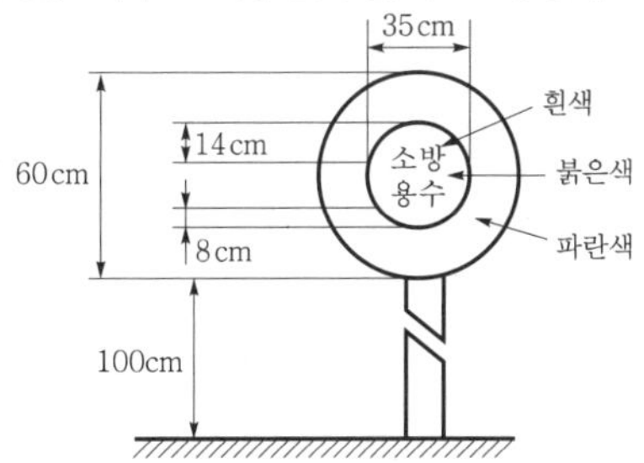

- 문자는 **흰색**, 안쪽 바탕은 **붉은색**, 바깥쪽 바탕은 **파란색**으로 하고 반사재료를 사용하여야 한다.

정답 ①

★★★
06 「소방기본법 시행령」상 소방자동차 전용구역 방해행위의 기준에 관한 내용으로 옳지 않은 것은?

21년 경채
18년 경채

① 전용구역의 앞면, 뒷면 또는 양 측면에 물건 등을 쌓거나 주차하는 행위
② 「주차장법」 19조에 따른 부설주차장의 구차구획 내에 주차하는 행위
③ 전용구역 진입로에 물건 등을 쌓거나 주차하여 전용구역으로의 진입을 가로막는 행위
④ 전용구역 노면표지를 지우거나 훼손하는 행위

해설
② 소방자동차 전용구역 방해행위의 기준 제외

소방기본법 시행령 7조의14
소방자동차 전용구역 방해행위의 기준
(1) 전용구역에 **물건** 등을 쌓거나 **주차**하는 행위
(2) 전용구역의 앞면, 뒷면 또는 양 측면에 물건 등을 쌓거나 주차하는 행위(단, 「주차장법」에 따른 부설주차장의 주차구획 내에 주차하는 경우 제외) **보기 ①, ②**
(3) 전용구역 진입로에 물건 등을 쌓거나 주차하여 전용구역으로의 **진입**을 가로막는 행위 **보기 ③**
(4) 전용구역 노면표지를 지우거나 **훼손**하는 행위 **보기 ④**
(5) 그 밖의 방법으로 소방자동차가 전용구역에 주차하는 것을 방해하거나 전용구역으로 진입하는 것을 방해하는 행위

정답 ②

★
07 「소방의 화재조사에 관한 법률」 및 같은 법 시행규칙상 화재조사전담부서에서 갖추어야 할 장비와 시설 중 감식기기(16종)에 해당하지 않는 것은?

① 금속현미경 ② 절연저항계
③ 내시경현미경 ④ 휴대용 디지털현미경

해설
① 감정용 기기

소방의 화재조사에 관한 법률 시행규칙 [별표]
전담부서에 갖추어야 할 장비와 시설(3조 관련)

구 분	기자재명 및 시설규모
발굴용구 (8종)	공구세트, 전동 드릴, 전동 그라인더(절삭·연마기), 전동 드라이버, 이동용 진공청소기, 휴대용 열풍기, 에어컴프레서(공기압축기), 전동절단기
기록용 기기 (13종)	디지털카메라(DSLR) 세트, 비디오카메라세트, TV, 적외선 거리측정기, 디지털 온도·습도 측정시스템, 디지털 풍향풍속 기록계, 정밀저울, 버니어캘리퍼스(아들자가 달려 두께나 지름을 재는 기구), 웨어러블캠, 3D 스캐너, 3D 카메라(AR), 3D 캐드시스템, 드론

구 분	기자재명 및 시설규모
감식기기 (16종)	**절연저항계** 보기 ②, 멀티테스터기, 클램프미터, 정전기측정장치, 누설전류계, 검전기, 복합가스측정기, 가스(유증)검지기, 확대경, 산업용 실체현미경, 적외선 열상카메라, 접지저항계, **휴대용 디지털현미경** 보기 ④, 디지털탄화심도계, 슈미트해머(콘크리트 반발 경도 측정기구), **내시경현미경** 보기 ③
감정용 기기 (21종)	가스크로마토그래피, 고속카메라세트, 화재시뮬레이션시스템, X선촬영기, **금속현미경** 보기 ①, 시편(試片)절단기, 시편성형기, 시편연마기, 접점저항계, 직류전압전류계, 교류전압전류계, 오실로스코프(변화가 심한 전기현상의 파형을 눈으로 관찰하는 장치), 주사전자현미경, 인화점측정기, 발화점측정기, 미량융점측정기, 온도기록계, 폭발압력측정기세트, 전압조정기(직류, 교류), 적외선 분광광도계, 전기단락흔 실험장치(1차 용융흔, 2차 용융흔, 3차 용융흔 측정 가능)
조명기기 (5종)	이동용 발전기, 이동용 조명기, 휴대용 랜턴, 헤드랜턴, 전원공급장치(500A 이상)
안전장비 (8종)	보호용 작업복, 보호용 장갑, 안전화, 안전모(무전 송수신기 내장), 마스크(방진마스크, 방독마스크), 보안경, 안전고리, 화재조사 조끼
증거수집장비 (6종)	증거물 수집기구세트(핀셋류, 가위류 등), 증거물 보관세트(상자, 봉투, 밀폐용기, 증거수집용 캔 등), 증거물 표지세트(번호, 스티커, 삼각형 표지 등), 증거물 태그세트(대, 중, 소), 증거물 보관장치, 디지털증거물 저장장치
화재조사 차량 (2종)	화재조사 전용차량, 화재조사 첨단분석차량(비파괴 검사기, 산업용 실체현미경 등 탑재)
보조장비 (6종)	노트북컴퓨터, 전선 릴, 이동용 에어컴프레서, 접이식 사다리, 화재조사 전용 의복(활동복, 방한복), 화재조사용 가방
화재조사 분석실	화재조사 분석실의 구성장비를 유효하게 보존·사용할 수 있고, 환기시설 및 수도·배관 시설이 있는 $30m^2$ 이상의 실(室)
화재조사 분석실 구성장비 (10종)	증거물보관함, 시료보관함, 실험작업대, 바이스(가공물 고정을 위한 기구), 개수대, 초음파세척기, 실험용 기구류(비커, 피펫, 유리병 등), 건조기, 항온항습기, 오토 데시케이터(물질 건조, 흡습성 시료 보존을 위한 유리 보존기)

 정답 ①

★
08 「소방의 화재조사에 관한 법률」상 화재의 정의에 관한 설명으로 옳지 않은 것은?

① 사람의 의도에 반하여 발생하거나 확대된 물리적 폭발현상
② 고의에 의하여 발생한 연소현상으로서, 소화할 필요가 있는 현상
③ 과실에 의하여 발생한 연소현상으로서, 소화할 필요가 있는 현상
④ 사람의 의도에 반하여 발생한 연소현상으로서, 소화할 필요가 있는 현상

① 물리적 폭발현상 → 화학적 폭발현상

화재조사법 2조
정의

용 어	설 명
화재 보기 ①~④	① 사람의 의도에 반하거나 고의 또는 과실에 의하여 발생하는 연소현상으로서, 소화할 필요가 있는 현상 ② 사람의 의도에 반하여 발생하거나 확대된 **화학적** 폭발현상
화재조사	**소방청장**, **소방본부장** 또는 **소방서장**이 화재원인, 피해상황, 대응활동 등을 파악하기 위하여 자료의 수집, 관계인등에 대한 질문, 현장확인, 감식, 감정 및 실험 등을 하는 일련의 행위
화재조사관	화재조사에 전문성을 인정받아 화재조사를 수행하는 소방공무원
관계인등	화재가 발생한 소방대상물의 소유자·관리자 또는 점유자 및 다음의 사람 ① 화재현장을 **발견**하고 **신고**한 사람 ② 화재현장을 **목격**한 사람 ③ 소화활동을 행하거나 **인명구조활동**(유도대피 포함)에 관계된 사람 ④ **화재**를 **발생**시키거나 **화재발생**과 관계된 사람

정답 ①

★
09 「소방의 화재조사에 관한 법률」상 벌칙에 관한 내용이다. ( ) 안에 들어갈 내용으로 옳은 것은?

소방관서장은 화재조사를 위하여 필요한 경우에 관계인에게 보고 또는 자료 제출을 명하거나 화재조사관으로 하여금 해당 장소에 출입하여 화재조사를 하게 하거나 관계인등에게 질문하게 할 수 있다. 이에 따른 명령을 위반하여 보고 또는 자료 제출을 하지 아니하거나 거짓으로 보고 또는 자료를 제출한 사람은 (㉠)만원 이하의 (㉡)을/를 부과한다.

	㉠	㉡
①	200	벌금
②	200	과태료
③	300	벌금
④	300	과태료

200만원 이하 과태료(화재조사법 23조)	300만원 이하 과태료(화재조사법 21조)
① 허가 없이 화재현상 **통제구역**에 출입한 사람 ② 보고 또는 자료 제출을 하지 아니하거나 **거짓**으로 보고 또는 **자료**를 **제출**한 사람 보기 ② ③ 정당한 사유 없이 **출석**을 **거부**하거나 질문에 대하여 **거짓**으로 **진술**한 사람	① 허가 없이 **화재현장**에 있는 **물건** 등을 **이동**하거나 변경·훼손한 사람 ② 정당한 사유 없이 **화재조사관**의 **출입** 또는 **조사**를 거부·방해 또는 기피한 사람 ③ 관계인의 정당한 업무를 방해하거나 **화재조사**를 수행하면서 알게 된 **비밀**을 다른 용도로 사용하거나 다른 사람에게 **누설**한 사람 ④ 정당한 사유 없이 **증거물 수집**을 거부·방해 또는 기피한 사람

중요

비밀누설

300만원 이하의 벌금	1000만원 이하의 벌금	1년 이하의 징역 또는 1000만원 이하의 벌금	3년 이하의 징역 또는 3000만원 이하의 벌금
① **화재예방안전진단 업무** 수행 시 비밀누설(화재예방법 50조) ② **한국소방안전원이 위탁받은 업무** 수행 시 비밀누설(화재예방법 50조) ③ **소방시설업의 감독 시** 비밀누설(소방시설공사업법 37조) ④ **성능위주설계평가단의 업무** 수행 시 비밀누설(소방시설법 59조) ⑤ **한국소방산업기술원이 위탁받은 업무** 수행 시 비밀누설(소방시설법 59조)	소방관서장, 시·도지사가 **위험물의 저장 또는 취급장소의 출입·검사 시** 비밀누설(위험물관리법 37조)	소방관서방, 시·도지사가 **사업체 또는 소방대상물 등의 감독 시** 비밀누설(소방시설법 58조)	**화재안전조사 업무수행 시** 비밀누설(화재예방법 50조)

 ②

10 「소방의 화재조사에 관한 법률」에 관한 내용으로 옳지 않은 것은?

① 소방공무원과 경찰공무원은 화재조사에 필요한 증거물의 수집 및 보존에 관한 사항에 대하여 서로 협력하여야 한다.

② 소방관서장은 화재조사 결과의 공표 시 수사가 진행 중이거나 수사의 필요성이 인정되는 경우에는 관계 수사기관의 장과 공표 여부에 관하여 사전에 협의하여야 한다.

③ 화재조사를 하는 화재조사관은 관계인의 정당한 업무를 방해하거나 화재조사를 수행하면서 알게 된 비밀을 다른 용도로 사용하거나 다른 사람들에게 누설하여서는 아니 된다.

④ 소방청장, 소방본부장 또는 소방서장이 화재원인, 피해상황, 대응활동 등을 파악하기 위하여 자료의 수집, 감정 및 실험을 하는 행위는 화재조사에 포함되지 않는다.

④ 포함되지 않는다. → 포함된다.

1. 화재조사법 9조

출입·조사 등

(1) **소방관서장**은 화재조사를 위하여 필요한 경우에 관계인에게 보고 또는 자료 제출을 명하거나 **화재조사관**으로 하여금 해당 장소에 출입하여 화재조사를 하게 하거나 **관계인등**에게 질문하게 할 수 있다.

(2) 화재조사를 하는 화재조사관은 그 권한을 표시하는 **증표**를 지니고 이를 **관계인**등에게 보여주어야 한다.

(3) 화재조사를 하는 화재조사관은 관계인의 정당한 업무를 방해하거나 화재조사를 수행하면서 알게 된 비밀을 다른 용도로 사용하거나 다른 사람에게 누설하여서는 아니 된다. [보기 ③]

2. 화재조사법 12조

소방공무원과 경찰공무원의 협력 등

(1) 소방공무원과 경찰공무원(제주 자치경찰공무원 포함)의 협력사항

① 화재현장의 **출입·보존** 및 **통제**에 관한 사항

② 화재조사에 필요한 **증거물**의 **수집** 및 **보존**에 관한 사항 [보기 ①]

③ **관계인등**에 대한 진술 확보에 관한 사항

④ 그 밖에 화재조사에 필요한 사항

(2) **소방관서장**은 방화 또는 실화의 혐의가 있다고 인정되면 지체 없이 **경찰서장**에게 그 사실을 알리고 필요한 증거를 수집·보존하는 등 그 범죄수사에 협력하여야 한다.

3. 화재조사법 14조

화재조사 결과의 공표

(1) **소방관서장**은 국민이 유사한 화재로부터 피해를 입지 않도록 하기 위한 경우 등 필요한 경우 화재조사 결과를 공표할 수 있다(단, 수사가 진행 중이거나 수사의 필요성이 인정되는 경우에는 관계 수사기관의 장과 공표 여부에 관하여 사전에 협의). [보기 ②]

(2) 공표의 범위·방법 및 절차 등에 관하여 필요한 사항 : **행정안전부령**

4. 화재조사법 2조

정의

용 어	설 명
화재	① 사람의 의도에 반하거나 고의 또는 과실에 의하여 발생하는 연소 현상으로서, 소화할 필요가 있는 현상 ② 사람의 의도에 반하여 발생하거나 확대된 **화학적** 폭발현상
화재조사	**소방청장**, **소방본부장** 또는 **소방서장**이 화재원인, 피해상황, 대응활동 등을 파악하기 위하여 자료의 수집, 관계인등에 대한 질문, 현장 확인, 감식, 감정 및 실험 등을 하는 일련의 행위
화재조사관	화재조사에 전문성을 인정받아 화재조사를 수행하는 소방공무원
관계인등	화재가 발생한 소방대상물의 소유자·관리자 또는 점유자 및 다음의 사람 ① 화재현장을 **발견**하고 **신고**한 사람 ② 화재현장을 **목격**한 사람 ③ 소화활동을 행하거나 **인명구조활동**(유도대피 포함)에 관계된 사람 ④ **화재**를 **발생**시키거나 **화재발생**과 관계된 사람

정답 ④

★★

11 「소방시설공사업법」상 소방기술 경력 등의 인정 등에 관한 내용으로 옳은 것은?

① 소방본부장, 소방서장은 소방기술의 효율적인 활용과 소방기술의 향상을 위하여 소방기술과 관련된 자격·학력 및 경력을 가진 사람을 소방기술자로 인정할 수 있다.
② 소방본부장, 소방서장은 소방기술과 관련된 자격·학력 및 경력을 인정받은 사람에게 소방기술 인정 자격수첩과 경력수첩을 발급할 수 있다.
③ 소방기술과 관련된 자격·학력 및 경력의 인정범위와 자격수첩 및 경력수첩의 발급절차 등에 관하여 필요한 사항은 대통령령으로 정한다.
④ 소방청장은 자격수첩 또는 경력수첩을 발급받은 사람이 거짓이나 그 밖의 부정한 방법으로 자격수첩 또는 경력수첩을 발급받은 경우에 그 자격을 취소하여야 한다.

① 소방본부장, 소방서장 → 소방청장
② 소방본부장, 소방서장 → 소방청장
③ 대통령령 → 행정안전부령

소방시설공사업법 28조

소방기술 경력 등의 인정 등

(1) **소방청장**은 소방기술과 관련된 자격·학력 및 경력을 가진 사람을 소방기술자로 인정할 수 있다. 보기 ①
(2) **소방청장**은 소방기술과 관련된 자격·학력 및 경력을 인정받은 사람에게 소방기술 인정 자격수첩 및 경력수첩을 발급할 수 있다. 보기 ②
(3) 소방기술과 관련된 자격·학력 및 경력의 인정 범위와 자격수첩 및 경력수첩의 발급절차 등에 관하여 필요한 사항 : **행정안전부령** 보기 ③

(4) 소방청장(행정안전부령) 자격취소·정지사항

자격취소	6개월 ~ 2년 이하 자격정지
① 거짓이나 그 밖의 부정한 방법으로 자격수첩 또는 경력수첩을 발급받은 경우 보기 [보기 ④] ② 자격수첩 또는 경력수첩을 다른 사람에게 빌려준 경우	① 동시에 둘 이상의 업체에 취업한 경우 ② 이 법 또는 이 법에 따른 명령을 위반한 경우

(5) 자격이 취소된 사람은 취소된 날부터 **2년**간 자격수첩 또는 경력수첩을 발급받을 수 없다.

정답 ④

★★

12 「소방시설공사업법 시행규칙」상 감리업자가 소방공사의 감리를 마쳤을 때 소방공사 감리 결과보고(통보)서에 첨부하는 서류가 아닌 것은?

유사기출 23년 공채

① 착공신고 후 변경된 건축설계도면 1부
② 소방청장이 정하여 고시하는 소방시설 성능시험조사표 1부
③ 소방공사 감리일지(소방본부장 또는 소방서장에게 보고하는 경우에만 첨부) 1부
④ 특정소방대상물의 사용승인 신청서 등 사용승인 신청을 증빙할 수 있는 서류 1부

해설

① 건축설계도면 → 소방시설 설계도면

소방시설공사업법 시행규칙 19조
소방공사감리 결과보고서(통보) 첨부서류

(1) **소방청장**이 정하여 고시하는 소방시설 **성능시험조사표** 1부 [보기 ②]
(2) 착공신고 후 변경된 **소방시설 설계도면** 1부 [보기 ①]
(3) **소방공사 감리일지**(소방본부장 또는 소방서장에게 보고하는 경우에만 첨부) 1부 [보기 ③]
(4) **특정소방대상물**의 사용승인 신청서 등 사용승인 신청을 증빙할 수 있는 서류 1부 [보기 ④]

중요

소방시설공사업법 시행규칙 19조
소방공사감리 결과보고(통보)서

구 분	설 명
보고대상	소방본부장·소방서장
보고일	완료된 날부터 **7일** 이내
알림 대상	① 관계인 ② 도급인 ③ 건축사

정답 ①

★★★
13 「소방시설공사업법 시행령」상 하자보수 대상 소방시설과 하자보수 보증기간으로 옳지 않은 것은?

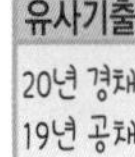
유사기출
20년 경채
19년 공채

① 피난기구, 유도등, 유도표지 : 2년
② 비상경보설비, 비상조명등, 비상방송설비 및 무선통신보조설비 : 2년
③ 옥내소화전설비, 스프링클러설비, 간이스프링클러설비, 자동화재탐지설비 : 3년
④ 상수도 소화용수설비 및 소화활동설비(무선통신보조설비는 제외한다) : 4년

해설

④ 4년 → 3년

소방시설공사업법 시행령 6조
소방시설공사의 하자보수 보증기간

보증기간	소방시설
2년	① 유도등 · 유도표지 · 피난기구 **보기 ①** ② 비상조명등 · 비상경보설비 · 비상방송설비 **보기 ②** ③ 무선통신보조설비 **보기 ②** 암기 유비 조경방 무피2
3년	① 자동소화장치 ② 옥내 · 외 소화전설비 **보기 ③** ③ 스프링클러설비 · 간이스프링클러설비 **보기 ③** ④ 물분무등소화설비 · 상수도 소화용수설비 **보기 ④** ⑤ 자동화재탐지설비 · 소화활동설비 **보기 ③, ④** 자동화재속보설비 ×

정답 ④

★★★
14 「소방시설공사업법 시행령」상 상주 공사감리 대상을 설명한 것이다. (　) 안에 들어갈 내용으로 옳은 것은?

유사기출
23년 공채
21년 경채
16년 경채

- 연면적 (㉠) 이상의 특정소방대상물(아파트는 제외한다)에 대한 소방시설의 공사
- 지하층을 포함한 층수가 (㉡) 이상인 아파트에 대한 소방시설의 공사

	㉠	㉡
①	$30000m^2$	16층 이상으로서 300세대
②	$30000m^2$	16층 이상으로서 500세대
③	$50000m^2$	16층 이상으로서 300세대
④	$50000m^2$	16층 이상으로서 500세대

 **소방시설공사업법 시행령 [별표 3], 소방시설공사업법 시행규칙 16조**
소방공사감리 대상

종 류	대 상	세부 배치기준
상주공사 감리	• 연면적 **3000m²** 이상(아파트 제외) 보기 ㉠ • **16층** 이상(지하층 포함)이고 **500세대** 이상 **아파트** 보기 ㉡	• 감리원(기계), 감리원(전기) 각 1명 (단, 감리원(기계, 전기) 1명 가능) • 소방시설용 배관(전선관 포함)을 **설치**하거나 **매립**하는 때부터 소방시설 완공검사증명서를 발급받을 때까지 감리원 배치
일반공사 감리	상주 공사감리에 해당하지 않는 소방시설의 공사	• **주 1회** 이상 방문 감리 • 담당감리현장 **5개** 이하로서, 연면적 총합계 **100000m²** 이하

정답 ②

★ 15 「소방시설공사업법 시행규칙」상 소방기술자 양성·인정 교육훈련기관의 지정요건으로 옳지 않은 것은?

① 교육과목별 교재 및 강사 매뉴얼을 갖출 것
② 소방기술자 양성·인정 교육훈련을 실시할 수 있는 전담인력을 6명 이상 갖출 것
③ 전국 2개 이상의 시·도에 이론교육과 실습교육이 가능한 교육·훈련장을 갖출 것
④ 교육훈련이 신청·수료, 성과측정, 경력관리 등에 필요한 교육훈련 관리시스템을 구축·운영할 것

 ③ 2개 → 4개

소방시설공사업법 시행규칙 25조의2
소방기술자 양성·인정 교육훈련기관의 지정요건
(1) **전국 4개** 이상의 시·도에 이론교육과 실습교육이 가능한 교육·훈련장을 갖출 것 보기 ③
(2) 소방기술자 양성·인정 교육훈련을 실시할 수 있는 전담인력을 **6명** 이상 갖출 것 보기 ②
(3) 교육과목별 **교재** 및 **강사** 매뉴얼을 갖출 것 보기 ①
(4) 교육훈련의 신청·수료, 성과측정, 경력관리 등에 필요한 교육훈련 관리시스템을 구축·운영할 것 보기 ④

정답 ③

★★

16 「소방시설공사업법 시행령」상 소방시설공사 분리도급의 예외에 해당하는 것만을 고르는 것은?

유사기출 23년 공채

> ㉠ 「재난 및 안전관리 기본법」에 따른 재난의 발생으로 긴급하게 착공해야 하는 공사인 경우
> ㉡ 국방 및 국가안보 등과 관련하여 기밀을 유지해야 하는 공사인 경우
> ㉢ 연면적이 3000m^2 이하인 특정소방대상물에 비상경보설비를 설치하는 공사인 경우
> ㉣ 「국가를 당사자로 하는 계약에 관한 법률 시행령」 및 「지방자치단체를 당사자로 하는 계약에 관한 법률 시행령」에 따른 원안입찰 또는 일부입찰
> ㉤ 「국가를 당사자로 하는 계약에 관한 법률 시행령」 및 「지방자치단체를 당사자로 하는 계약에 관한 법률 시행령」에 따른 실시설계 기술제안입찰 또는 기본설계 기술제안입찰
> ㉥ 문화재수리 및 재개발·재건축 등의 공사로서 공사의 성질상 분리하여 도급하는 것이 곤란하다고 시·도지사가 인정하는 경우

① ㉠, ㉡, ㉢　　② ㉠, ㉡, ㉤
③ ㉡, ㉢, ㉤　　④ ㉣, ㉤, ㉥

해설

> ㉢ 3000m^2 → 1000m^2
> ㉣ 원안입찰 또는 일부입찰 → 대안입찰 또는 일괄입찰
> ㉥ 시·도지사 → 소방청장

소방시설공사업법 시행령 11조의2
소방시설공사 분리도급의 예외

(1) 「재난 및 안전관리 기본법」에 따른 **재난**의 발생으로 긴급하게 착공해야 하는 공사인 경우 보기 ㉠
(2) 국방 및 국가안보 등과 관련하여 **기밀**을 **유지**해야 하는 공사인 경우 보기 ㉡
(3) 소방시설공사에 해당하지 않는 공사인 경우
(4) 연면적이 **1000m^2** 이하인 특정소방대상물에 **비상경보설비**를 설치하는 공사인 경우 보기 ㉢
(5) 다음 입찰로 시행되는 공사
  ① 「국가를 당사자로 하는 계약에 관한 법률 시행령」 및 「지방자치단체를 당사자로 하는 계약에 관한 법률 시행령」에 따른 **대안입찰** 또는 **일괄입찰** 보기 ㉣
  ② 「국가를 당사자로 하는 계약에 관한 법률 시행령」 및 「지방자치단체를 당사자로 하는 계약에 관한 법률 시행령」에 따른 **실시설계 기술제안입찰** 또는 **기본설계 기술제안입찰** 보기 ㉤
(6) 그 밖에 **문화재 수리** 및 **재개발·재건축** 등의 공사로서 공사의 성질상 분리하여 도급하는 것이 곤란하다고 **소방청장**이 인정하는 경우 보기 ㉥

정답 ②

★★
17 「소방시설공사업법 시행령」상 소방기술자의 배치기준을 설명한 것으로 옳지 않은 것은?

유사기출 23년 공채

① 연면적 200000m^2 이상인 특정소방대상물의 공사현장에는 행정안전부령으로 정하는 특급기술자인 소방기술자(기계분야 및 전기분야)를 배치하여야 한다.
② 지하층을 포함한 층수가 16층 이상 40층 미만인 특정소방대상물의 공사현장에는 행정안전부령으로 정하는 고급기술자 이상의 소방기술자(기계분야 및 전기분야)를 배치하여야 한다.
③ 연면적 5000m^2 이상 30000m^2 미만인 특정소방대상물(아파트는 제외)의 공사현장에는 행정안전부령으로 정하는 중급기술자 이상의 소방기술자(기계분야 및 전기분야)를 배치하여야 한다.
④ 물분무등소화설비(호스릴 방식의 소화설비는 제외) 또는 제연설비가 설치되는 특정소방대상물의 공사현장에는 행정안전부령으로 정하는 초급기술자 이상의 소방기술자(기계분야 및 전기분야)를 배치하여야 한다.

④ 초급기술자 → 중급기술자

소방시설공사업법 시행령 [별표 2]
소방기술자의 배치기준

소방기술자의 배치기준	소방시설 공사현장의 기준
행정안전부령으로 정하는 **특급**기술자인 소방기술자(기계분야 및 전기분야)	① 연면적 **200000m^2** 이상인 특정소방대상물의 공사현장 **보기 ①** ② **지하층**을 **포함**한 층수가 **40층** 이상인 특정소방대상물의 공사현장
행정안전부령으로 정하는 **고급**기술자 이상의 소방기술자(기계분야 및 전기분야)	① 연면적 **30000~200000m^2** 미만인 특정소방대상물(아파트 제외)의 공사현장 ② **지하층**을 **포함**한 층수가 **16~40층** 미만인 특정소방대상물의 공사현장 **보기 ②**
행정안전부령으로 정하는 **중급**기술자 이상의 소방기술자(기계분야 및 전기분야)	① **물분무등소화설비**(호스릴 방식 소화설비 제외) 또는 **제연설비**가 설치되는 특정소방대상물의 공사현장 **보기 ④** ② 연면적 **5000~30000m^2** 미만인 특정소방대상물(아파트 제외)의 공사현장 **보기 ③** ③ 연면적 **10000~200000m^2** 미만인 아파트의 공사현장
행정안전부령으로 정하는 **초급**기술자 이상의 소방기술자(기계분야 및 전기분야)	① 연면적 **1000~5000m^2** 미만인 특정소방대상물(아파트 제외)의 공사현장 ② 연면적 **1000~10000m^2** 미만인 아파트의 공사현장 ③ **지하구**의 공사현장

소방기술자의 배치기준	소방시설 공사현장의 기준
자격수첩을 발급받은 소방기술자	연면적 1000m^2 미만인 특정소방대상물의 공사현장

비교

소방시설공사업법 시행령 [별표 4]
소방공사감리원의 배치기준

공사현장	산정방법	
	책임감리원	보조감리원
• 연면적 **5000m^2** 미만 • **지하구**	**초급**감리원 이상(기계 및 전기)	
• 연면적 **5000~30000m^2** 미만	**중급**감리원 이상(기계 및 전기)	
• **물분무등소화설비**(호스릴 제외) 설치 • **제연설비** 설치 • 연면적 **30000~200000m^2** 미만(아파트)	**고급**감리원 이상 (기계 및 전기)	**초급**감리원 이상 (기계 및 전기)
• 연면적 **30000~200000m^2** 미만(아파트 제외) • **16~40층** 미만(지하층 포함)	**특급**감리원 이상 (기계 및 전기)	**초급**감리원 이상 (기계 및 전기)
• 연면적 **200000m^2** 이상 • **40층** 이상(지하층 포함)	특급감리원 중 **소방기술사**	**초급**감리원 이상 (기계 및 전기)

정답 ④

★★
18 「화재의 예방 및 안전관리에 관한 법률」상 건설현장 소방안전관리대상물의 소방안전관리자의 업무에 관한 내용으로 옳지 않은 것은?

유사기출 23년 공채

① 건설현장의 소방계획서의 작성
② 화기취급의 감독, 화재위험작업의 허가 및 관리
③ 공사진행 단계별 피난안전구역, 피난로 등의 확보와 관리
④ 건설현장 작업자를 제외한 책임자에 대한 소방안전 교육 및 훈련

해설

④ 작업자를 제외한 책임자 → 작업자

화재예방법 29조
건설현장 소방안전관리대상물의 소방안전관리자의 업무
(1) 건설현장의 소방계획서의 작성 보기 ①
(2) 「소방시설 설치 및 관리에 관한 법률」에 따른 **임시소방시설**의 설치 및 관리에 대한 감독
(3) 공사진행 단계별 **피난안전구역, 피난로** 등의 확보와 관리 보기 ③
(4) 건설현장의 작업자에 대한 **소방안전 교육** 및 **훈련** 보기 ④
(5) **초기대응체계**의 구성·운영 및 교육
(6) **화기취급**의 감독, **화재위험작업**의 허가 및 관리 보기 ②
(7) 그 밖에 건설현장의 소방안전관리와 관련하여 **소방청장**이 고시하는 업무

정답 ④

★★★
19 「화재의 예방 및 안전관리에 관한 법률 시행령」상 특수가연물의 저장 및 취급 기준에서 특수가연물 표지에 관한 내용으로 옳지 않은 것은?

유사기출
23년 공채
20년 경채
18년 경채
17년 공채
12년 전북
11년 부산

① 특수가연물 표지 중 화기엄금 표시부분의 바탕은 붉은색으로, 문자는 백색으로 할 것
② 특수가연물 표지는 한 변의 길이가 0.3m 이상, 다른 한 변의 길이가 0.6m 이상인 직사각형으로 할 것
③ 특수가연물 표지의 바탕은 검은색으로, 문자는 흰색으로 할 것. 단, '화기엄금' 표시부분은 제외한다.
④ 특수가연물을 저장 또는 취급하는 장소에는 품명, 최대저장수량, 단위부피당 질량 또는 단위체적당 질량, 관리책임자 성명 · 직책, 연락처 및 화기취급의 금지표시가 포함된 특수가연물 표지를 설치해야 한다.

③ 검은색 → 흰색, 흰색 → 검은색

화재예방법 시행령 [별표 3]

1. 특수가연물 표지

(1) 특수가연물을 저장 또는 취급하는 장소에는 **품명**, **최대저장수량**, **단위부피당 질량** 또는 **단위체적당 질량**, **관리책임자 성명 · 직책**, **연락처** 및 **화기취급의 금지표시**가 **포함**된 특수가연물 표지 설치 보기 ④

(2) 특수가연물 표지 규격

① 특수가연물 표지는 한 변의 길이가 **0.3m** 이상, 다른 한 변의 길이가 **0.6m** 이상인 **직사각형**으로 할 것 보기 ②

② 특수가연물 표지의 바탕은 **흰색**으로, 문자는 **검은색**으로 할 것(단, '**화기엄금**' 표시부분은 제외) 보기 ③

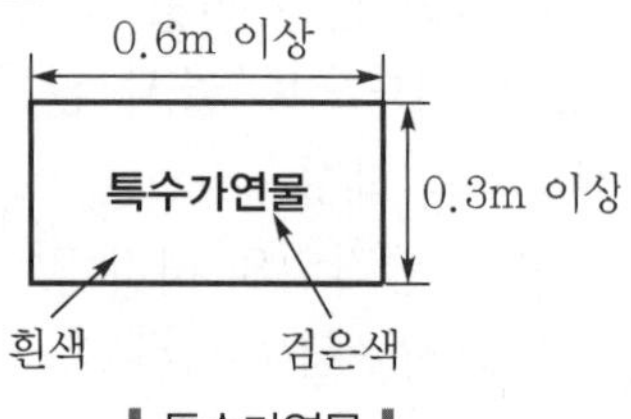

‖ 특수가연물 ‖

③ 특수가연물 표지 중 **화기엄금** 표시부분의 바탕은 **붉은색**으로, 문자는 **흰색**으로 할 것 보기 ①

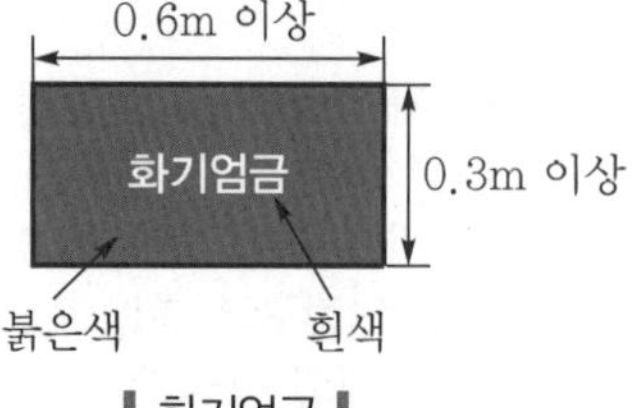

‖ 화기엄금 ‖

(3) 특수가연물 표지는 특수가연물을 저장하거나 취급하는 장소 중 보기 쉬운 곳에 설치해야 한다.

2. 특수가연물의 저장 및 취급의 기준(단, 석탄 · 목탄류를 발전용으로 저장하는 것 제외)

(1) **품명별**로 구분하여 쌓을 것

(2) 쌓는 높이는 10m 이하가 되도록 하고, 쌓는 부분의 바닥면적은 50m²(석탄 · 목탄류는 200m²) 이하가 되도록 할 것(단, 살수설비를 설치하거나 방사능력 범위에 해당 특수가연물이 포함되도록 대형 수동식 소화기를 설치하는 경우에는 쌓는 높이를 15m 이하, 쌓는 부분의 바닥면적을 200m²(석탄 · 목탄류는 300m²) 이하로 할 수 있다)

(3) 쌓는 부분의 바닥면적 사이는 실내의 경우 1.2m 또는 **쌓는 높이**의 $\frac{1}{2}$ 중 **큰 값**(실외 3m 또는 **쌓는 높이** 중 **큰 값**) 이상으로 간격을 둘 것

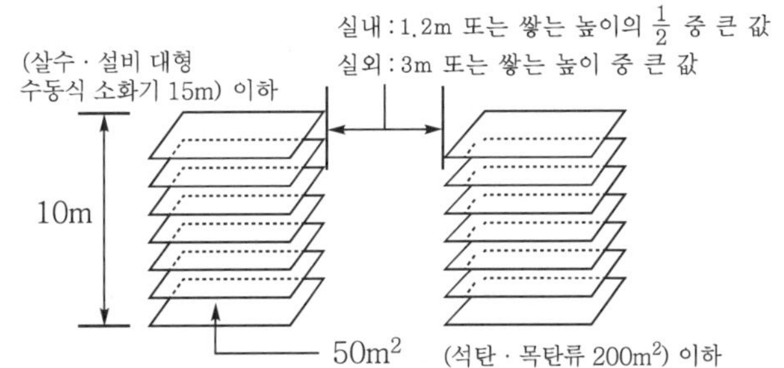

▌살수 · 설비 대형 수동식 소화기 200m²(석탄 · 목탄류 300m²) 이하▐

정답 ③

★★

20 「화재의 예방 및 안전관리에 관한 법률」 및 같은 법 시행령상 소방안전관리자를 선임해야 하는 건설현장 소방안전관리대상물에 해당하지 않는 것은?

유사기출 23년 공채

① 신축을 하려는 부분의 연면적이 5000m²인 냉동 · 냉장창고
② 신축을 하려는 부분의 연면적의 합계가 20000m²인 복합건축물
③ 증축을 하려는 부분의 연면적의 합계가 30000m²인 업무시설
④ 증축을 하려는 부분의 연면적이 5000m²이고, 지상층의 층수가 10층인 업무시설

해설

④ 10층 → 11층 이상

화재예방법 시행령 29조

건설현장 소방안전관리대상물

(1) 신축 · 증축 · 개축 · 재축 · 이전 · 용도변경 또는 대수선을 하려는 부분의 연면적의 합계가 15000m² 이상인 것 [보기 ②, ③]

(2) 신축 · 증축 · 개축 · 재축 · 이전 · 용도변경 또는 대수선을 하려는 부분의 연면적이 5000m² 이상인 것으로서, 다음에 해당하는 것

① **지하 2개 층** 이상인 것
② **지상 11층** 이상인 것 [보기 ④]
③ 냉동창고, 냉장창고 또는 냉동 · 냉장창고 [보기 ①]

정답 ④

★★★
21 「화재의 예방 및 안전관리에 관한 법률 시행령」상 불을 사용하는 설비의 관리기준 등에 관한 내용으로 옳지 않은 것은?

유사기출
21년 경채
19년 경채
18년 경채
17년 경채
16년 공채
16년 충남
14년 경채
13년 전북
12년 경채

① 보일러 : 가연성 벽 · 바닥 또는 천장과 접촉하는 증기기관 또는 연통의 부분은 규조토 등 난연성 또는 불연성 단열재로 덮어씌워야 한다.
② 난로 : 가연성 벽 · 바닥 또는 천장과 접촉하는 연통의 부분은 규조토 등 난연성 또는 불연성 단열재로 덮어씌워야 한다.
③ 건조설비 : 실내에 설치하는 경우에 벽 · 천장 및 바닥은 준불연재료로 해야 한다.
④ 노 · 화덕설비 : 노 또는 화덕을 설치하는 장소의 벽 · 천장은 불연재료로 된 것이어야 한다.

해설

③ 준불연재료 → 불연재료

화재예방법 시행령 [별표 1]
보일러 등의 설비 또는 기구 등의 위치 · 구조 및 관리와 화재예방을 위하여 불을 사용할 때 지켜야 하는 사항

<table>
<tr><th>종 류</th><th>내 용</th></tr>
<tr><td>보일러</td><td>① 가연성 벽 · 바닥 또는 천장과 접촉하는 증기기관 또는 연통의 부분은 규조토 등 난연성 또는 불연성 단열재로 덮어 씌워야 한다.
▌지켜야 할 사항▐
<table>
<tr><th>화목 등 고체연료 사용 시</th><th>경유 · 등유 등 액체연료 사용 시</th><th>기체연료 사용 시</th></tr>
<tr><td>㉠ 고체연료는 보일러 본체와 수평거리 2m 이상 간격을 두어 보관하거나 불연재료로 된 별도의 구획된 공간에 보관할 것
㉡ 연통은 천장으로부터 0.6m 떨어지고, 연통의 배출구는 건물 밖으로 0.6m 이상 나오도록 설치할 것
㉢ 연통의 배출구는 보일러 본체보다 2m 이상 높게 설치할 것
㉣ 연통이 관통하는 벽면, 지붕 등은 불연재료로 처리할 것</td><td>㉠ 연료탱크는 보일러 본체로부터 수평거리 1m 이상의 간격을 두어 설치할 것
㉡ 연료탱크에는 화재 등 긴급상황이 발생하는 경우 연료를 차단할 수 있는 개폐밸브를 연료탱크로부터 0.5m 이내에 설치할 것
㉢ 연료탱크 또는 보일러 등에 연료를 공급하는 배관에는 여과장치를 설치할 것
㉣ 사용이 허용된 연료 외의 것을 사용하지 않을 것</td><td>㉠ 보일러를 설치하는 장소에는 환기구를 설치하는 등 가연성가스가 머무르지 않도록 할 것
㉡ 연료를 공급하는 배관은 금속관으로 할 것
㉢ 화재 등 긴급 시 연료를 차단할 수 있는 개폐밸브를 연료용기 등으로부터 0.5m 이내에 설치할 것
㉣ 보일러가 설치된 장소에는 가스누설경보기를 설치할 것</td></tr>
</table></td></tr>
</table>

<table>
<tr><th>종 류</th><th>내 용</th></tr>
<tr><td>보일러</td><td>
<table>
<tr><th>화목 등 고체연료 사용 시</th><th>경유 · 등유 등 액체연료 사용 시</th><th>기체연료 사용 시</th></tr>
<tr><td>ⓜ 연통재질은 불연재료로 사용하고 연결부에 청소구를 설치할 것</td><td>ⓜ 연료탱크가 넘어지지 않도록 받침대를 설치하고, 연료탱크 및 연료탱크 받침대는 불연재료로 할 것</td><td></td></tr>
</table>
② 보일러 본체와 벽 · 천장 사이의 거리는 0.6m 이상 되도록 할 것
③ 보일러를 실내에 설치하는 경우에는 콘크리트바닥 또는 금속 외의 불연재료로 된 바닥 위에 설치
</td></tr>
<tr><td>난로</td><td>
① 연통은 천장으로부터 0.6m 이상 떨어지고, 연통의 배출구는 건물 밖으로 0.6m 이상 나오게 설치해야 한다.
② 가연성 벽 · 바닥 또는 천장과 접촉하는 연통의 부분은 규조토 등 난연성 또는 불연성의 단열재로 덮어 씌워야 한다.
③ 이동식 난로는 다음의 장소에서 사용해서는 안 된다(단, 난로가 쓰러지지 않도록 받침대를 두어 고정시키거나 쓰러지는 경우 즉시 소화되고 연료의 누출을 차단할 수 있는 장치가 부착된 경우 제외).
㉠ 다중이용업
㉡ 학원
㉢ 독서실
㉣ 숙박업 · 목욕장업 · 세탁업의 영업장
㉤ 종합병원 · 병원 · 치과병원 · 한방병원 · 요양병원 · 정신병원 · 의원 · 치과의원 · 한의원 및 조산원
㉥ 식품접객업의 영업장
㉦ 영화상영관
㉧ 공연장
㉨ 박물관 및 미술관
㉩ 상점가
㉪ 가설건축물
㉫ 역 · 터미널
</td></tr>
<tr><td>건조설비</td><td>
① 건조설비와 벽 · 천장 사이의 거리는 0.5m 이상 되도록 할 것
② 건조물품이 열원과 직접 접촉하지 않도록 할 것
③ 실내에 설치하는 경우 벽 · 천장 또는 바닥은 불연재료로 할 것
</td></tr>
<tr><td>불꽃을 사용하는 용접 · 용단 기구</td><td>
용접 또는 용단 작업장에서는 다음의 사항을 지켜야 한다(단, 「산업안전보건법」의 적용을 받는 사업장의 경우는 제외).
① 용접 또는 용단 작업장 주변 반경 5m 이내에 소화기를 갖추어 둘 것
② 용접 또는 용단 작업장 주변 반경 10m 이내에는 가연물을 쌓아두거나 놓아두지 말 것(단, 가연물의 제거가 곤란하여 방화포 등으로 방호조치를 한 경우는 제외)
</td></tr>
<tr><td>가스 · 전기시설</td><td>
① 가스시설의 경우 「고압가스 안전관리법」, 「도시가스사업법」 및 「액화석유가스의 안전관리 및 사업법」에서 정하는 바에 따른다.
② 전기시설의 경우 「전기사업법」 및 「전기안전관리법」에서 정하는 바에 따른다.
</td></tr>
</table>

<table>
<tr><th>종 류</th><th>내 용</th></tr>
<tr><td>노·화덕 설비</td><td>① 실내에 설치하는 경우에는 흙바닥 또는 금속 외의 불연재료로 된 바닥에 설치
<table><tr><th>노·화덕 설비</th><th>보일러</th></tr><tr><td>• 흙바닥
• 금속의 불연재료</td><td>• 콘크리트 바닥
• 금속의 불연재료</td></tr></table>② 노 또는 화덕을 설치하는 장소의 벽·천장은 불연재료로 된 것이어야 한다.
③ 노 또는 화덕의 주위에는 녹는 물질이 확산되지 않도록 높이 0.1m 이상의 턱 설치
④ 시간당 열량이 300000kcal 이상인 노를 설치하는 경우에는 다음의 사항을 지켜야 한다.
㉠ 주요 구조부는 불연재료로 할 것
㉡ 창문과 출입구는 60분+방화문 또는 60분 방화문으로 설치할 것
㉢ 노 주위에는 1m 이상 공간을 확보할 것</td></tr>
<tr><td>음식조리를 위하여 설치하는 설비</td><td><지켜야 할 사항>
① 주방설비에 부속된 배기덕트는 0.5m 이상의 아연도금강판 또는 이와 같거나 그 이상의 내식성 불연재료로 설치할 것
② 주방시설에는 동물 또는 식물의 기름을 제거할 수 있는 필터 등을 설치할 것
③ 열을 발생하는 조리기구는 반자 또는 선반으로부터 0.6m 이상 떨어지게 할 것
④ 열을 발생하는 조리기구로부터 0.15m 이내의 거리에 있는 가연성 주요 구조부는 단열성이 있는 불연재료로 덮어씌울 것
배출덕트 / 0.5m 이상 / 반자 또는 선반 / 0.6m 이상 / 불연재료 / 0.15m 이내
▌음식조리설비▐</td></tr>
</table>

중요

화재예방법 시행령 [별표 1]
벽·천장 사이의 거리

종 류	벽·천장 사이의 거리
음식 조리기구	0.15m 이내
건조설비	0.5m 이상
보일러	0.6m 이상
난로 연통	0.6m 이상
음식 조리기구 반자	0.6m 이상
보일러(경유·등유)	수평거리 1m 이상

③

★★★

22 「화재의 예방 및 안전관리에 관한 법률」 및 같은 법 시행령상 화재안전조사 결과에 따른 조치명령, 손실보상의 내용으로 옳지 않은 것은?

유사기출 19년 경채 15년 전북

① 화재안전조사 결과에 따른 소방대상물의 조치명령권자는 소방관서장이다.

② 화재안전조사 결과에 따른 조치명령으로 소방청장 또는 시・도지사가 손실을 보상하는 경우에는 시가(時價)의 2배로 보상해야 한다.

③ 소방청장 또는 시・도지사는 보상금액에 관한 협의가 성립되지 않은 경우에는 그 보상금액을 지급하거나 공탁하고 이를 상대방에게 알려야 한다.

④ 소방관서장은 화재안전조사 결과에 따른 소방대상물의 위치・구조・설비 또는 관리의 상황이 화재예방을 위하여 보완될 필요가 있거나 화재가 발생하면 인명 또는 재산의 피해가 클 것으로 예상되는 때에는 행정안전부령으로 정하는 바에 따라 관계인에게 그 소방대상물의 개수(改修)・이전・제거, 사용의 금지 또는 제한, 사용폐쇄, 공사의 정지 또는 중지, 그 밖에 필요한 조치를 명할 수 있다.

해설

② 시가의 2배 → 시가

1. 화재예방법 14조

화재안전조사 결과에 따른 조치명령

(1) **소방관서장**은 화재안전조사 결과에 따른 소방대상물의 위치・구조・설비 또는 관리의 상황이 화재예방을 위하여 보완될 필요가 있거나 화재가 발생하면 인명 또는 재산의 피해가 클 것으로 예상되는 때에는 행정안전부령으로 정하는 바에 따라 관계인에게 그 소방대상물의 개수 **이전・제거**, 사용의 **금지** 또는 **제한**, 사용**폐쇄**, 공사의 **정지** 또는 **중지**, 그 밖에 필요한 조치를 명할 수 있다. 보기 ①, ④

(2) **소방관서장**은 화재안전조사 결과 소방대상물이 법령을 위반하여 건축 또는 설비되었거나 소방시설등, 피난시설・방화구획, 방화시설 등이 법령에 적합하게 설치 또는 관리되고 있지 아니한 경우에는 관계인에게 조치를 명하거나 관계 행정기관의 장에게 필요한 조치를 하여 줄 것을 요청할 수 있다.

2. 화재예방법 시행령 14조

손실보상

(1) **소방청장** 또는 **시・도지사**가 손실을 보상하는 경우에는 **시가**로 보상해야 한다. 보기 ②

(2) 손실보상에 관하여는 **소방청장** 또는 **시・도지사**와 손실을 입은 자가 협의해야 한다.

(3) **소방청장** 또는 **시・도지사**는 보상금액에 관한 협의가 성립되지 않은 경우에는 그 보상금액을 **지급**하거나 **공탁**하고 이를 상대방에게 알려야 한다. 보기 ③

(4) 보상금의 지급 또는 공탁의 통지에 불복하는 자는 지급 또는 공탁의 통지를 받은 날부터 **30일** 이내에 「공익사업을 위한 토지 등의 취득 및 보상에 관한 법률」에 따른 **중앙토지수용위원회** 또는 관할 **지방토지수용위원회**에 재결을 신청할 수 있다.

- 화재안전조사 손실보상금 지급불복 : **30일** 이내 재결 신청

 정답 ②

★★
23 「화재의 예방 및 안전관리에 관한 법률」상 화재예방안전진단의 범위에 해당하는 것만을 있는 대로 고른 것은?

유사기출 23년 공채

> ㉠ 소방계획 및 피난계획 수립에 관한 사항
> ㉡ 소방시설 등의 유지·관리에 관한 사항
> ㉢ 비상대응조직 및 교육훈련에 관한 사항
> ㉣ 화재 위험성 평가에 관한 사항

① ㉠
② ㉠, ㉡
③ ㉠, ㉡, ㉢
④ ㉠, ㉡, ㉢, ㉣

해설 **화재예방법 41조**
화재예방안전진단의 범위
(1) 화재위험요인의 조사에 관한 사항
(2) **소방계획** 및 **피난계획** 수립에 관한 사항 보기 ㉠
(3) 소방시설 등의 유지·관리에 관한 사항 보기 ㉡
(4) **비상대응조직** 및 **교육훈련**에 관한 사항 보기 ㉢
(5) **화재 위험성 평가**에 관한 사항 보기 ㉣
(6) 그 밖에 화재예방진단을 위하여 **대통령령**으로 정하는 사항

정답 ④

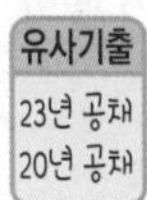

★★★
24 「화재의 예방 및 안전관리에 관한 법률」 및 같은 법 시행규칙상 소방안전관리자의 선임신고 등에 관한 설명이다. (　　) 안에 들어갈 내용으로 옳은 것은?

유사기출 23년 공채 20년 공채

> • 소방안전관리대상물의 관계인이 소방안전관리자를 선임한 경우에는 선임한 날부터 (㉠)일 이내에 선임사실을 소방본부장 또는 소방서장에게 신고하여야 한다.
> • 소방안전관리대상물의 관계인은 소방안전관리자를 선임사유가 발생한 날부터 (㉡)일 이내에 선임해야 한다.

	㉠	㉡
①	14	30
②	14	60
③	30	30
④	30	60

해설 **14일**

(1) 방치된 위험물 공고기간(화재예방법 시행령 17조)
(2) 소방기술자 실무교육기관 휴·폐업 신고일(소방시설공사업법 시행규칙 34조)
(3) 제조소 등의 용도폐지 신고일(위험물관리법 11조)
(4) 위험물안전관리자의 선임신고일(위험물관리법 15조)
(5) 소방안전관리자의 선임신고일(화재예방법 26조) 보기 ㉠

암기 **14제폐선**

비교

30일	14일
① 소방안전관리자 선임 보기 ㉡ ② 위험물안전관리자 선임	① 소방안전관리자 선임 신고 ② 위험물안전관리자 선임 신고

정답 ①

★★★
25 **「소방시설 설치 및 관리에 관한 법률 시행령」상 무창층의 개구부 요건을 설명한 것으로 옳지 않은 것은?**

유사기출 19년 경채 12년 경채

① 도로 또는 차량이 진입할 수 있는 빈터를 향해야 한다.
② 내부 또는 외부에서 쉽게 열리지 않는 구조여야 한다.
③ 크기는 지름 50cm 이상의 원이 통과할 수 있어야 한다.
④ 해당 층의 바닥면으로부터 개구부 밑부분까지의 높이가 1.2m 이내여야 한다.

해설 ② 열리지 않는 구조여야 한다. → 부수거나 열 수 있어야 한다.

소방시설법 시행령 2조
개구부

(1) 개구부의 크기는 지름 **50cm**의 **원**이 **통과**할 수 있을 것 보기 ③
(2) 해당 층의 바닥면으로부터 개구부 밑부분까지의 높이가 **1.2m** 이내일 것 보기 ④
(3) **내부** 또는 **외부**에서 쉽게 부수거나 열 수 있을 것 보기 ②
(4) 화재 시 건축물로부터 쉽게 피난할 수 있도록 개구부에 창살, 그 밖의 장애물이 설치되지 않을 것
(5) 도로 또는 차량이 진입할 수 있는 **빈터**를 향할 것 보기 ①

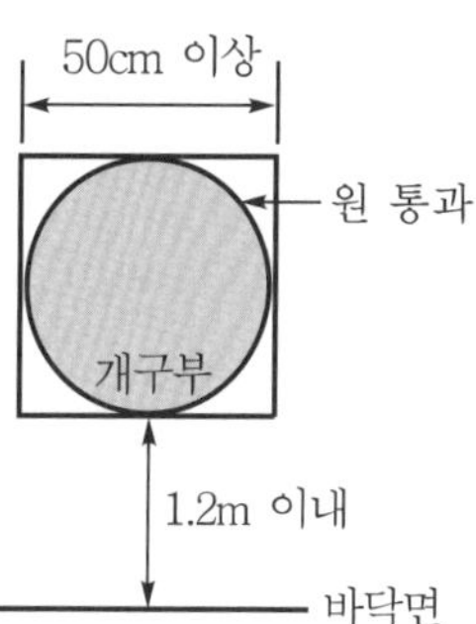

용 어	설 명
개구부	화재 시 쉽게 피난할 수 있는 출입문, 창문 등
무창층	지상층 중 기준에 의해 개구부의 면적의 합계가 해당 층 바닥면적의 $\frac{1}{30}$ **이하**가 되는 층 $1m^2$ 이하 무창층 바닥면적

정답 ②

★★★

26 특정소방대상물의 바닥면적이 다음과 같을 때 「소방시설 설치 및 관리에 관한 법률 시행령」에 따른 수용인원은 총 몇 명인가? (단, 바닥면적을 산정할 때에는 복도, 계단 및 화장실을 포함하지 않으며, 계산 결과 소수점 이하의 수는 반올림한다)

유사기출
23년 공채
22년 경채
15년 경채

- 관람석이 없는 강당 1개, 바닥면적 $460m^2$
- 강의실 10개, 각 바닥면적 $57m^2$
- 휴게실 1개, 바닥면적 $38m^2$

① 380　　② 400
③ 420　　④ 440

소방시설법 시행령 [별표 7]
수용인원의 산정방법

특정소방대상물		산정방법
• 숙박시설	침대가 있는 경우	종사자수 + 침대수
	침대가 없는 경우	종사자수 + $\frac{\text{바닥면적 합계}}{3m^2}$(소수점 이하 반올림)
• 강의실　• 교무실 • 상담실　• 실습실 • 휴게실		$\frac{\text{바닥면적 합계}}{1.9m^2}$(소수점 이하 반올림)
• 기타		$\frac{\text{바닥면적 합계}}{3m^2}$(소수점 이하 반올림)
• 강당 • 문화 및 집회시설, 운동시설 • 종교시설		$\frac{\text{바닥면적 합계}}{4.6m^2}$(소수점 이하 반올림)

- **복도**, **계단** 및 **화장실**의 바닥면적 **제외**

중요

소수점 이하 반올림	소수점 이하 버림
수용인원 산정 (소방시설법 시행령 [별표 7])	소방안전관리보조자 수 (화재예방법 시행령 [별표 5])

(1) 강당 $= \frac{\text{바닥면적 합계}}{4.6\text{m}^2} = \frac{460\text{m}^2}{4.6\text{m}^2} = 100$명

(2) 강의실 $= \frac{\text{바닥면적 합계}}{1.9\text{m}^2} = \frac{57\text{m}^2}{1.9\text{m}^2} = 30$명, 10개×30명 = 300명

(3) 휴게실 $= \frac{\text{바닥면적 합계}}{1.9\text{m}^2} = \frac{38\text{m}^2}{1.9\text{m}^2} = 20$명

∴ 100명 + 300명 + 20명 = 420명

정답 ③

★★★
27 「소방시설 설치 및 관리에 관한 법률 시행령」상 스프링클러설비를 설치해야 하는 특정소방대상물에 해당하는 것만을 고른 것은?

유사기출

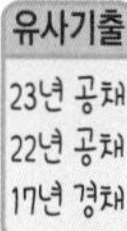

㉠ 수련시설 내에 있는 학생 수용을 위한 기숙사로서 연면적 5000m²인 경우
㉡ 교육연구시설 내에 있는 합숙소로서 연면적 100m²인 경우
㉢ 숙박시설로 사용되는 바닥면적의 합계가 500m²인 경우
㉣ 영화상영관의 용도로 쓰는 4층의 바닥면적이 1000m²인 경우

① ㉠, ㉡
② ㉠, ㉣
③ ㉡, ㉢
④ ㉢, ㉣

㉡ 합숙소 → 기숙사, 100m² → 5000m² 이상
㉢ 500m² → 600m² 이상

소방시설법 시행령 [별표 4]
스프링클러설비의 설치대상

설치대상	조 건
① 문화 및 집회시설(동·식물원 제외) ② 종교시설(주요 구조부가 목조인 것 제외) ③ 운동시설[물놀이형 시설, 바닥(불연재료), 관람석 없는 운동시설 제외]	• 수용인원 : **100명** 이상 • 영화상영관 : 지하층·무창층 **500m²**(기타 **1000m²**) 보기 ㉣ • 무대부 – 지하층·무창층·4층 이상 **300m²** 이상 – 1~3층 **500m²** 이상

설치대상	조 건
④ 판매시설 ⑤ 운수시설 ⑥ 물류터미널	• 수용인원 **500명** 이상 • 바닥면적 합계 **5000m^2** 이상
⑦ 조산원, 산후조리원 ⑧ 정신의료기관 ⑨ 종합병원, 병원, 치과병원, 한방병원 및 요양병원 ⑩ 노유자시설 ⑪ 수련시설(숙박 가능한 곳) ⑫ 숙박시설 **보기 ⓒ**	• 바닥면적 합계 **600m^2** 이상
⑬ 지하가(터널 제외)	• 연면적 **1000m^2** 이상
⑭ 지하층·무창층(축사 제외) ⑮ 4층 이상	• 바닥면적 **1000m^2** 이상
⑯ 10m 넘는 랙크식 창고	• 바닥면적 합계 **1500m^2** 이상
⑰ 창고시설(물류터미널 제외)	• 바닥면적 합계 **5000m^2** 이상
⑱ 기숙사 **보기 ㉠, ㉡** ⑲ 복합건축물	• 연면적 **5000m^2** 이상
⑳ **6층** 이상	• 모든 층
㉑ 공장 또는 창고 시설	• 특수가연물 저장·취급 : 지정수량 **1000배** 이상 • 중·저준위 방사성 폐기물의 저장시설 중 소화수를 수집·처리하는 설비가 있는 저장시설
㉒ 지붕 또는 외벽이 불연재료가 아니거나 내화구조가 아닌 공장 또는 창고시설	• 물류터미널(⑥에 해당하지 않는 것) – 바닥면적 합계 **2500m^2** 이상 – 수용인원 **250명** • 창고시설(물류터미널 제외) : 바닥면적 합계 **2500m^2** 이상 • 지하층·무창층·4층 이상(⑭·⑮에 해당하지 않는 것) : 바닥면적 합계 **500m^2** 이상 • 랙크식 창고(⑯에 해당하지 않는 것) : 바닥면적 합계 **750m^2** 이상 • 특수가연물 저장·취급(㉑에 해당하지 않는 것) : 지정수량 **500배** 이상
㉓ 교정 및 군사시설	• 보호감호소, 교도소, 구치소 및 그 지소, 보호관찰소, 갱생보호시설, 치료감호시설, 소년원 및 소년분류심사원의 수용시설 • 보호시설(외국인보호소는 보호대상자의 생활공간으로 한정) • 유치장
㉔ 발전시설	• 전기저장시설

중요

소방시설법 시행령 [별표 4]
특수가연물 저장 · 취급

지정수량 500배 이상	지정수량 750배 이상	지정수량 1000배 이상
① 자동화재탐지설비 ② 스프링클러설비(지붕 또는 외벽이 불연재료가 아니거나 내화구조가 아닌 공장 또는 창고시설)	① 옥내 · 외 소화전설비 ② 물분무등소화설비	스프링클러설비(공장 또는 창고설비)

정답 ②

★★★
28 **「소방시설 설치 및 관리에 관한 법률 시행령」상 건축물 등의 신축 · 증축 · 개축 · 재축 · 이전 · 용도변경 또는 대수선의 허가 · 협의 및 사용승인을 할 때 미리 소방본부장 또는 소방서장의 동의를 받아야 하는 건축물 등의 범위로 옳지 않은 것은?**

유사기출
23년 공채
19년 경채
16년 공채

① 연면적 $100m^2$ 이상인 특정소방대상물 중 노유자(老幼者) 시설 및 수련시설
② 「학교시설사업 촉진법」에 따라 건축 등을 하려는 연면적 $100m^2$ 이상의 학교시설
③ 지하층 또는 무창층이 있는 건축물로서 바닥면적이 $150m^2$(공연장의 경우에는 $100m^2$) 이상인 층이 있는 것
④ 차고 · 주차장 또는 주차 용도로 사용되는 시설로서 차고 · 주차장으로 사용되는 바닥면적 $200m^2$ 이상인 층이 있는 건축물이나 주차시설

해설

① $100m^2$ → $200m^2$

소방시설법 시행령 7조
건축허가 등의 동의대상물
(1) 연면적 **$400m^2$**(학교시설 : **$100m^2$**, **수련시설 · 노유자시설** : **$200m^2$**, **정신의료기관 · 장애인 의료재활시설** : **$300m^2$**) 이상 보기 ①, ②
(2) **6층** 이상인 건축물
(3) 차고 · 주차장으로서 바닥면적 **$200m^2$** 이상(자동차 **20대** 이상) 보기 ④
(4) **항공기격납고, 관망탑, 항공관제탑, 방송용 송수신탑**
(5) 지하층 또는 무창층의 바닥면적 **$150m^2$** 이상(공연장은 **$100m^2$** 이상) 보기 ③
(6) **위험물저장 및 처리시설, 지하구**
(7) 전기저장시설, 풍력발전소
(8) 조산원, 산후조리원, 의원(입원실 있는 것)
(9) 결핵환자나 한센인이 24시간 생활하는 노유자시설
(10) 요양병원(의료재활시설 제외)
(11) 노인주거복지시설 · 노인의료복지시설 및 재가노인복지시설, 학대피해노인 전용쉼터, 아동복지시설, 장애인거주시설

(12) 정신질환자 관련 시설(종합시설 중 24시간 주거를 제공하지 아니하는 시설 제외)
(13) 노숙인 자활시설, 노숙인 재활시설 및 노숙인 요양시설
(14) 공장 또는 창고시설로서 지정수량의 **750배 이상**의 특수가연물을 저장・취급하는 것
(15) 가스시설로서 지상에 노출된 탱크의 저장용량의 합계가 **100t** 이상인 것

1. 가스시설 저장용량

건축허가 동의	2급 소방안전관리대상물	1급 소방안전관리대상물
100t 이상	100~1000t 미만	1000t 이상

2. 6층 이상
① 건축허가 동의
② 자동화재탐지설비
③ 스프링클러설비

정답 ①

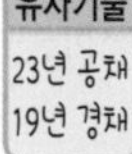

★★★ **29** 「소방시설 설치 및 관리에 관한 법률」상 중앙소방기술심의위원회의 심의사항으로 옳지 않은 것은?

유사기출 23년 공채 19년 경채

① 화재안전기준에 관한 사항
② 소방시설에 하자가 있는지의 판단에 관한 사항
③ 소방시설의 설계 및 공사감리의 방법에 관한 사항
④ 소방시설의 구조 및 원리 등에서 공법이 특수한 설계 및 시공에 관한 사항

② 소방시설 → 소방시설공사

1. 소방시설법 18조
소방기술심의위원회의 심의사항

중앙소방기술심의위원회	지방소방기술심의위원회
① 화재안전기준에 관한 사항 **보기 ①** ② 소방시설의 구조 및 원리 등에서 공법이 특수한 설계 및 시공에 관한 사항 **보기 ④** ③ 소방시설의 설계 및 공사감리의 방법에 관한 사항 **보기 ③** ④ **소방시설공사**의 하자를 판단하는 기준에 관한 사항 **보기 ②** ⑤ 성능위주설계 신기술・신공법 등 검토・평가에 고도의 기술이 필요한 경우로서 중앙위원회에 심의를 요청한 사항	**소방시설**에 하자가 있는지의 판단에 관한 사항

2. 소방시설법 시행령 20조

중앙소방기술심의위원회	지방소방기술심의위원회
① 연면적 **100000m²** 이상의 특정소방대상물에 설치된 소방시설의 설계 · 시공 · 감리의 하자 유무에 관한 사항 보기 ④ ② **새로운 소방시설**과 **소방용품** 등의 도입 여부에 관한 사항 ③ 소방기술과 관련하여 **소방청장**이 심의에 부치는 사항	① 연면적 **100000m²** 미만의 특정소방대상물에 설치된 소방시설의 설계 · 시공 · 감리의 하자 유무에 관한 사항 ② **소방본부장** 또는 **소방서장**이 화재안전기준 또는 위험물 제조소 등의 시설기준의 적용에 관하여 기술검토를 요청하는 사항 ③ 소방기술과 관련하여 **시 · 도지사**가 심의에 부치는 사항

 정답 ②

30

유사기출 23년 공채

「소방시설 설치 및 관리에 관한 법률 시행령」상 전문소방시설관리업의 보조 기술인력 등록기준으로 옳은 것은?

① 특급점검자 이상의 기술인력 : 2명 이상
② 중급 · 고급 점검자 이상의 기술인력 : 각 1명 이상
③ 초급 · 중급 점검자 이상의 기술인력 : 각 1명 이상
④ 초급 · 중급 · 고급 점검자 이상의 기술인력 : 각 2명 이상

해설 소방시설법 시행령 [별표 9]
소방시설관리업의 업종별 등록기준 및 영업범위

항목 / 업종별	기술인력		영업범위
	주된 기술인력	보조기술인력 보기 ④	
전문 소방시설 관리업	① 소방시설관리사 자격을 취득한 후 소방 관련 실무경력이 **5년 이상**인 사람 **1명** 이상 ② 소방시설관리사 자격을 취득한 후 소방 관련 실무경력이 **3년 이상**인 사람 **1명** 이상	① 고급 점검자 : **2명** 이상 ② 중급 점검자 : **2명** 이상 ③ 초급 점검자 : **2명** 이상	모든 특정소방대상물
일반 소방시설 관리업	소방시설관리사 자격증 취득 후 소방 관련 실무경력이 **1년 이상**인 사람	① 중급 점검자 : **1명** 이상 ② 초급 점검자 : **1명** 이상	1급, 2급, 3급 소방안전관리 대상물

정답 ④

★★
31  23년 공채

「소방시설 설치 및 관리에 관한 법률 시행규칙」상 행정처분 시 감경사유로 옳지 않은 것은?

① 경미한 위반사항으로, 유도등이 일시적으로 점등되지 않는 경우
② 경미한 위반사항으로, 스프링클러설비 헤드가 살수반경에 미치지 못하는 경우
③ 위반행위가 사소한 부주의나 오류가 아닌 고의에 의한 것으로 인정되는 경우
④ 위반행위자가 처음 해당 위반행위를 한 경우로서 5년 이상 소방시설관리사의 업무, 소방시설관리업 등을 모범적으로 해 온 사실이 인정되는 경우

해설

③ 사소한 부주의나 오류가 아닌 고의에 의한 것 → 사소한 부주의나 오류 등 과실로 인한 것

소방시설법 시행규칙 [별표 8]
행정처분 시 가중·감경 사유

가중사유	감경사유
① 위반행위가 사소한 부주의나 오류가 아닌 고의나 **중대한 과실**에 의한 것으로 인정되는 경우 ② 위반의 내용·정도가 중대하여 관계인에게 미치는 피해가 크다고 인정되는 경우	① 위반행위가 사소한 부주의나 오류 등 **과실**로 인한 것으로 인정되는 경우 보기 ③ ② 위반의 내용·정도가 경미하여 관계인에게 미치는 피해가 작다고 인정되는 경우 ③ 위반행위자가 처음 해당 위반행위를 한 경우로서 **5년** 이상 소방시설관리사의 업무, 소방시설관리업 등을 모범적으로 해 온 사실이 인정되는 경우 보기 ④ ④ 다음 경미한 위반사항에 해당되는 경우 ㉠ 스프링클러설비 **헤드**가 **살수반경**에 미치지 못하는 경우 보기 ② ㉡ 자동화재탐지설비 **감지기 2개 이하**가 설치되지 않은 경우 ㉢ **유도등**이 **일시적**으로 **점등**되지 않는 경우 보기 ① ㉣ **유도표지**가 정해진 위치에 붙어 있지 않은 경우

  정답 ③

32 ★ 「위험물안전관리법 시행령」상 제1류 위험물의 품명으로 옳은 것은?

① 질산
② 과염소산
③ 과산화수소
④ 과염소산염류

해설 **위험물관리법 시행령 [별표 1]**
위험물

유 별	성 질	품 명
제1류	산화성 고체	• 아염소산염류 • 염소산염류(염소산나트륨) • 과염소산염류 **보기 ④** • 질산염류 • 무기과산화물 암기 **1산고염나**
제2류	가연성 고체	• 황화린 • 적린 • 유황 • 마그네슘 암기 **황화적유마**
제3류	자연발화성 물질 및 금수성 물질	• 황린 • 칼륨 • 나트륨 • 알칼리토금속 • 트리에틸알루미늄 • 금속의 수소화물 암기 **황칼나알트**
제4류	인화성 액체	• 특수인화물 • 석유류(벤젠) • 알코올류 • 동・식물유류
제5류	자기반응성 물질	• 유기과산화물 • 니트로화합물 • 니트로소화합물 • 아조화합물 • 질산에스테르류(셀룰로이드)
제6류	산화성 액체	• 과염소산 **보기 ②** • 과산화수소 **보기 ③** • 질산 **보기 ①**

정답 ④

★★
33 「위험물안전관리법 시행규칙」상 제조소 등에서의 위험물의 저장 및 취급에 관한 기준 중 위험물의 유별 저장 · 취급의 공통기준으로 옳은 것은?

유사기출 23년 공채

① 제1류 위험물은 가연물과의 접촉 · 혼합이나 분해를 촉진하는 물품과의 접근 또는 과열 · 충격 · 마찰 등을 피하는 한편, 알칼리금속의 과산화물 및 이를 함유한 것에 있어서는 물과의 접촉을 피하여야 한다.

② 제2류 위험물 중 자연발화성 물질에 있어서는 불티 · 불꽃 또는 고온체와의 접근 · 과열 또는 공기와의 접촉을 피하고, 금수성 물질에 있어서는 물과의 접촉을 피하여야 한다.

③ 제3류 위험물은 산화제와의 접촉 · 혼합이나 불티 · 불꽃 · 고온체와의 접근 또는 과열을 피하는 한편, 철분 · 금속분 · 마그네슘 및 이를 함유한 것에 있어서는 물이나 산과의 접촉을 피하고 인화성 고체에 있어서는 함부로 증기를 발생시키지 아니하여야 한다.

④ 제4류 위험물은 가연물과의 접촉 · 혼합이나 분해를 촉진하는 물품과의 접근 또는 과열을 피하여야 한다.

② 제2류 위험물 → 제3류 위험물
③ 제3류 위험물 → 제2류 위험물
④ 제4류 위험물 → 제6류 위험물

위험물관리법 시행규칙 [별표 18] Ⅱ
위험물의 유별 저장 · 취급의 공통기준(중요 기준)

위험물	공통기준
제1류 위험물	**가연물**과의 접촉 · 혼합이나 분해를 촉진하는 물품과의 접근 또는 과열 · 충격 · 마찰 등을 피하는 한편, 알칼리금속의 과산화물 및 이를 함유한 것에 있어서는 물과의 접촉을 피할 것 **보기 ①**
제2류 위험물	**산화제**와의 접촉 · 혼합이나 불티 · 불꽃 · 고온체와의 접근 또는 과열을 피하는 한편, 철분 · 금속분 · 마그네슘 및 이를 함유한 것에 있어서는 물이나 산과의 접촉을 피하고 인화성 고체에 있어서는 함부로 증기를 발생시키지 않을 것 **보기 ②**
제3류 위험물	**자연발화성** 물질에 있어서는 불티 · 불꽃 또는 고온체와의 접근 · 과열 또는 공기와의 접촉을 피하고, 금수성 물질에 있어서는 물과의 접촉을 피할 것 **보기 ③**
제4류 위험물	**불티 · 불꽃 · 고온체**와의 접근 또는 과열을 피하고, 함부로 **증기**를 발생시키지 않을 것 **보기 ④**
제5류 위험물	**불티 · 불꽃 · 고온체**와의 접근이나 과열 · 충격 또는 **마찰**을 피할 것
제6류 위험물	가연물과의 접촉 · 혼합이나 분해를 촉진하는 물품과의 접근 또는 과열을 피할 것

①

34 「위험물안전관리법」 및 같은 법 시행령상 관계인이 예방규정을 정하여야 하는 제조소 등에 해당하지 않는 것은?

유사기출
23년 공채
22년 공채
21년 공채
16년 경채
15년 경채
13년 경기
11년 서울
11년 부산

① 4000L의 알코올류를 취급하는 제조소
② 30000kg의 유황을 저장하는 옥외저장소
③ 2500kg의 질산에스테르류를 저장하는 옥내저장소
④ 150000L의 경유를 저장하는 옥외탱크저장소

해설 ④ 150배로 200배 이하이므로 해당없음

1. 위험물관리법 시행령 15조
예방규정을 정하여야 할 제조소 등

배 수	제조소등
10배 이상	제조소 · 일반취급소
100배 이상	옥외저장소
150배 이상	옥내저장소
200배 이상	옥외탱크저장소 ~~옥내탱크저장소~~ ×
모두 해당	이송취급소
모두 해당	암반탱크저장소

암기 0 제 일
0 외
5 내
2 탱

(1) 알코올류 $= \frac{4000L}{400L} = 10$배 보기 ①

(2) 유황 $= \frac{30000kg}{100kg} = 300$배 보기 ②

(3) 질산에스테르류 $= \frac{2500kg}{10kg} = 250$배 보기 ③

(4) 경유 $= \frac{150000L}{1000L} = 150$배 보기 ④

중요

위험물관리법 시행령 [별표 1]
위험물 및 지정수량

(1) 제1류 위험물

성 질	품 명	지정수량	위험등급
산화성 고체	염소산염류	50kg	Ⅰ
	아염소산염류		Ⅰ
	과염소산염류		Ⅰ
	무기과산화물		Ⅰ
	크롬·납 또는 요오드의 산화물	300kg	Ⅱ
	브롬산염류		Ⅱ
	질산염류		Ⅱ
	요오드산염류		Ⅱ
	과망간산염류	1000kg	Ⅲ
	중크롬산염류		Ⅲ

(2) 제2류 위험물

성 질	품 명	지정수량	위험등급
가연성 고체	• 황화린 • 적린 • **유황** 보기 ②	100kg	Ⅱ
	• 마그네슘 • 철분 • 금속분	500kg	Ⅲ
	• 그 밖에 행정안전부령이 정하는 것	100kg 또는 500kg	Ⅱ～Ⅲ
	• 인화성 고체	1000kg	Ⅲ

(3) 제3류 위험물

성 질	품 명	지정수량	위험등급
자연 발화성 물질 및 금수성 물질	칼륨	10kg	Ⅰ
	나트륨		
	알킬알루미늄		
	알킬리튬		
	황린	20kg	

성 질	품 명	지정수량	위험등급
자연 발화성 물질 및 금수성 물질	알칼리금속(K, Na 제외) 및 알칼리토금속	50kg	Ⅱ
	유기금속화합물(알킬알루미늄, 알킬리튬 제외)		
	금속의 수소화물	300kg	Ⅲ
	금속의 인화물		
	칼슘 또는 알루미늄의 탄화물		

(4) 제4류 위험물

성 질	품 명		지정 수량	대표물질	위험 등급
인화성 액체	특수인화물		50L	디에틸에테르·이황화탄소·아세트알데히드·산화프로필렌·이소프렌·펜탄·디비닐에테르·트리클로로실란	Ⅰ
	제1석유류	비수용성	200L	휘발유·벤젠·톨루엔·크실렌·시클로헥산·아크롤레인·에틸벤젠·초산에스테르류·의산에스테르류·콜로디온·메틸에틸케톤	Ⅱ
		수용성	400L	아세톤·피리딘·시안화수소	Ⅱ
	알코올류 보기 ①		400L	메틸알코올·에틸알코올·프로필알코올·이소프로필알코올·부틸알코올·아밀알코올·퓨젤유·변성알코올	Ⅱ
	제2석유류	비수용성	1000L	등유·**경유**·테레빈유·장뇌유·송근유·스티렌·클로로벤젠 보기 ④	Ⅲ
		수용성	2000L	의산·초산·메틸셀로솔브·에틸셀로솔브·알릴알코올	Ⅲ
	제3석유류	비수용성	2000L	중유·크레오소트유·니트로벤젠·아닐린·담금질유	Ⅲ
		수용성	4000L	에틸렌글리콜·글리세린	Ⅲ
	제4석유류		6000L	기어유·실린더유	Ⅲ
	동·식물유류		10000L	아마인유·해바라기유·들기름·대두유·야자유·올리브유·팜유	Ⅲ

(5) 제5류 위험물

성 질	품 명	지정수량	대표물질	위험등급
자기반응성물질	유기과산화물	10kg	과산화벤조일 · 메틸에틸케톤퍼옥사이드	Ⅰ
	질산에스테르류 보기 ③		질산메틸 · 질산에틸 · 니트로셀룰로오스 · 니트로글리세린 · 니트로글리콜 · 셀룰로이드	Ⅰ
	니트로화합물	200kg	피크린산 · 트리니트로톨루엔 · 트리니트로벤젠 · 테트릴	Ⅱ
	니트로소화합물		파라니트로소벤젠 · 디니트로소레조르신 · 니트로소아세트페논	Ⅱ
	아조화합물		아조벤젠 · 히드록시아조벤젠 · 아미노아조벤젠 · 아족시벤젠	Ⅱ
	디아조화합물		디아조메탄 · 디아조디니트로페놀 · 디아조카르복실산에스테르 · 질화납	Ⅱ
	히드라진유도체		히드라진 · 히드라조벤젠 · 히드라지드 · 염산히드라진 · 황산히드라진	Ⅱ
	히드록실아민	100kg	히드록실아민	Ⅱ
	히드록실아민염류		염산히드록실아민, 황산히드록실아민	Ⅱ

(6) 제6류 위험물

성 질	품 명	지정수량	위험등급
산화성 액체	과염소산	300kg	Ⅰ
	과산화수소		
	질산		

정답 ④

★★

35 유사기출 23년 공채

「위험물안전관리법 시행령」상 지정수량 이상의 위험물을 옥외저장소에 저장할 수 있는 것으로 옳지 않은 것은? (단, 「국제해사기구에 관한 협약」에 의하여 설치된 국제해사기구가 채택한 「국제해상위험물규칙」(IMDG Code)에 적합한 용기에 수납된 위험물은 제외한다)

① 제1류 위험물 중 염소산염류 ② 제2류 위험물 중 유황
③ 제4류 위험물 중 알코올류 ④ 제6류 위험물

해설 ① 해당없음

위험물관리법 시행령 [별표 2]
지정수량 이상의 위험물을 저장하기 위한 장소와 그에 따른 저장소의 구분

지정수량 이상의 위험물을 저장하기 위한 장소	저장소의 구분
① **옥내**(지붕과 기둥 또는 벽 등에 의하여 둘러싸인 곳)에 저장(위험물을 저장하는데 따르는 취급 포함)하는 장소(단, 옥내탱크저장소에 저장하는 경우 제외)	**옥내**저장소
② **옥외**에 있는 **탱크**(지하탱크저장소, 간이탱크저장소, 이동탱크저장소, 암반탱크저장소 제외)에 위험물을 저장하는 장소	**옥외탱크**저장소
③ **옥내**에 있는 **탱크**에 위험물을 저장하는 장소	**옥내탱크**저장소
④ **지하**에 매설한 **탱크**에 위험물을 저장하는 장소	**지하탱크**저장소
⑤ **간이탱크**에 위험물을 저장하는 장소	**간이탱크**저장소
⑥ **차량**(피견인자동차에 있어서는 앞 차축을 갖지 아니하는 것으로서 당해 피견인자동차의 일부가 견인자동차에 적재되고 당해 피견인자동차와 그 적재물의 중량의 상당부분이 견인자동차에 의하여 지탱되는 구조)에 고정된 탱크에 위험물을 저장하는 장소	**이동탱크**저장소
⑦ 옥외에 위험물을 저장하는 장소(단, 옥외탱크저장소에 저장하는 경우 제외) ㉠ 유황 또는 인화성 고체(인화점이 0℃ 이상인 것) 보기 ② ㉡ 제1석유류(인화점이 0℃ 이상인 것)・알코올류・제2석유류・제3석유류・제4석유류 및 동・식물유류 보기 ③ ㉢ 제6류 위험물 보기 ④ ㉣ 제2류 위험물 및 제4류 위험물 중 시・도의 조례에서 정하는 위험물(「관세법」에 의한 보세구역 안에 저장하는 경우) ㉤ 「국제해사기구에 관한 협약」에 의하여 설치된 국제해사기구가 채택한 「국제해상위험물규칙」(IMDG Code)에 적합한 용기에 수납된 위험물	**옥외**저장소
⑧ **암반** 내의 공간을 이용한 탱크에 액체의 위험물을 저장하는 장소	**암반탱크**저장소

 ①

★
36 「위험물안전관리법 시행규칙」상 위험등급 Ⅱ의 위험물에 해당하는 것은?

① 제3류 위험물 중 칼륨
② 제2류 위험물 중 적린
③ 제4류 위험물 중 특수인화물
④ 제1류 위험물 중 무기과산화물

①, ③, ④ 위험등급 Ⅰ

위험등급

구 분	위험등급 Ⅰ	위험등급 Ⅱ	위험등급 Ⅲ
제1류 위험물	• 아염소산염류 • 염소산염류 • 과염소산염류 • **무기과산화물** 보기 ④ • 그 밖에 지정수량이 **50kg**인 위험물	• 브롬산염류 • 질산염류 • 요오드산염류 • 그 밖에 지정수량이 **300kg**인 위험물	
제2류 위험물	–	• 황화린 • **적린** 보기 ② • 유황 • 그 밖에 지정수량이 **100kg**인 위험물	
제3류 위험물	• **칼륨** 보기 ① • 나트륨 • 알킬알루미늄 • 황린 • 그 밖에 지정수량이 **10kg** 또는 **20kg**인 위험물	• 알칼리금속 및 알칼리토금속 • 유기금속화합물 • 그 밖에 지정수량이 **50kg**인 위험물	위험등급 Ⅰ, Ⅱ 이외의 것
제4류 위험물	**특수인화물** 보기 3	• **제1석유류** • **알코올류**	
제5류 위험물	• 유기산화물 • 질산에스테르류 • 그 밖에 지정수량이 **10kg**인 위험물	위험등급 Ⅰ 이외의 것	
제6류 위험물	모두	–	

정답 ②

★★
37 유사기출 23년 공채

「위험물안전관리법 시행규칙」상 제조소의 위치 · 구조 및 설비의 기준에 근거하여 취급하는 위험물의 최대수량이 지정수량의 20배인 경우 제조소 주위에 보유하여야 하는 공지의 너비는?

① 2m 이상
② 3m 이상
③ 4m 이상
④ 5m 이상

위험물관리법 시행규칙 [별표 4]
위험물제조소의 보유공지

취급하는 위험물의 최대수량	공지의 너비
지정수량 10배 이하	3m 이상
지정수량 10배 초과	5m 이상

정답 ④

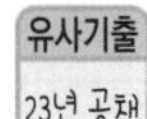

38 「위험물안전관리법 시행규칙」상 화학소방자동차에 갖추어야 하는 소화능력 또는 설비의 기준으로 옳은 것은?

유사기출 23년 공채

① 포수용액 방사차 : 포수용액의 방사능력이 매분 1000L 이상일 것
② 분말 방사차 : 1000kg 이상의 분말을 비치할 것
③ 할로겐화합물 방사차 : 할로겐화합물의 방사능력이 매초 40kg 이상일 것
④ 이산화탄소 방사차 : 1000kg 이상의 이산화탄소를 비치할 것

해설

① 1000L → 2000L
② 1000kg → 1400kg
④ 1000kg → 3000kg

위험물관리법 시행규칙 [별표 23]
화학소방자동차의 방사능력

구 분	방사능력
① 분말방사차	35kg/s 이상(1400kg 이상 비치) 보기 ②
② 할로겐화합물 방사차 ③ 이산화탄소 방사차	40kg/s 이상(3000kg 이상 비치) 보기 ③, ④
④ 제독차	50kg 이상 비치
⑤ 포수용액 방사차	2000L/min 이상(100000L 이상 비치) 보기 ①

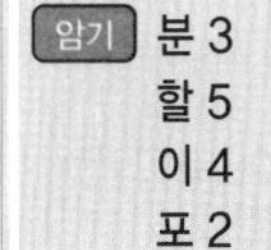

암기 분 3
할 5
이 4
포 2
제5(재워줘)

정답 ③

39 「위험물안전관리법 시행령」상 위험물 지정수량으로 옳은 것은?

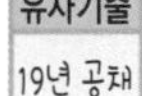

유사기출 19년 공채

① 유기과산화물 : 10kg
② 아염소산염류 : 20kg
③ 황린 : 30kg
④ 유황 : 50kg

해설

② 20kg → 50kg
③ 30kg → 20kg
④ 50kg → 100kg

위험물관리법 시행령 [별표 1]

위험물 및 지정수량

(1) **제1류 위험물**

성 질	품 명	지정수량	위험등급
산화성 고체	염소산염류	50kg	Ⅰ
	아염소산염류 보기 ②		Ⅰ
	과염소산염류		Ⅰ
	무기과산화물		Ⅰ
	크롬·납 또는 요오드의 산화물	300kg	Ⅱ
	브롬산염류		Ⅱ
	질산염류		Ⅱ
	요오드산염류		Ⅱ
	과망간산염류	1000kg	Ⅲ
	중크롬산염류		Ⅲ

(2) **제2류 위험물**

성 질	품 명	지정수량	위험등급
가연성 고체	• 황화린 • 적린 • **유황** 보기 ④	100kg	Ⅱ
	• 마그네슘 • 철분 • 금속분	500kg	Ⅲ
	• 그 밖에 행정안전부령이 정하는 것	100kg 또는 500kg	Ⅱ~Ⅲ
	• 인화성 고체	1000kg	Ⅲ

(3) **제3류 위험물**

성 질	품 명	지정수량	위험등급
자연 발화성 물질 및 금수성 물질	칼륨	10kg	Ⅰ
	나트륨		
	알킬알루미늄		
	알킬리튬		
	황린 보기 ③	20kg	
	알칼리금속(K, Na 제외) 및 알칼리토금속	50kg	Ⅱ
	유기금속화합물(알킬알루미늄, 알킬리튬 제외)		
	금속의 수소화물	300kg	Ⅲ
	금속의 인화물		
	칼슘 또는 알루미늄의 탄화물		

(4) **제4류 위험물**

성 질	품 명		지정 수량	대표물질	위험 등급
인화성 액체	특수인화물		50L	디에틸에테르・이황화탄소・아세트알데히드・산화프로필렌・이소프렌・펜탄・디비닐에테르・트리클로로실란	Ⅰ
	제1석유류	비수용성	200L	휘발유・벤젠・톨루엔・크실렌・시클로헥산・아크롤레인・에틸벤젠・초산에스테르류・의산에스테르류・콜로디온・메틸에틸케톤	Ⅱ
		수용성	400L	아세톤・피리딘・시안화수소	Ⅱ
	알코올류		400L	메틸알코올・에틸알코올・프로필알코올・이소프로필알코올・부틸알코올・아밀알코올・퓨젤유・변성알코올	Ⅱ
	제2석유류	비수용성	1000L	등유・경유・테레빈유・장뇌유・송근유・스티렌・클로로벤젠	Ⅲ
		수용성	2000L	의산・초산・메틸셀로솔브・에틸셀로솔브・알릴알코올	Ⅲ
	제3석유류	비수용성	2000L	중유・크레오소트유・니트로벤젠・아닐린・담금질유	Ⅲ
		수용성	4000L	에틸렌글리콜・글리세린	Ⅲ
	제4석유류		6000L	기어유・실린더유	Ⅲ
	동・식물유류		10000L	아마인유・해바라기유・들기름・대두유・야자유・올리브유・팜유	Ⅲ

(5) 제5류 위험물

성 질	품 명	지정 수량	대표물질	위험 등급
자기 반응성 물질	**유기과산화물** 보기 ①	10kg	과산화벤조일・메틸에틸케톤퍼옥사이드	Ⅰ
	질산에스테르류		질산메틸・질산에틸・니트로셀룰로오스・니트로글리세린・니트로글리콜・셀룰로이드	Ⅰ
	니트로화합물	200kg	피크린산・트리니트로톨루엔・트리니트로벤젠・테트릴	Ⅱ
	니트로소화합물		파라니트로소벤젠・디니트로소레조르신・니트로소아세트페논	Ⅱ
	아조화합물		아조벤젠・히드록시아조벤젠・아미노아조벤젠・아족시벤젠	Ⅱ
	디아조화합물		디아조메탄・디아조디니트로페놀・디아조카르복실산에스테르・질화납	Ⅱ

성 질	품 명	지정수량	대표물질	위험등급
자기반응성물질	히드라진유도체	200kg	히드라진 · 히드라조벤젠 · 히드라지드 · 염산히드라진 · 황산히드라진	Ⅱ
	히드록실아민	100kg	히드록실아민	Ⅱ
	히드록실아민염류		염산히드록실아민, 황산히드록실아민	Ⅱ

(6) 제6류 위험물

성 질	품 명	지정수량	위험등급
산화성액체	과염소산	300kg	Ⅰ
	과산화수소		
	질산		

정답 ①

★★

40 유사기출 23년 공채

「위험물안전관리법 시행규칙」상 위험물의 운반에 관한 기준 중 적재방법에 대한 내용으로 옳지 않은 것은? (단, 덩어리 상태의 유황을 운반하기 위하여 적재하는 경우 또는 위험물을 동일구내에 있는 제조소 등의 상호 간에 운반하기 위하여 적재하는 경우는 제외한다)

① 하나의 외장용기에는 다른 종류의 위험물을 수납하지 아니할 것
② 고체위험물은 운반용기 내용적의 95% 이하의 수납률로 수납할 것
③ 액체위험물은 운반용기 내용적의 98% 이하의 수납률로 수납하되, 55℃의 온도에서 누설되지 아니하도록 충분한 공간용적을 유지하도록 할 것
④ 자연발화물질 중 알킬알루미늄 등은 운반용기 내용적의 95% 이하의 수납률로 수납하되, 55℃의 온도에서 10% 이상의 공간용적을 유지하도록 할 것

해설

④ 95% → 90%, 55℃ → 50℃, 10% → 5%

1. 위험물관리법 시행규칙 [별표 19]
위험물의 운반에 관한 기준(적재방법)

(1) 위험물이 온도변화 등에 의하여 누설되지 아니하도록 운반용기를 밀봉하여 수납할 것(단, 온도변화 등에 의한 위험물로부터의 가스의 발생으로 운반용기 안의 압력이 상승할 우려가 있는 경우(발생한 가스가 독성 또는 인화성을 갖는 등 위험성이 있는 경우 제외)에는 가스의 배출구(위험물의 누설 및 다른 물질의 침투를 방지하는 구조로 된 것)를 설치한 운반용기에 수납 가능
(2) 수납하는 위험물과 위험한 반응을 일으키지 아니하는 등 당해 위험물의 성질에 적합한 재질의 운반용기에 수납할 것
(3) **고체**위험물은 운반용기 내용적의 **95% 이하**의 수납률로 수납할 것 보기 ②
(4) **액체**위험물은 운반용기 내용적의 **98% 이하**의 수납률로 수납하되, **55℃**의 온도에서 누설되지 아니하도록 충분한 공간용적을 유지하도록 할 것 보기 ③
(5) 하나의 외장용기에는 다른 종류의 위험물을 수납하지 아니할 것 보기 ①

(6) 제3류 위험물의 운반용기 수납기준

① 자연발화성 물질에 있어서는 불활성 기체를 봉입하여 밀봉하는 등 공기와 접하지 아니하도록 할 것

② 자연발화성 물질 외의 물품에 있어서는 파라핀·경유·등유 등의 보호액으로 채워 밀봉하거나 불활성 기체를 봉입하여 밀봉하는 등 수분과 접하지 아니하도록 할 것

③ 알킬알루미늄 등은 운반용기의 내용적의 **90% 이하**의 수납률로 수납하되, 50℃의 온도에서 **5% 이상**의 **공간용적**을 유지하도록 할 것 보기 ④

운반용기의 수납률

위험물	수납률
알킬알루미늄 등	**90%** 이하(**50℃**에서 **5%** 이상 공간용적 유지)
고체위험물	**95%** 이하
액체위험물	**98%** 이하(**55℃**에서 누설되지 않을 것)

정답 ④

MEMO

2022 공개경쟁채용 기출문제

맞은 문제수 ☐ / 틀린 문제수 ☐

★★
01 유사기출 13년 간부

「화재의 예방 및 안전관리에 관한 법률 시행령」상 화재예방강화지구의 관리에 대한 설명이다. ( ) 안에 들어갈 내용으로 옳은 것은?

- 소방관서장은 화재예방강화지구 안의 소방대상물의 위치·구조 및 설비 등에 대한 화재안전조사를 연 (㉠)회 이상 실시해야 한다.
- 소방관서장은 화재예방강화지구 안의 관계인에 대해서 소방상 필요한 훈련 및 교육을 연 (㉡)회 이상 실시할 수 있다.
- 소방관서장은 소방상 필요한 훈련 및 교육을 실시하려는 경우에는 화재예방강화지구 안의 관계인에게 훈련 또는 교육 (㉢)일 전까지 그 사실을 통보해야 한다.

	㉠	㉡	㉢
①	1	1	5
②	1	1	10
③	2	2	5
④	2	2	10

해설 **화재예방법 18조, 화재예방법 시행령 20조**
화재예방강화지구 안의 화재안전조사·소방훈련 및 교육
(1) 실시자 : **소방청장·소방본부장·소방서장** – 소방관서장
(2) 횟수 : **연 1회** 이상 보기 ㉠, ㉡
(3) 훈련·교육 : **10일 전** 통보 보기 ㉢

비교

방치된 위험물 공고기간	위험물이나 물건의 보관기간
14일	7일
소방관서장	소방관서장

 ②

★
02 **「소방기본법 시행령」상 소방기술민원센터의 설치·운영기준으로 옳지 않은 것은?**

① 소방청장 및 본부장은 각 소방서에 소방기술민원센터를 설치·운영한다.
② 소방기술민원센터는 소방기술민원과 관련된 현장 확인 및 처리업무를 수행한다.
③ 소방기술민원센터는 소방기술민원과 관련된 질의회신집 및 해설서 발간의 업무를 수행한다.
④ 소방기술민원센터는 소방시설, 소방공사와 위험물 안전관리 등과 관련된 법령해석 등의 민원을 처리한다.

① 각 소방서 → 소방청 또는 소방본부

소방기본법 시행령 1조의2
소방기술민원센터의 설치·운영

(1) **소방청장** 및 **소방본부장**은 「소방기본법」에 따른 소방기술민원센터를 **소방청** 또는 **소방본부**에 각각 설치·운영한다. 보기 ①
(2) 소방기술민원센터는 **센터장**을 **포함**하여 **18명** 이내로 구성한다.
(3) 소방기술민원센터의 수행업무
① 소방시설, 소방공사와 위험물 안전관리 등과 관련된 법령해석 등의 민원의 처리 보기 ④
② 소방기술민원과 관련된 **질의회신집** 및 해설서 발간 보기 ③
③ 소방기술민원과 관련된 **정보시스템**의 운영·관리
④ 소방기술민원과 관련된 **현장 확인** 및 처리 보기 ②
⑤ 그 밖에 소방기술민원과 관련된 업무로서 **소방청장** 또는 **소방본부장**이 필요하다고 인정하여 지시하는 업무

 ①

★
03 **「소방기본법」 및 같은 법 시행령상 소방자동차 전용구역 등에 대한 내용으로 옳지 않은 것은?**

① 소방자동차 전용구역의 설치 기준·방법, 방해행위의 기준, 그 밖에 필요한 사항은 대통령령으로 정한다.
② 전용구역에서 주차하거나 전용구역에의 진입을 가로막는 등의 방해행위를 한 자에게는 200만원 이하의 과태료를 부과한다.
③ 「건축법 시행령」 [별표 1] 2호 가목의 아파트 중 세대수가 100세대 이상인 아파트의 건축주는 소방활동의 원활한 수행을 위하여 공동주택에 소방자동차 전용구역을 설치하여야 한다.
④ 「건축법 시행령」 [별표 1] 2호 라목의 기숙사 중 3층인 기숙사가 하나의 대지에 하나의 동으로 구성되고, 「도로교통법」 32조 또는 33조에 따라 정차 또는 주차가 금지된 편도 2차선 이상의 도로에 직접 접하여 소방자동차가 도로에서 직접 소방활동이 가능한 경우 소방자동차 전용구역 설치대상에서 제외한다.

② 200만원 이하의 과태료 → 100만원 이하의 과태료

1. 소방기본법 21조의2
소방자동차 전용구역의 설치 기준·방법, 2항에 따른 방해행위의 기준, 그 밖의 필요한 사항 : **대통령령** 보기 ①

2. 소방기본법 56조
100만원 이하의 과태료 보기 ②
전용구역에 차를 주차하거나 전용구역의 진입을 가로막는 등의 방해행위를 한 자

3. 소방기본법 시행령 7조의12
소방자동차 전용구역 설치 대상
하나의 대지에 하나의 동으로 구성되고 「**도로교통법**」에 따라 정차 또는 주차가 금지된 **편도 2차선** 이상의 도로에 직접 접하여 소방자동차가 도로에서 직접 소방활동이 가능한 공동주택은 제외 보기 ④
(1) **100세대** 이상인 **아파트** 보기 ③
(2) **3층** 이상의 **기숙사**

 중요

각종 법

도로교통법	법 률	보조금 관리에 관한 법률 시행령	국가재정법	민법
① 소방자동차의 우선 통행(소방기본법 21조) ② 정차 또는 주차금지(소방기본법 시행령 7조의12)	소방장비의 분류・표준화(소방기본법 8조)	국가보조대상사업의 기준보조율(소방기본법 시행령 2조)	위험물 매각(화재예방법 시행령 17조)	한국소방안전원 규정(소방기본법 40조)

정답 ②

★ 04 「소방기본법 시행규칙」상 소방용수시설 및 비상소화장치의 설치기준으로 옳지 않은 것은?

① 비상소화장치의 설치기준에 관한 세부사항은 소방청장이 정한다.
② 소방청장은 설치된 소방용수시설에 대하여 소방용수표지를 보기 쉬운 곳에 설치하여야 한다.
③ 소방호스 및 관창은 소방청장이 정하여 고시하는 형식 승인 및 제품검사의 기술기준에 적합 것으로 설치한다.
④ 비상소화장치함은 소방청장이 정하여 고시하는 성능 인증 및 제품검사의 기술기준에 적합한 것으로 설치한다.

② 소방청장 → 시・도지사

소방기본법 시행규칙 6조
소방용수시설 및 비상소화장치의 설치기준
(1) 비상소화장치의 설치기준에 관한 세부사항 : **소방청장** 보기 ①
(2) **시・도지사**는 설치된 소방용수시설에 대하여 소방용수표지를 보기 쉬운 곳에 설치하여야 한다. 보기 ②
(3) 비상소화장치의 설치기준
  ① 비상소화장치는 **비상소화장치함, 소화전, 소방호스, 관창**을 포함하여 구성할 것
  ② 소방호스 및 관창은 **소방청장**이 정하여 고시하는 형식승인 및 제품검사의 기술기준에 적합한 것으로 설치할 것 보기 ③
  ③ 비상소화장치함은 **소방청장**이 정하여 고시하는 성능인증 및 제품검사의 기술기준에 적합한 것으로 설치할 것 보기 ④

 ②

★
05 「화재의 예방 및 안전관리에 관한 법률 시행령」 [별표 9]의 과태료 부과 개별기준에 대한 내용 중 위반행위의 횟수에 따라 가중된 과태료 부과 처분의 금액으로 옳은 것은?

위반행위	과태료 금액(만원)		
	1회	2회	3회 이상
특수가연물의 저장 및 취급의 기준을 위반한 경우	㉠	㉡	㉢

	㉠	㉡	㉢
①	50	100	200
②	20	50	200
③	50	100	200
④	200	200	200

해설 **화재의 예방 및 안전관리에 관한 법률 시행령 [별표 9]**
과태료의 부과기준(51조 관련)·개별기준

위반행위	과태료 금액(단위 : 만원)		
	1차 위반	2차 위반	3차 이상 위반
① 정당한 사유 없이 **모닥불** 취급 등 화재의 예방조치를 취할 만한 행위를 한 경우	300		
② 불을 사용할 때 지켜야 하는 사항 및 특수가연물의 저장 및 취급 기준을 위반한 경우	200 **보기 ④**		
③ 소방설비 등의 설치명령을 정당한 사유 없이 따르지 않은 경우	200		
④ 소방안전관리자를 겸한 경우	300		
⑤ 소방안전관리업무를 하지 않은 경우	100	200	300
⑥ 기간 내에 **선임신고**를 하지 않거나 소방안전관리자의 성명 등을 게시하지 않은 경우 ㉠ 지연 신고기간이 1개월 미만인 경우 ㉡ 지연 신고기간이 1～3개월 미만인 경우 ㉢ 지연 신고기간이 3개월 이상이거나 신고하지 않은 경우	50 100 200		
㉣ 소방안전관리자의 성명 등을 게시하지 않은 경우	50	100	200
⑦ 소방안전관리업무의 지도·감독을 하지 않은 경우	300		
⑧ 기간 내에 **선임신고**를 하지 않은 경우 ㉠ 지연 신고기간이 1개월 미만인 경우 ㉡ 지연 신고기간이 1～3개월 미만인 경우 ㉢ 지연 신고기간이 3개월 이상이거나 신고하지 않은 경우	50 100 200		
⑨ **건설현장 소방안전관리대상물**의 소방안전관리자의 업무를 하지 않은 경우	100	200	300

위반행위	과태료 금액(단위 : 만원)		
	1차 위반	2차 위반	3차 이상 위반
⑩ 실무교육을 받지 않은 경우	50		
⑪ 피난유도 안내정보를 제공하지 않은 경우	100	200	300
⑫ 소방훈련 및 교육을 하지 않은 경우	100	200	300
⑬ 기간 내에 소방훈련 및 교육 결과를 제출하지 않은 경우 ㉠ 지연 제출기간이 1개월 미만인 경우 ㉡ 지연 제출기간이 1～3개월 미만인 경우 ㉢ 지연 제출기간이 3개월 이상이거나 제출을 하지 않은 경우	 50 100 200		
⑭ 화재예방안전진단 결과를 제출하지 않은 경우 ㉠ 지연 제출기간이 1개월 미만인 경우 ㉡ 지연 제출기간이 1～3개월 미만인 경우 ㉢ 지연 제출기간이 3개월 이상이거나 제출을 하지 않은 경우	 100 200 300		

정답 ④

★★
06 「소방시설 설치 및 관리에 관한 법률 시행령」상 소방시설 중 소화활동설비로 옳지 않은 것은?

유사기출 11년 경채

① 제연설비, 연결송수관설비
② 비상콘센트설비, 연결살수설비
③ 무선통신보조설비, 연소방지설비
④ 연결송수관설비, 비상조명등설비

해설

④ 비상조명등설비 → 피난구조설비

소방시설법 시행령 [별표 1]

소화활동설비

(1) 연결송수관설비 보기 ①, ④
(2) 연결살수설비 보기 ②
(3) 연소방지설비 보기 ③
(4) 무선통신보조설비 보기 ③
(5) 제연설비 보기 ①
(6) 비상콘센트설비 보기 ②

암기 3연무제비콘

참고

소화활동설비

화재를 진압하거나 인명구조활동을 위하여 사용하는 설비

정답 ④

★★
07 「소방시설 설치 및 관리에 관한 법률 시행령」상 성능위주설계를 해야 하는 특정소방대상물의 범위로 옳지 않은 것은?

유사기출 11년 서울

① 연면적 30000m^2 이상인 공항시설에 해당하는 특정소방대상물
② 하나의 건축물에 「영화 및 비디오물의 진흥에 관한 법률」 제2조 10호에 따른 영화상영관이 10개 이상인 특정소방대상물
③ 50층 이상(지하층은 제외)이거나 지상으로부터 높이가 200m 이상인 아파트 등
④ 30층 이상(지하층을 포함)이거나 지상으로부터 높이가 100m 이상인 특정소방대상물(아파트 등은 제외)

해설

④ 100m 이상 → 120m 이상

소방시설법 시행령 9조
성능위주설계를 해야 할 특정소방대상물의 범위
(1) 연면적 **200000m^2** 이상인 특정소방대상물(아파트 등 제외)
(2) **지하층 포함 30층** 이상 또는 높이 **120m** 이상 특정소방대상물(아파트 등 제외) 보기 ④
(3) 지하층 제외 **50층** 이상 또는 높이 **200m** 이상 아파트 보기 ③
(4) 연면적 **30000m^2** 이상인 **철도 및 도시철도 시설, 공항시설** 보기 ①
(5) 하나의 건축물에 관련법에 따른 **영화상영관**이 **10개** 이상인 특정소방대상물 보기 ②
(6) 지하연계 복합건축물에 해당하는 특정소방대상물
(7) **창고시설** 중 연면적 **100000m^2** 이상인 것 또는 지하 **2개 층** 이상이고 지하층의 바닥면적의 합계가 **30000m^2** 이상인 것
(8) 터널 중 수저터널 또는 길이가 **5000m** 이상인 것

중요

영화상영관 10개 이상	영화상영관 1000명 이상
성능위주설계 대상 (소방시설법 시행령 9조)	소방안전특별관리시설물 (화재예방법 40조)

정답 ④

★★
08 「소방시설 설치 및 관리에 관한 법률 시행령」상 방염성능기준으로 옳지 않은 것은?

유사기출 13년 경기

① 불꽃에 의하여 완전히 녹을 때까지 불꽃의 접촉횟수는 3회 이상일 것
② 탄화(炭化)한 면적은 50cm^2 이내, 탄화한 길이는 20cm 이내일 것
③ 소방청장이 정하여 고시한 방법으로 발연량(發煙量)을 측정하는 경우 최대연기밀도는 500 이하일 것
④ 버너의 불꽃을 제거한 때부터 불꽃을 올리며 연소하는 상태가 그칠 때까지 시간은 20초 이내이며, 버너의 불꽃을 제거한 때부터 불꽃을 올리지 아니하고 연소하는 상태가 그칠 때까지 시간은 30초 이내일 것

해설

③ 500 이하 → 400 이하

소방시설법 시행령 31조
방염성능기준

(1) 잔염시간 : **20초** 이내 **보기 ④**
(2) 잔**진**시간 : **30초** 이내 **보기 ④**
(3) 탄화길이 : **20cm** 이내 **보기 ②**
(4) 탄화면적 : **50cm^2** 이내 **보기 ②**
(5) 불꽃 접촉횟수(녹을 때까지) : **3회** 이상 **보기 ①**
(6) 최대연기밀도(소방청장 고시) : **400** 이하 **보기 ③**

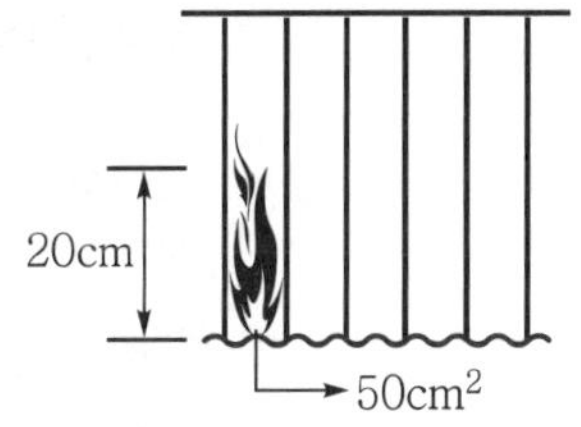

┃탄화길이, 탄화면적┃

암기 **3진(3진 아웃)**

용어

잔염시간	잔진시간(잔신시간)
버너의 불꽃을 제거한 때부터 **불꽃을 올리며** 연소하는 상태가 그칠 때까지의 시간	버너의 불꽃을 제거한 때부터 **불꽃을 올리지 아니하고** 연소하는 상태가 그칠 때까지의 시간

정답 ③

★
09 **「화재의 예방 및 안전관리에 관한 법률」 같은 법 시행령, 시행규칙상 화재안전조사의 방법·절차 등에 대한 설명으로 옳지 않은 것은?**

① 소방서장 등은 화재안전조사를 마친 때에는 그 조사결과를 관계인에게 서면 또는 구두로 통지할 수 있다.
② 소방서장 등은 화재안전조사를 하려면 사전에 관계인에게 조사대상, 조사기간 및 조사사유 등을 우편, 전화, 전자메일 또는 문자전송 등을 통하여 통지한다.
③ 화재안전조사의 연기를 승인한 경우라도 연기기간이 끝나기 전에 연기사유가 없어졌거나 긴급히 조사를 해야 할 사유가 발생하였을 때에는 관계인에게 미리 알리고 화재안전조사를 할 수 있다.
④ 화재안전조사의 연기를 신청하려는 자는 화재안전조사 시작 3일 전까지 연기신청서에 화재안전조사를 받기가 곤란함을 증명할 수 있는 서류를 첨부하여 소방서장 등에게 제출해야 한다.

① 서면 또는 구두 → 서면

1. 화재예방법 7·8조
화재안전조사
소방청장, **소방본부장** 또는 **소방서장**(소방관서장)이 소방대상물, 관계지역 또는 관계인에 대하여 소방시설 등이 소방 관계법령에 적합하게 설치·관리되고 있는지, 소방대상물에 화재의 발생위험이 있는지 등을 확인하기 위하여 실시하는 현장조사·문서열람·보고요구 등을 하는 활동

(1) 실시자 : **소방청장·소방본부장·소방서장**(소방관서장)

(2) 관계인의 승낙이 필요한 곳 : **주거**(주택)
(3) **소방관서장**은 화재안전조사를 실시하려는 경우 사전에 관계인에게 조사대상, 조사기간 및 조사사유 등을 우편, 전화, 전자메일 또는 문자전송 등을 통하여 통지하고 이를 대통령령으로 정하는 바에 따라 인터넷 홈페이지나 전산시스템 등을 통하여 공개 보기 ②

2. 화재예방법 13조
화재안전조사 결과 통보
소방관서장은 화재안전조사를 마친 때에는 그 조사결과를 관계인에게 서면으로 통지하여야 한다(단, 화재안전조사의 현장에서 관계인에게 조사의 결과를 설명하고 화재안전조사 결과서의 부본을 교부한 경우 제외). 보기 ①

3. 화재예방법 시행령 9조
화재안전조사의 연기
(1) **대통령령으로 정하는 사유**
① 「재난 및 안전관리 기본법」에 해당하는 재난이 발생한 경우
② 관계인이 **질병, 사고, 장기출장**의 경우
③ 권한 있는 기관에 자체점검기록부, 교육・훈련 일지 등 화재안전조사에 필요한 **장부・서류** 등이 **압수**되거나 **영치**되어 있는 경우
④ 소방대상물의 증축・용도변경 또는 대수선 등의 공사로 화재안전조사를 실시하기 어려운 경우
(2) 화재안전조사의 연기를 신청하려는 **관계인**은 **행정안전부령**으로 정하는 바에 따라 연기신청서에 연기의 사유 및 기간 등을 적어 **소방관서장**에게 제출해야 한다.
(3) **소방관서장**은 화재안전조사의 연기를 승인한 경우라도 연기기간이 끝나기 전에 연기사유가 없어졌거나 긴급히 조사를 해야 할 사유가 발생하였을 때는 관계인에게 미리 알리고 화재안전조사를 할 수 있다. 보기 ③

4. 화재예방법 시행규칙 4조
화재안전조사의 연기신청 등
화재안전조사의 연기를 신청하려는 자는 화재안전조사까지 화재안전조사 연기신청서(전자문서로 된 신청서 포함)에 화재안전조사를 받기가 곤란함을 증명할 수 있는 서류(전자문서로 된 서류 포함)를 첨부하여 **소방청장, 소방본부장** 또는 **소방서장**에게 제출해야 한다. 보기 ④

정답 ①

★★★
10 유사기출 23년 공채 23년 경채 11년 전북

「소방시설 설치 및 관리에 관한 법률 시행령」상 특정소방대상물의 관계인이 특정소방대상물에 설치・관리해야 하는 소방시설의 종류에 대한 내용으로 옳은 것은?

① 지하가 중 터널로서 길이가 500m인 터널에는 옥내소화전설비를 설치해야 한다.
② 아파트 등 및 오피스텔의 모든 층에는 주거용 주방자동소화장치를 설치해야 한다.
③ 물류터미널을 제외한 창고시설로 바닥면적 합계가 3000m^2인 경우에는 모든 층에 스프링클러설비를 설치해야 한다.
④ 근린생활시설 중 조산원 및 산후조리원으로서 연면적 500m^2 이상인 시설은 간이스프링클러를 설치해야 한다.

해설

① 500m → 1000m 이상
③ $3000m^2$ → $5000m^2$ 이상
④ $500m^2$ 이상 → $600m^2$ 미만

1. 터널 길이

소화기구	① 비상경보설비 ② 비상조명등 ③ 비상콘센트설비 ④ 무선통신보조설비	① 자동화재탐지설비 ② 옥내소화전설비 보기 ① ③ 연결송수관설비
길이와 관계없이 설치	500m 이상	1000m 이상

2. 소방시설법 시행령 [별표 4]
자동소화장치를 설치해야 하는 특정소방대상물

(1) 주거용 주방자동소화장치를 설치해야 하는 것 : **아파트 등** 및 **오피스텔**의 **모든 층** 보기 ②
(2) 캐비닛형 자동소화장치, 가스자동소화장치, 분말자동소화장치 또는 고체에어로졸 자동소화장치를 설치해야 하는 것 : 화재안전기준에서 정하는 장소

3. 소방시설법 시행령 [별표 4]
스프링클러설비의 설치대상

설치대상	조 건
① 문화 및 집회시설(동·식물원 제외) ② 종교시설(주요 구조부가 목조인 것 제외) ③ 운동시설[물놀이형 시설, 바닥(불연재료), 관람석 없는 운동시설 제외]	• 수용인원 : **100명** 이상 • 영화상영관 : 지하층·무창층 **500m²**(기타 **1000m²**) • 무대부 – 지하층·무창층·4층 이상 **300m²** 이상 – 1~3층 **500m²** 이상
④ 판매시설 ⑤ 운수시설 ⑥ 물류터미널	• 수용인원 **500명** 이상 • 바닥면적 합계 **5000m²** 이상
⑦ 조산원, 산후조리원 ⑧ 정신의료기관 ⑨ 종합병원, 병원, 치과병원, 한방병원 및 요양병원 ⑩ 노유자시설 ⑪ 수련시설(숙박 가능한 곳) ⑫ 숙박시설	• 바닥면적 합계 **600m²** 이상
⑬ 지하가(터널 제외)	• 연면적 **1000m²** 이상
⑭ 지하층·무창층(축사 제외) ⑮ 4층 이상	• 바닥면적 **1000m²** 이상
⑯ 10m 넘는 랙크식 창고	• 바닥면적 합계 **1500m²** 이상
⑰ 창고시설(물류터미널 제외)	• 바닥면적 합계 **5000m²** 이상 보기 ③

<table>
<tr><th>설치대상</th><th>조 건</th></tr>
<tr><td>⑱ 기숙사
⑲ 복합건축물</td><td>• 연면적 5000m^2 이상</td></tr>
<tr><td>⑳ 6층 이상</td><td>• 모든 층</td></tr>
<tr><td>㉑ 공장 또는 창고 시설</td><td>• 특수가연물 저장 · 취급 : 지정수량 1000배 이상
• 중 · 저준위 방사성 폐기물의 저장시설 중 소화수를 수집 · 처리하는 설비가 있는 저장시설</td></tr>
<tr><td>㉒ 지붕 또는 외벽이 불연재료가 아니거나 내화구조가 아닌 공장 또는 창고시설</td><td>• 물류터미널(⑥에 해당하지 않는 것)
㉠ 바닥면적 합계 2500m^2 이상
㉡ 수용인원 250명
• 창고시설(물류터미널 제외) : 바닥면적 합계 2500m^2 이상
• 지하층 · 무창층 · 4층 이상(⑭ · ⑮에 해당하지 않는 것) : 바닥면적 500m^2 이상
• 랙크식 창고(⑯에 해당하지 않는 것) : 바닥면적 합계 750m^2 이상
• 특수가연물 저장 · 취급(㉑에 해당하지 않는 것) : 지정수량 500배 이상
▎특수가연물 저장 · 취급(소방시설법 시행령 [별표 4])▎
<table>
<tr><th>지정수량 500배 이상</th><th>지정수량 750배 이상</th><th>지정수량 1000배 이상</th></tr>
<tr><td>① 자동화재탐지설비
② 스프링클러설비(지붕 또는 외벽이 불연재료가 아니거나 내화구조가 아닌 공장 또는 창고시설)</td><td>① 옥내 · 외 소화전설비
② 물분무등소화설비</td><td>스프링클러설비
(공장 또는 창고설비)</td></tr>
</table></td></tr>
<tr><td>㉓ 교정 및 군사시설</td><td>• 보호감호소, 교도소, 구치소 및 그 지소, 보호관찰소, 갱생보호시설, 치료감호시설, 소년원 및 소년분류심사원의 수용시설
• 보호시설(외국인보호소는 보호대상자의 생활공간으로 한정)
• 유치장</td></tr>
<tr><td>㉔ 발전시설</td><td>• 전기저장시설</td></tr>
</table>

4. 소방시설법 시행령 [별표 4]
간이스프링클러설비의 설치대상

설치대상	조 건
교육연구시설 내 합숙소	• 연면적 **100m^2** 이상
노유자시설 · 정신의료기관 · 의료재활시설	• 창살설치 : **300m^2** 미만 • 기타 : **300m^2** 이상 **600m^2** 미만
숙박시설	• 바닥면적 합계 **300m^2** 이상 **600m^2** 미만
종합병원, 병원, 치과병원, 한방병원 및 요양병원(의료재활시설 제외)	• 바닥면적 합계 **600m^2** 미만
복합건축물	• 연면적 **1000m^2** 이상
근린생활시설	• 바닥면적 합계 **1000m^2** 이상은 전층 • **의원**, 치과의원 및 한의원으로서 **입원실이 있는 시설** • 조산원 및 산후조리원으로서 연면적 **600m^2** 미만인 시설 보기 ④
건물을 임차하여 보호시설로 사용하는 부분	• 전체

정답 ②

★★
11 「소방시설공사업법」상 소방시설업 등록의 결격사유에 해당하지 않는 사람은?

유사기출 11년 전남

① 피성년후견인
② 등록하려는 소방시설업 등록이 취소된 날부터 3년이 지난 사람
③ 「소방기본법」에 따른 금고 이상의 형의 집행유예를 선고받고 그 유예기간 중에 있는 사람
④ 「위험물안전관리법」에 따른 금고 이상의 실형을 선고받고, 그 집행이 끝나거나(집행이 끝난 것으로 보는 경우를 포함) 면제된 날부터 1년이 지난 사람

해설

② 3년이 지난 사람 → 2년이 지나지 않은 사람

소방시설공사업법 5조
소방시설업의 등록결격사유
(1) 피성년후견인 보기 ①
(2) 금고 이상의 선고를 받고 끝난 후 **2년**이 지나지 아니한 사람 보기 ②
(3) **집행유예기간** 중에 있는 사람(그 유예기간 중에 있는 사람) 보기 ③, ④
(4) 등록취소 후 **2년**이 지나지 아니한 자

용어

피성년후견인 vs 피한정후견인

피성년후견인	피한정후견인
사무처리능력이 지속적으로 결여된 사람	사무처리능력이 부족한 사람

정답 ②

★★
12

「소방시설공사업법 시행령」 [별표 4] 소방공사 감리원의 배치, 기준 및 배치기간에 따라 복합건축물(지하 5층, 지상 35층 규모)인 특정소방대상물 소방시설 공사현장의 소방공사 책임감리원으로 옳은 것은?

① 특급감리원 중 소방기술사
② 특급감리원 이상의 소방공사 감리원(기계분야 및 전기분야)
③ 고급감리원 이상의 소방공사 감리원(기계분야 및 전기분야)
④ 중급감리원 이상의 소방공사 감리원(기계분야 및 전기분야)

지하 5층, 지상 35층 = 40층 이상(지하층 포함)

소방시설공사업법 시행령 [별표 4]
소방공사감리원의 배치기준

공사현장	산정방법	
	책임감리원	보조감리원
• 연면적 **5000m²** 미만 • 지하구(지하가 ×)	**초급**감리원 이상 (기계 및 전기)	
• 연면적 **5000~30000m²** 미만	**중급**감리원 이상 (기계 및 전기)	
• **물분무등소화설비**(호스릴 제외) 설치 • **제연설비** 설치 • 연면적 **30000~200000m²** 미만(아파트)	**고급**감리원 이상 (기계 및 전기)	**초급**감리원 이상 (기계 및 전기)
• 연면적 **30000~200000m²** 미만(아파트 제외) • **16~40층** 미만(지하층 포함)	**특급**감리원 이상 (기계 및 전기)	**초급**감리원 이상 (기계 및 전기)
• 연면적 **200000m²** 이상 • **40층** 이상(지하층 포함) 보기 ①	특급감리원 중 **소방기술사**	**초급**감리원 이상 (기계 및 전기)

비교

소방시설공사업법 시행령 [별표 2]
소방기술자의 배치기준

소방기술자의 배치기준	소방시설 공사현장의 기준
행정안전부령으로 정하는 **특급**기술자인 소방기술자(기계분야 및 전기분야)	① 연면적 **200000m²** 이상인 특정소방대상물의 공사현장 ② **지하층**을 **포함**한 층수가 **40층** 이상인 특정소방대상물의 공사현장
행정안전부령으로 정하는 **고급**기술자 이상의 소방기술자(기계분야 및 전기분야)	① 연면적 **30000~200000m²** 미만인 특정소방대상물(아파트 제외)의 공사현장 ② **지하층**을 **포함**한 층수가 **16~40층** 미만인 특정소방대상물의 공사현장

소방기술자의 배치기준	소방시설 공사현장의 기준
행정안전부령으로 정하는 **중급**기술자 이상의 소방기술자(기계분야 및 전기분야)	① **물분무등소화설비**(호스릴 방식 소화설비 제외) 또는 **제연설비**가 설치되는 특정소방대상물의 공사현장 ② 연면적 **5000~30000m²** 미만인 특정소방대상물(아파트 제외)의 공사현장 ③ 연면적 **10000~200000m²** 미만인 아파트의 공사현장
행정안전부령으로 정하는 **초급**기술자 이상의 소방기술자(기계분야 및 전기분야)	① 연면적 **1000~5000m²** 미만인 특정소방대상물(아파트 제외)의 공사현장 ② 연면적 **1000~10000m²** 미만인 아파트의 공사현장 ③ **지하구**의 공사현장
자격수첩을 발급받은 소방기술자	연면적 **1000m²** 미만인 특정소방대상물의 공사현장

정답 ①

★★

13 「소방시설공사업법 시행령」상 소방시설공사의 착공신고대상으로 옳지 않은 것은?

유사기출 11년 간부

① 창고시설에 스프링클러설비의 방호구역을 증설하는 공사
② 공동주택에 자동화 재탐지설비의 경계구역을 증설하는 공사
③ 위험물 제조소에 할로겐화합물 및 불활성 기체 소화설비를 신설하는 공사
④ 업무시설에 옥내소화전설비(호스릴옥내소화전설비를 포함)를 신설하는 공사

해설 **소방시설공사업법 시행령 4조**
증설공사 착공신고대상
(1) 옥내·외 소화전설비 보기 ④
(2) 스프링클러설비·간이스프링클러설비의 방호구역 보기 ①
(3) 물분무등소화설비의 방호구역
(4) 자동화재탐지설비의 경계구역 보기 ②
자동화재속보설비 ×
(5) 제연설비의 제연구역(소방용 외의 용도와 겸용되는 제연설비를 기계설비·가스공사업자가 공사하는 경우 제외)
(6) 연결살수설비의 살수구역
(7) 연결송수관설비의 송수구역
(8) 비상콘센트설비의 전용회로
(9) 연소방지설비의 살수구역

정답 ③

★★
14 「소방시설공사업법」에서 규정한 용어의 정의로 옳지 않은 것은?

유사기출 11년 간부

① '소방시설공사업'이란 설계도서에 따라 소방시설을 신설, 증설, 개설, 이전 및 정비하는 영업을 말한다.

② '소방시설설계업'이란 소방시설공사에 기본이 되는 공사계획, 설계도면, 설계설명서, 기술계산서 및 이와 관련된 서류를 작성하는 영업을 말한다.

③ '발주자'란 소방시설의 설계, 시공, 감리 및 방염을 소방시설업자에게 도급한 자 및 도급받은 공사를 하도급하는 자를 말한다.

④ '소방공사감리업'이란 소방시설공사에 관한 발주자의 권한을 대행하여 소방시설공사가 설계도서와 관계법령에 따라 적법하게 시공되는지를 확인하고, 품질・시공 관리에 대한 기술지도를 하는 영업을 말한다.

해설

③ 도급받은 공사를 하도급하는 자 → 도급받은 공사를 하도급하는 자 제외

소방시설업의 종류

소방시설설계업 보기 ②	소방시설공사업 보기 ①	소방공사감리업 보기 ④	방염처리업
소방시설공사에 기본이 되는 **공사계획・설계도면・설계설명서・기술계산서** 등을 작성하는 영업	설계도서에 따라 소방시설을 **신설・증설・개설・이전・정비**하는 영업	소방시설공사에 관한 발주자의 권한을 대행하여 소방시설공사가 **설계도서**와 관계법령에 따라 적법하게 **시공**되는지를 확인하고, 품질・시공 관리에 대한 **기술지도**를 하는 영업	방염대상물품에 대하여 **방염처리**하는 영업

암기 **공설감방**(**공설**운동장 가면 **감방**간다)

용어

소방시설업자	감리원	발주자 보기 ③
시설업 **경영**을 위하여 소방시설업에 등록한 자	소방공사감리업자에 소속된 소방기술자로서 해당 **소방시설공사**를 **감리**하는 사람	소방시설공사 등을 소방시설업자에게 **도급**하는 자(단, 소급인으로서 도급받은 공사를 하도급하는 자 제외)

정답 ③

★ 15 「소방시설공사업법」상 소방시설업의 등록, 휴・폐업과 소방시설업자의 지위승계에 대한 내용으로 옳지 않은 것은?

① 특정소방대상물의 소방시설공사 등을 하려는 자는 업종별로 자본금, 기술인력 등 행정안전부령으로 정하는 요건을 갖추어 시・도지사에게 소방시설업을 등록하여야 한다.

② 소방시설업자가 사망하여 그 상속인이 종전의 소방시설업자의 지위를 승계하려는 경우에는 그 상속일, 양수일 또는 합병일부터 30일 이내에 행정안전부령으로 정하는 바에 따라 그 사실을 시・도지사에게 신고하여야 한다.

③ 소방시설업자는 소방시설업을 폐업하는 때에는 행정안전부령으로 정하는 바에 따라 시・도지사에게 신고하여야 하고 폐업신고를 받은 시・도지사는 소방시설업 등록을 말소하고 그 사실을 행정안전부령으로 정하는 바에 따라 공고하여야 한다.

④ 「민사집행법」에 따른 경매에 따라 소방시설업자의 소방시설의 전부를 인수한 자가 종전의 소방시설업자의 지위를 승계하려는 경우에는 그 인수일부터 30일 이내에 행정안전부령으로 정하는 바에 따라 그 사실을 시・도지사에게 신고하여야 한다.

해설

① 행정안전부령 → 대통령령

1. 소방시설공사업법 4조

소방시설업의 등록 : **대통령령, 시・도지사** 보기 ①

2. 소방시설공사업법 7조

소방시설업자의 지위승계

30일 이내에 행정안전부령으로 정하는 바에 따라 그 사실을 **시・도지사**에게 **신고**하여야 한다. 보기 ②

(1) 소방시설업자가 사망한 경우 그 상속인
(2) 소방시설업자가 그 영업을 양도한 경우 그 양수인
(3) 법인인 소방시설업자가 다른 법인과 합병한 경우 합병 후 존속하는 법인이나 합병으로 설립되는 법인

3. 소방시설공사업법 6조의2

휴업・폐업 신고 등 보기 ③

(1) 소방시설업자는 소방시설업을 휴업・폐업 또는 재개업하는 때에는 **행정안전부령**으로 정하는 바에 따라 **시・도지사**에게 **신고**하여야 한다.
(2) 폐업신고를 받은 **시・도지사**는 소방시설업 등록을 말소하고 그 사실을 **행정안전부령**으로 정하는 바에 따라 공고하여야 한다.

4. 소방시설공사업법 7조

소방시설업자의 소방시설의 전부를 인수한 자가 종전의 소방시설업자의 지위를 승계하려는 경우에는 그 인수일부터 **30일** 이내에 **행정안전부령**으로 정하는 바에 따라 그 사실을 **시・도지사**에게 **신고**하여야 한다.

(1) 「민사집행법」에 따른 **경매** 보기 ④
(2) 「채무자 회생 및 파산에 관한 법률」에 따른 **환가**
(3) 「국세징수법」, 「관세법」 또는 「지방세징수법」에 따른 압류재산의 **매각**

정답 ①

★★★
16

유사기출 23년 공채 23년 경채 21년 공채 16년 경채 15년 경채 13년 경기 11년 서울 11년 부산

「위험물안전관리법 시행규칙」상 관계인이 예방규정을 정하여야 하는 제조소 등에 대한 기준이다. ( ) 안에 들어갈 내용으로 옳은 것은?

- 지정수량의 (㉠)배 이상의 위험물을 취급하는 제조소
- 지정수량의 (㉡)배 이상의 위험물을 저장하는 옥내저장소
- 지정수량의 (㉢)배 이상의 위험물을 저장하는 옥외저장소
- 지정수량의 (㉣)배 이상의 위험물을 저장하는 옥외탱크저장소

	㉠	㉡	㉢	㉣
①	10	150	100	200
②	50	150	100	200
③	10	100	150	500
④	50	100	150	250

해설 **위험물관리법 시행령 15조**
예방규정을 정하여야 할 제조소 등

배 수	제조소 등
10배 이상	제조소 · 일반취급소
100배 이상	옥외저장소
150배 이상	옥내저장소
200배 이상	옥외탱크저장소 옥내탱크저장소 ×
모두 해당	이송취급소
모두 해당	암반탱크저장소

암기 0 제 일
0 외
5 내
0 탱

정답 ①

★★
17 「위험물안전관리법 시행령」상 다량의 위험물을 저장·취급하는 제조소 등에서 자체 소방대를 설치하여야 하는 사업소로 옳지 않은 것은?

유사기출 13년 전북

① 최대수량의 합이 지정수량의 3000배 이상인 제4류 위험물을 취급하는 제조소
② 최대수량의 합이 지정수량의 3000배 이상인 제4류 위험물을 취급하는 일반취급소
③ 최대수량이 지정수량의 500000배 이상인 제4류 위험물을 저장하는 옥내탱크저장소
④ 최대수량이 지정수량의 500000배 이상인 제4류 위험물을 저장하는 옥외탱크저장소

해설 ③ 옥내탱크저장소 → 옥외탱크저장소

위험물관리법 시행령 18조
자체소방대를 설치해야 하는 사업소

지정수량의 3000배 이상	지정수량의 500000배 이상
제조소 또는 **일반취급소**에서 취급하는 제4류 위험물의 최대수량의 합	**옥외탱크저장소**에 저장하는 제4류 위험물의 최대수량

정답 ③

★★★
18 「위험물안전관리법 시행령」 [별표 1]에서 규정한 내용으로 옳지 않은 것은?

유사기출 15년 경채 13년 경기

① 유황 : 순도가 60wt% 이상인 것을 말한다.
② 인화성 고체 : 고형알코올, 그 밖에 1기압에서 인화점이 40℃ 미만인 고체를 말한다.
③ 철분 : 철의 분말로서 53μm의 표준체를 통과하는 것이 50wt% 미만인 것을 말한다.
④ 가연성 고체 : 고체로서 화염에 의한 발화의 위험성 또는 인화의 위험성을 판단하기 위하여 고시로 정하는 시험에서 고시로 정하는 성질과 상태를 나타내는 것을 말한다.

해설 ③ 50wt% 미만 → 50wt% 미만인 것 제외

위험물관리법 시행령 [별표 1]
위험물
(1) **과산화수소** : 농도 36wt% 이상
(2) **유황** : 순도 60wt% 이상 보기 ①
(3) **질산** : 비중 1.49 이상

- wt% = 중량

인화성 고체 보기 ②	가연성 고체 보기 ④
고형알코올, 그 밖에 1기압에서 인화점이 **40℃** 미만인 고체	**고체**로서 화염에 의한 발화의 위험성 또는 인화의 위험성을 판단하기 위하여 고시로 정하는 시험에서 고시로 정하는 성질과 상태를 나타내는 것

(4) 마그네슘 및 마그네슘을 함유한 것에서 제외되는 것
① 2mm의 체를 통과하지 아니하는 **덩어리 상태**의 것
② 직경 2mm 이상의 **막대 모양**의 것

(5) **동·식물유류** : **동물**의 **지육** 등 또는 **식물**의 **종자**나 **과육**으로부터 추출한 것으로서 1기압에서 인화점이 250℃ 미만인 것(단, **행정안전부령**으로 정하는 용기기준과 수납·저장기준에 따라 수납되어 저장·보관되고 용기의 외부에 물품의 통칭명, 수량 및 화기엄금(화기엄금과 동일한 의미를 갖는 표시 포함)의 표시가 있는 경우 제외)

(6) **철분** : 철의 분말로서 53μm의 표준체를 통과하는 것이 **50wt%** 미만인 것은 **제외**

(7) 알코올류 : 1분자를 구성하는 탄소원자의 수가 **1개**부터 **3개**까지인 포화 1가 알코올(변성알코올 포함)

〈알코올류 제외대상〉
- 1분자를 구성하는 탄소원자의 수가 1개 내지 3개의 포화 1가 알코올의 함유량이 **60wt% 미만**인 수용액
- 가연성 액체량이 **60wt% 미만**이고 **인화점** 및 **연소점**(태그개방식 인화점측정기에 의한 연소점)이 에틸알코올 **60wt%** 수용액의 인화점 및 연소점을 초과하는 것

정답 ③

★★★
19 「위험물안전관리법 시행규칙」상 위험물 제조소의 표지 및 게시판에 대한 내용으로 옳지 않은 것은?

유사기출 15년 경채 11년 경채

① 게시판은 한 변의 길이가 0.3m 이상, 다른 한 변의 길이가 0.6m 이상인 직사각형으로 한다.
② 제4류 위험물에 있어서는 적색바탕에 백색문자로, "화기엄금"을 표시한다.
③ 알칼리금속의 과산화물은 청색바탕에 백색문자로, "물기엄금"을 표시한다.
④ 인화성 고체에 있어서는 적색바탕에 백색문자로, "화기주의"를 표시한다.

④ 화기주의 → 화기엄금

1. 위험물관리법 시행규칙 [별표 4·6·13]
위험물 표시방식

구 분	표시방식
옥외탱크저장소·컨테이너식 이동탱크저장소	**백색**바탕에 **흑색**문자
주유취급소	**황색**바탕에 **흑색**문자
물기엄금	**청색**바탕에 **백색**문자
화기엄금·화기주의	**적색**바탕에 **백색**문자

2. 위험물관리법 시행규칙 [별표 19]
위험물 운반용기의 주의사항

위험물		주의사항
제1류 위험물	**알칼리금속의 과산화물** 보기 ③	•화기·충격주의 •물기엄금 •가연물 접촉주의
	기타	•화기·충격주의 •가연물 접촉주의
제2류 위험물	철분·금속분·마그네슘	•화기·충격주의 •물기엄금
	인화성 고체 보기 ④	•화기엄금 보기 ④
	기타	•화기주의
제3류 위험물	자연발화성 물질	•화기엄금 •공기접촉엄금
	금수성 물질	•물기엄금
제4류 위험물 보기 ②		•화기엄금
제5류 위험물		•화기엄금 •충격주의
제6류 위험물		•가연물 접촉주의

3. 위험물관리법 시행규칙 [별표 4]
위험물제조소의 표지
(1) 한 변의 길이가 0.3m **이상**, 다른 한 변의 길이가 0.6m **이상**인 **직사각형**일 것 보기 ①
(2) **바탕**은 **백색**으로, 문자는 **흑색**일 것

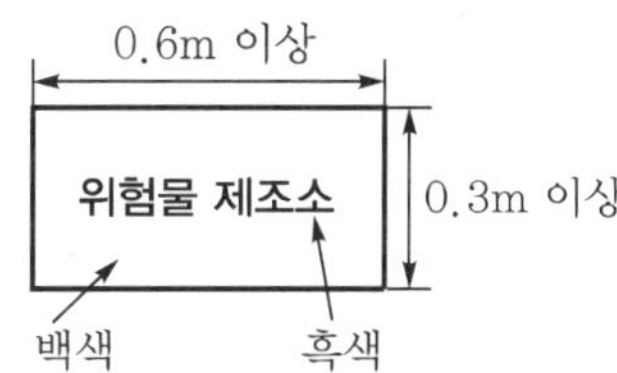

암기 표바백036

 ④

★★
20 「위험물안전관리법 시행규칙」상 옥외탱크저장소의 위치·구조 및 설비 기준에 대한 설명으로 옳지 않은 것은?

유사기출 11년 전북

① 저장 또는 취급하는 위험물의 최대수량이 지정수량의 500배 이하인 경우 보유 공지 너비는 5m 이상으로 해야 한다.

② 옥외탱크저장소 중 그 저장 또는 취급하는 액체위험물의 최대수량이 1000000L 이상의 것을 특정옥외탱크저장소라 한다.

③ 밸브 없는 통기관의 지름은 30mm 이상으로 하고 끝부분은 수평면보다 45도 이상 구부려 빗물 등의 침투를 막는 구조로 한다.

④ 압력탱크(최대상용압력이 대기압을 초과하는 탱크를 말한다) 외의 탱크는 충수시험, 압력탱크는 최대상용압력의 1.5배의 압력으로 10분간 실시하는 수압시험에서 각각 새거나 변형되지 아니하여야 한다.

해설 1. 위험물관리법 시행규칙 [별표 6]
옥외저장탱크의 외부구조 및 설비

압력탱크 보기 ④	압력탱크 외의 탱크
수압시험(최대상용압력의 **1.5배**의 압력으로 **10분간** 실시)	**충수시험**

2. 위험물관리법 시행규칙 [별표 6]
옥외저장탱크의 통기장치

밸브 없는 통기관	대기밸브 부착 통기관
① 직경 : **30mm** 이상 보기 ③ ② 선단 : **45°** 이상 보기 ③ ③ 인화방지장치 : 가는 눈의 구리망 사용(단, 인화점 **70℃** 이상의 위험물만을 해당 위험물의 인화점 미만의 온도로 저장 또는 취급하는 탱크에 설치하는 통기관은 제외)	① 작동압력 차이 : **5kPa** 이하 ② 인화방지장치 : 가는 눈의 구리망 사용(단, 인화점 **70℃ 이상**의 위험물만을 해당 위험물의 인화점 미만의 온도로 저장 또는 취급하는 탱크에 설치하는 통기관은 제외)

3. 용량

용 량	설 명
100L 이하	① 셀프용 고정주입설비 **휘발유 주유량**의 상한(위험물관리법 시행규칙 [별표 13]) ② 셀프용 고정주입설비 **급유량**의 상한(위험물관리법 시행규칙 [별표 13])
200L 이하	셀프용 고정주입설비 **경유** 주유량의 상한(위험물관리법 시행규칙 [별표 13])
400L 이상	이송취급소 **기자재창고 포소화약제** 저장량(위험물관리법 시행규칙 [별표 15])
600L 이하	간이탱크저장소의 탱크의 용량(위험물관리법 시행규칙 [별표 9])
1900L 미만	**알킬알루미늄** 등을 저장·취급하는 이동저장탱크의 용량(위험물관리법 시행규칙 [별표 10])

용 량	설 명
2000L 미만	이동저장탱크의 방파판 설치 제외(위험물관리법 시행규칙 [별표 10])
2000L 이하	주유취급소의 폐유탱크의 용량(위험물관리법 시행규칙 [별표 13])
4000L 이하	이동저장탱크의 칸막이 설치(위험물관리법 시행규칙 [별표 10])
40000L 이하	일반취급소의 지하전용 탱크의 용량(위험물관리법 시행규칙 [별표 16])
60000L 이하	**고속국도** 주유취급소의 특례(위험물관리법 시행규칙 [별표 13])
50만~100만L 미만	**준특정 옥외탱크저장소**의 용량(위험물관리법 시행규칙 [별표 6])
100만L 이상 보기 ②	① **특정 옥외탱크저장소**의 용량(위험물관리법 시행규칙 [별표 6]) ② **옥외저장탱크**의 **개폐상황 확인장치** 설치(위험물관리법 시행규칙 [별표 6])
1000만L 미만	옥외저장탱크의 **칸막이 둑** 설치용량(위험물관리법 시행규칙 [별표 13])

4. 위험물관리법 시행규칙 [별표 6]

옥외탱크저장소

위험물의 최대수량	공지의 너비
지정수량의 500배 이하 보기 ①	**3m** 이상
지정수량의 501 ~ 1000배 이하	**5m** 이상
지정수량의 1001 ~ 2000배 이하	**9m** 이상
지정수량의 2001 ~ 3000배 이하	**12m** 이상
지정수량의 3001 ~ 4000배 초과	**15m** 이상

 정답 ①

2022 경력경쟁채용 기출문제

맞은 문제수 [ ] / 틀린 문제수 [ ]

★★

01 「소방기본법」 3조 소방기관의 설치 등에 대한 내용이다. ( ) 안에 들어갈 말로 옳은 것은?

유사기출 16년 충남

> 시·도의 화재 예방·경계·진압 및 조사, 소방안전교육·홍보와 화재, 재난·재해, 그 밖의 위급한 상황에서의 구조·구급 등의 업무를 수행하는 소방기관의 설치에 필요한 사항은 ( )(으)로 정한다.

① 대통령령　　② 행정안전부령
③ 시·도의 조례　　④ 소방청훈령

해설 **소방기본법 3조 ①항**

시·도의 소방업무를 수행하는 소방기관의 설치에 필요한 사항 : **대통령령** 보기 ①

비교

소방본부장(소방기본법 2조 ④호)	관계지역(소방기본법 2조 ②호)	소방업무(소방기본법 3조 ①항)
시·도에서 화재의 예방·경계·진압·조사 및 구조·구급 등의 업무를 담당하는 부서의 장 조사 ○	소방대상물이 있는 장소 및 그 이웃지역으로서 화재의 예방·경계·진압, 구조·구급 등의 활동에 필요한 지역 조사 ×	화재예방·경계·진압 및 조사, 소방안전교육·홍보와 화재, 재난·재해, 그 밖의 위급한 상황에서의 구조·구급 등의 업무 조사 ○, 소방안전교육 ○, 홍보 ○

중요

1. 법률

소방자동차 등 **소방장비**의 분류·표준화와 그 관리 등 필요한 사항(소방기본법 8조)

도로교통법	법 률	보조금 관리에 관한 법률 시행령	국가재정법	민 법
① 소방자동차의 우선 통행(소방기본법 21조) ② 정차 또는 주차 금지(소방기본법 시행령 7조의12)	소방장비의 분류·표준화(소방기본법 8조)	국가보조대상사업의 기준보조율(소방기본법 시행령 2조)	위험물 매각(화재예방법 시행령 17조)	한국소방안전원 규정(소방기본법 40조)

2. 대통령령

(1) 시·도의 소방업무를 수행하는 **소방기관**의 설치에 필요한 사항(소방기본법 3조) **보기 ①**
(2) 소방장비 등에 대한 **국고보조 기준**(소방기본법 9조)
(3) 소방관서장이 보관하는 **위험물** 또는 **물건**의 **보관기간** 및 보관기관 경과 후 처리 등(화재예방법 17조)
(4) **불**을 사용하는 설비의 관리사항 정하는 기준(화재예방법 17조)
(5) **특수가연물** 저장·취급(화재예방법 17조)
(6) **소방안전교육사** 시험의 응시자격, 시험방법, 시험과목, 시험위원, 그 밖에 소방안전교육사 시험의 실시에 필요한 사항(소방기본법 17조의2)
(7) **소방안전교육사** 시험 응시 수수료(소방기본법 17조의2)
(8) 소방에 관한 **기술개발** 및 연구를 수행하는 기관·협회(소방기본법 39조의6)
(9) **한국소방안전원**의 정관 규정(소방기본법 43조)
(10) **생활안전활동 손실보상**의 기준, 보상금액, 지급절차 및 방법, 손실보상심의위원회의 구성 및 운영(소방기본법 49조의2)
(11) 재난·재해 환경 변화에 따른 **소방업무**에 필요한 **대응체계** 마련(소방기본법 시행령 1조의3)
(12) **장애인**, 노인, 임산부, 영유아 및 어린이 등 이동이 어려운 사람을 대상으로 한 **소방활동**에 필요한 조치(소방기본법 시행령 1조의3)
(13) **소방활동구역** 출입자(소방기본법 시행령 8조)
(14) 특정소방대상물의 **정의**(소방시설법 2조)
(15) 소방시설(소방시설법 2조)
(16) 소방시설 등(소방시설법 2조)
(17) 화재의 예방 및 안전관리 기본계획, 시행계획 및 세부시행계획 등의 수립·시행에 관하여 필요한 사항(화재예방법 4조)
(18) **건축허가** 등의 **동의대상물**의 범위(소방시설법 6조)
(19) **변경강화기준** 적용설비 중 노유자시설, 의료시설에 설치하여야 하는 소방시설(소방시설법 13조)
(20) **방염성능** 기준(소방시설법 20조)
(21) 소방안전관리대상물의 **정의**(화재예방법 24조)
(22) **소방시설관리사** 응사자격 등의 사항(소방시설법 25조)
(23) **소방시설관리업**의 등록기준(소방시설법 29조)
(24) **과태료** 정하는 기준(소방시설법 61조, 화재예방법 52조)
(25) 소방시설의 **내진설계대상**(소방시설법 시행령 8조)
(26) **임시소방시설**의 종류 및 설치기준 등 인화성 물품을 취급하는 작업 등(소방시설법 시행령 18조)
(27) **소방시설업**의 업종별 영업범위(소방시설공사업법 4조)
(28) 공사의 **하자보수** 기간(소방시설공사업법 15조)
(29) 소방공사감리의 종류 및 대상에 따른 감리원 배치, 감리의 방법(소방시설공사업법 16조)
(30) **과태료** 부과·징수 절차(소방시설공사업법 40조)
(31) **위험물**의 **정의**(위험물관리법 2조)
(32) 탱크안전성능검사의 내용(위험물관리법 8조)
(33) 제조소 등의 안전관리자의 자격(위험물관리법 15조)
(34) **자체소방대**를 설치하여야 하는 사업소의 지정수량(위험물관리법 시행령 18조)
(35) **화재안전조사**의 **연기**(화재예방법 시행령 9조)
(36) 화재조사규정(화재조사법 5조)

3. 행정안전부령

(1) **119 종합상황실**의 설치・운영에 관하여 필요한 사항(소방기본법 4조)
(2) **소방박물관**(소방기본법 5조)
(3) **소방력 기준**(소방기본법 8조)
(4) **소방용수시설**과 **비상소화장치**의 설치기준(소방기본법 10조)
(5) 소방업무의 응원을 요청하는 경우를 대비하여 출동 대상지역 및 규모와 필요한 경비의 부담 등에 관하여 필요한 사항(소방기본법 11조)
(6) **소방대원**의 소방교육・훈련 실시규정(소방기본법 17조)
(7) **소방신호**의 종류와 방법(소방기본법 18조)
(8) 소방활동장비 및 설비의 종류와 규격(소방기본법 시행령 2조)
(9) **국고보조산정** 기준가격(소방기본법 시행령 2조)
(10) 군・소방・경찰 훈련지원, 소방시설 오작동 신고조치, 방송제작 촬영지원 등의 소방지원활동(소방기본법 시행규칙 8조의4)
(11) 특정소방대상물별로 설치하여야 하는 소방시설의 정비 등 연구의 수행 등에 필요한 사항(소방시설법 9조의4)
(12) **방염성능검사**의 방법과 검사결과에 따른 합격표시(소방시설법 21조)
(13) 특정소방대상물의 관계인에 대한 소방안전교육 교육대상자 및 특정소방대상물의 범위 등에 관하여 필요한 사항(화재예방법 38조)
(14) 자체점검의 구분과 그 대상, 점검인력의 배치기준 및 점검자의 자격, 점검 장비, 점검 방법 및 횟수 등 필요한 사항(소방시설법 22조)
(15) **소방용품**의 형식승인의 방법(소방시설법 37조)
(16) 형식승인의 방법・절차 등과 제품검사의 구분・방법・순서・합격표시 등에 관한 사항(소방시설법 37조)
(17) **우수품질제품** 인증에 관한 사항(소방시설법 43조)
(18) 완공검사 및 부분완공검사의 신청과 검사증명서의 발급, 그 밖에 완공검사 및 부분완공검사에 필요한 사항(소방시설공사업법 14조)
(19) **소방공사감리원**의 세부적인 배치기준(소방시설공사업법 18조)
(20) **시공능력평가** 및 공시방법(소방시설공사업법 26조)
(21) 실무교육기관 지정방법・절차・기준(소방시설공사업법 29조)
(22) 방염처리업자의 지위승계신고 기간(소방시설공사업 시행규칙 7조)
(23) 탱크안전성능검사의 실시 등에 관한 사항(위험물관리법 8조)
(24) 위험물안전관리자 대리자 자격(위험물관리법 15조)

4. 시・도의 조례

(1) 소방체험관(소방기본법 5조)
(2) 의용소방대의 설치(소방기본법 37조)
(3) 지정수량 미만의 위험물 취급(위험물관리법 4조)
(4) 위험물의 임시저장 취급기준(위험물관리법 5조)

정답 ①

★
02 「소방기본법」 및 같은 법 시행령상 소방기술민원센터에 대한 내용으로 옳지 않은 것은?

① 소방기술민원센터는 센터장을 포함하여 18명 이내로 구성한다.
② 소방기술민원센터는 소방기술민원과 관련된 업무로서 소방청장 또는 소방본부장이 필요하다고 인정하여 지시하는 업무를 수행한다.
③ 소방기술민원센터장은 소방기술민원센터의 업무수행을 위하여 필요하다고 인정하는 경우에는 관계기관의 장에게 소속 공무원 또는 직원의 파견을 요청할 수 있다.
④ 소방청장은 소방시설, 소방공사 및 위험물 안전관리 등과 관련된 법령해석 등의 민원을 종합적으로 접수하여 처리할 수 있는 소방기술민원센터를 설치・운영할 수 있다.

해설 **1. 소방기본법 시행령 1조의2, 소방기본법 4조의3**
소방기술민원센터의 설치・운영
(1) 소방기술민원센터 : **센터장**을 **포함**하여 **18명** 이내로 구성 보기 ①
(2) 소방기술민원센터의 업무
① 소방기술민원의 처리
② 소방기술민원과 관련된 질의회신집 및 해설서 발간
③ 소방기술민원과 관련된 정보시스템의 운영・관리
④ 소방기술민원과 관련된 현장 확인 및 처리
⑤ 그 밖에 소방기술민원과 관련된 업무로서 **소방청장** 또는 **소방본부장**이 필요하다고 인정하여 지시하는 업무 보기 ②
(3) **소방청장** 또는 **소방본부장**은 소방기술민원센터의 업무수행을 위하여 필요하다고 인정하는 경우에는 관계기관의 장에게 소속 공무원 또는 직원의 파견을 요청할 수 있다. 보기 ③
(4) **소방청장** 또는 **소방본부장**은 소방시설, 소방공사 및 위험물 안전관리 등과 관련된 법령해석 등의 민원을 종합적으로 접수하여 처리할 수 있는 기구를 설치・운영할 수 있다. 보기 ④

2. 소방기술민원센터의 설치・운영 등에 필요한 사항 : 대통령령

정답 ③

★★
03 「소방기본법」 및 같은 법 시행령상 소방업무에 관한 종합계획의 수립・시행 등의 내용으로 옳지 않은 것은?

유사기출 17년 경채

① 소방청장은 수립한 종합계획을 관계 중앙행정기관의 장, 시・도지사에게 통보하여야 한다.
② 시・도지사는 관할 지역의 특성을 고려하여 종합계획의 시행에 필요한 세부계획을 매년 수립하여 행정안전부장관에게 제출하여야 한다.
③ 종합계획에는 소방업무에 필요한 체계의 구축, 소방기술의 연구・개발 및 보급, 소방전문인력 양성에 대한 사항이 포함되어야 한다.
④ 소방청장은 소방업무에 관한 종합계획을 관계 중앙행정기관의 장과의 협의를 거쳐 계획 시행 전년도 10월 31일까지 수립하여야 한다.

② 행정안전부장관 → 소방청장

1. **소방기본법 6조 4항**

시 · 도지사는 관할 지역의 특성을 고려하여 종합계획의 시행에 필요한 세부계획을 매년 수립하여 **소방청장**에게 제출하여야 하며, 세부계획에 따른 소방업무를 성실히 수행하여야 한다. 보기 ②

2. **소방기본법 6조**

소방업무에 관한 종합계획 포함사항

(1) **소방서비스**의 질 향상을 위한 정책의 기본방향
(2) 소방업무에 필요한 체계의 구축, 소방기술의 연구 · 개발 및 보급 보기 ③
(3) 소방업무에 필요한 장비의 구비
(4) **소방전문인력** 양성
(5) 소방업무에 필요한 기반조성
(6) 소방업무의 교육 및 홍보(소방자동차의 우선 통행 등에 관한 홍보 포함)
(7) 그 밖에 소방업무의 효율적 수행을 위하여 필요한 사항으로서, **대통령령**으로 정하는 사항

3. **소방청장**은 수립한 종합계획을 관계 **중앙행정기관**의 **장**, **시 · 도지사**에게 통보하여야 한다. 보기 ①

4. **소방기본법 시행령 1조의3**

소방업무에 관한 종합계획 및 세부계획의 수립 · 시행

(1) **소방청장**은 소방업무에 관한 종합계획을 관계 중앙행정기관의 장과의 협의를 거쳐 계획 시행 **전년도 10월 31일**까지 수립 보기 ④
(2) **대통령령**으로 정하는 사항
① 재난 · 재해 환경 변화에 따른 소방업무에 필요한 대응 체계 마련
② 장애인, 노인, 임산부, 영유아 및 어린이 등 이동이 어려운 사람을 대상으로 한 소방활동에 필요한 조치
(3) **시 · 도지사**는 종합계획의 시행에 필요한 세부계획을 계획 시행 **전년도 12월 31일**까지 수립하여 **소방청장**에게 제출

소방업무에 관한 종합계획	종합계획의 시행에 필요한 세부계획
전년도 10월 31일까지 수립	**전년도 12월 31일**까지 수립

 ②

★★
04 「소방기본법」 및 같은 법 시행령상 비상소화장치 설치대상 지역을 있는 대로 모두 고른 것은?

유사기출 12년 간부

> ㉠ 위험물의 저장 및 처리 시설이 밀집한 지역
> ㉡ 석유화학제품을 생산하는 공장이 있는 지역
> ㉢ 소방시설·소방용수시설 또는 소방출동로가 없는 지역
> ㉣ 시·도지사가 비상소화장치의 설치가 필요하다고 인정하는 지역

① ㉠, ㉡　　② ㉢, ㉣
③ ㉠, ㉡, ㉢　　④ ㉠, ㉡, ㉢, ㉣

해설 **1. 소방기본법 시행령 2조의2**
비상소화장치의 설치대상 지역
(1) 화재예방강화지구
(2) **시·도지사**가 비상소화장치의 설치가 필요하다고 인정하는 지역 보기 ㉣

2. 화재예방법 18조
화재예방강화지구의 지정
(1) **지정권자** : 시·도지사
(2) **지정지역**
① **시장**지역
② **공장·창고** 등이 **밀집**한 지역
③ **목조건물**이 **밀집**한 지역
고층건물 ×
④ **노후·불량 건축물**이 밀집한 지역
⑤ **위험물**의 **저장** 및 **처리시설**이 **밀집**한 지역 보기 ㉠
⑥ **석유화학제품**을 **생산**하는 공장이 있는 지역 보기 ㉡
관리 ×
⑦ **소방시설·소방용수시설** 또는 **소방출동로**가 **없는** 지역 보기 ㉢
있는 ×
⑧ 「**산업입지 및 개발에 관한 법률**」에 따른 산업단지
⑨ 「물류시설의 개발 및 운영에 관한 법률」에 따른 물류단지
⑩ **소방청장, 소방본부장·소방서장**(소방관서장)이 화재예방강화지구로 지정할 필요가 있다고 인정하는 지역

> 암기 **공목위밀**

용어

화재예방강화지구
화재발생 우려가 크거나 화재가 발생할 경우 피해가 클 것으로 예상되는 지역에 대하여 화재의 예방 및 안전관리를 강화하기 위해 지정·관리하는 지역

비교

소방기본법 19조

화재로 **오인**할 만한 불을 피우거나 **연막소독** 시 신고지역

(1) **시장**지역
(2) **공장·창고**가 밀집한 지역
(3) **목조건물**이 밀집한 지역
(4) **위험물**의 **저장** 및 **처리시설**이 밀집한 지역
(5) **석유화학제품**을 **생산**하는 공장이 있는 지역
(6) 그 밖에 **시·도**의 **조례**로 정하는 지역 또는 장소

정답 ④

★★★

05 「소방기본법」 16조의3에서 규정한 소방대의 생활안전활동으로 옳지 않은 것은?

유사기출 18년 경채 17년 경채

① 위해동물, 벌 등의 포획 및 퇴치 활동
② 단전사고시 비상전원 또는 조명의 공급
③ 자연재해에 따른 급수·배수 및 제설 등 지원활동
④ 붕괴, 낙하 등이 우려되는 고드름, 나무, 위험 구조물 등의 제거활동

해설 **소방기본법 16조의3**
생활안전활동

구 분	설 명
권한	① 소방**청장** ② 소방**본부장** ③ 소방**서장**
내용	① **붕**괴, 낙하 등이 우려되는 고드름, 나무, 위험구조물 등의 제거활동 **보기 ④** ② **위**해동물, 벌 등의 포획 및 퇴치활동 **보기 ①** ③ **끼**임, 고립 등에 따른 위험제거 및 구출활동 ④ **단**전사고 시 비상전원 또는 조명의 공급 **보기 ②** ⑤ 그 밖에 방치하면 급박해질 우려가 있는 위험을 예방하기 위한 활동 암기 **단붕위끼**

비교

소방기본법 16조의2

소방지원활동 : 소방청장 · 소방본부장 · 소방서장

(1) 소방지원활동 사항
   ① **산불**에 대한 **예방 · 진압** 등 지원활동
   ② **자연재해**에 따른 **급수 · 배수** 및 **제설** 등 지원활동 보기 ③
   ③ **집회 · 공연** 등 각종 행사 시 사고에 대비한 근접대기 등 지원활동
   ④ 화재, 재난 · 재해로 인한 **피해복구** 지원활동
   ⑤ 그 밖에 **행정안전부령**으로 정하는 활동

(2) 소방지원활동은 소방활동 수행에 지장을 주지 아니하는 범위에서 할 수 있다.

(3) 유관기관 · 단체 등의 요청에 따른 소방지원활동에 드는 비용은 지원요청을 한 유관기관 · 단체 등에게 부담하게 할 수 있다(단, 부담금액 및 부담방법에 관하여는 지원요청을 한 유관기관 · 단체 등과 협의하여 결정).

정답 ③

★★

06 유사기출 14년 전북

「소방기본법」 17조 ②항에 따르면 소방청장, 소방본부장 또는 소방서장은 화재를 예방하고 화재 발생 시 인명과 재산피해를 최소화하기 위하여 행정안전부령으로 정하는 바에 따라 소방안전에 관한 교육과 훈련을 실시할 수 있다. 그 대상으로 옳지 않은 것은?

① 「다중이용업소의 안전관리에 관한 특별법」에 따른 다중이용업주
② 「유아교육법」 2조에 따른 유치원의 유아
③ 「초 · 중등교육법」 2조에 따른 학교의 학생
④ 「영유아보육법」 2조에 따른 어린이집의 영유아

해설 **소방기본법 17조**

화재예방, 인명피해 최소화를 위한 소방교육 · 훈련

(1) 실시자 : **소방청장, 소방본부장, 소방서장**
(2) 실시규정 : **행정안전부령**
(3) 소방안전에 관한 교육 · 훈련 대상자
   ① 「영유아보육법」에 따른 **어린이집**의 **영유아** 보기 ④
   ② 「유아교육법」에 따른 **유치원**의 **유아** 보기 ②
   ③ 「초 · 중등교육법」에 따른 **학교**의 **학생** 보기 ③
   ④ 「장애인복지법」에 따른 **장애인복지시설**에 거주하거나 해당시설을 이용하는 장애인

정답 ①

★★
07 「소방기본법」상 소방대장의 권한으로 옳지 않은 것은?

유사기출 14년 경채

① 소방활동에 필요한 소화전(消火栓)・급수탑(給水塔)・저수조(貯水槽)를 설치하고 유지・관리하여야 한다.
② 소방활동을 위하여 긴급하게 출동할 때에는 소방자동차의 통행과 소방활동에 방해가 되는 주차 또는 정차된 차량 및 물건 등을 제거하거나 이동시킬 수 있다.
③ 화재 발생을 막거나 폭발 등으로 화재가 확대되는 것을 막기 위하여 가스・전기 또는 유류 등의 시설에 대하여 위험물질의 공급을 차단하는 등 필요한 조치를 할 수 있다.
④ 화재, 재난・재해, 그 밖의 위급한 상황이 발생한 현장에서 소방활동을 위하여 필요할 때에는 그 관할구역에 사는 사람 또는 그 현장에 있는 사람으로 하여금 사람을 구출하는 일 또는 불을 끄거나 불이 번지지 아니하도록 하는 일을 하게 할 수 있다.

해설

① 시・도지사의 권한

소방기본법 10조 ①항
소방용수시설
(1) 종류 : **소화전・급수탑・저수조**
(2) 기준 : **행정안전부령**
(3) 설치・유지・관리 : **시・도**(단, 「수도법」에 의한 소화전은 **일반수도사업자**가 관할 **소방서장**과 협의하여 설치) 보기 ①

 중요

소방본부장・소방서장・소방대장
(1) 소방활동 종사명령(소방기본법 24조) 보기 ④
(2) 토지 강제처분・제거(소방기본법 25조) 보기 ②
(3) 피난명령(소방기본법 26조)
(4) 댐・저수지 사용 등 위험시설 등에 대한 긴급조치(소방기본법 27조) 보기 ③

암기 **소대종강피(소방대의 종강파티)**

정답 ①

08 「소방기본법」 25조 ①항에 대한 내용이다. ( ) 안에 들어갈 말로 옳지 않은 것은?

> ( ), ( ) 또는 ( )은 사람을 구출하거나 불이 번지는 것을 막기 위하여 필요할 때에는 화재가 발생하거나 불이 번질 우려가 있는 소방대상물 및 토지를 일시적으로 사용하거나 그 사용의 제한 또는 소방활동에 필요한 처분을 할 수 있다.

① 소방청장 ② 소방본부장
③ 소방서장 ④ 소방대장

소방기본법 25조 ①항

소방본부장, 소방서장 또는 **소방대장**은 사람을 구출하거나 불이 번지는 것을 막기 위하여 필요할 때에는 화재가 발생하거나 불이 번질 우려가 있는 **소방대상물** 및 **토지**를 일시적으로 사용하거나 그 사용의 제한 또는 소방활동에 필요한 **처분**을 할 수 있다. 보기 ①

정답 ①

09 「소방기본법」 제41조에서 정한 한국소방안전원의 업무로 옳지 않은 것은?

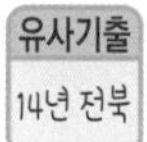

① 소방안전에 관한 국제협력
② 소방기술과 안전관리에 관한 교육 및 조사 · 연구
③ 화재 예방과 안전관리의식 고취를 위한 대국민 홍보
④ 소방장비의 품질 확보, 품질 인증 및 신기술 · 신제품에 관한 인증 업무

해설 **소방기본법 41조**

한국소방안전원의 업무

(1) 소방기술과 안전관리에 관한 **조사 · 연구** 및 **교육** 보기 ②
(2) 소방기술과 안전관리에 관한 각종 **간행물**의 **발간**
(3) 화재예방과 안전관리의식의 고취를 위한 **대국민 홍보** 보기 ③
(4) 소방업무에 관하여 행정기관이 위탁하는 사업
(5) 소방안전에 관한 **국제협력** 보기 ①
(6) 회원에 대한 기술지원 등 정관이 정하는 사항

중요

한국소방안전원	소방청장
소방안전에 관한 국제협력(소방기본법 41조)	소방기술 및 소방산업의 국제협력을 위한 조사 · 연구(소방기본법 39조의7)

정답 ④

10 「소방기본법」 52조 및 54조의 벌칙 기준으로 옳지 않은 것은?

유사기출 17년 경채

① 정당한 사유 없이 물의 사용이나 수도의 개폐장치의 사용 또는 조작을 하지 못하게 하거나 방해한 자 : 100만원 이하의 벌금

② 정당한 사유 없이 소방대가 현장에 도착할 때까지 사람을 구출하는 조치 또는 불을 끄거나 불이 번지지 아니하도록 하는 조치를 하지 아니한 사람 : 100만원 이하의 벌금

③ 소방활동에 필요한 소방대상물과 토지 외의 강제처분을 방해한 자 또는 정당한 사유 없이 그 처분에 따르지 아니한 자 : 300만원 이하의 벌금

④ 화재, 재난·재해, 그 밖의 위급한 상황이 발생하여 사람의 생명을 위험하게 할 것으로 인정할 때에는 일정한 구역을 결정하여 그 구역에 있는 사람에게 그 구역 밖으로 피난할 것에 대한 명령을 위반한 사람 : 200만원 이하의 벌금

해설 **1. 100만원 이하 벌금**

(1) **피난명령** 위반(소방기본법 54조) 보기 ④

(2) 위험시설 등에 대한 긴급조치 방해(소방기본법 54조)

(3) 소방활동(**인명구출**, **화재진압**)을 하지 않은 관계인(소방기본법 54조) 보기 ②

(4) 위험시설 등에 정당한 사유 없이 물의 **사용**이나 **수도**의 **개폐장치**의 사용 또는 조작을 하지 못하게 하거나 **방해**한 자(소방기본법 54조) 보기 ①

(5) 소방대의 **생활안전활동**을 **방해**한 자(소방기본법 54조)

2. 소방기본법 52조

300만원 이하 벌금

소방활동에 필요한 소방대상물과 **토지 외**의 **강제처분**을 방해한 자 또는 정당한 사유 없이 그 처분에 따르지 아니한 자 보기 ③

300만원 이하 벌금(소방기본법 52조)	3년 이하 징역 또는 3000만원 이하 벌금(소방기본법 51조)
토지 외 강제처분 방해	토지 강제처분 방해

정답 ④

11 「화재의 예방 및 안전관리에 관한 법률」상 화재의 예방 및 안전관리 기본계획 등의 수립·시행에 대한 내용으로 옳지 않은 것은?

유사기출 17년 경채

① 소방청장은 화재예방정책을 체계적·효율적으로 추진하고 이에 필요한 기반확충을 위하여 화재의 예방 및 안전관리에 관한 기본계획을 10년마다 수립·시행하여야 한다.

② 소방청장은 기본계획을 시행하기 위하여 매년 시행계획을 수립·시행하여야 한다.

③ 기본계획, 시행계획 및 세부시행계획의 수립·시행에 필요한 사항은 대통령령으로 정한다.

④ 소방청장은 기본계획 및 시행계획을 수립하기 위하여 필요한 경우에는 관계 중앙행정기관의 장 또는 시·도지사에게 관련 자료의 제출을 요청할 수 있다.

해설 1. 화재예방법 4조

화재의 예방 및 안전관리 기본계획 등의 수립·시행

(1) **소방청장**은 화재예방정책을 체계적·효율적으로 추진하고 이에 필요한 기반확충을 위하여 화재의 예방 및 안전관리에 관한 기본계획을 **5년**마다 수립·시행 보기 ①

(2) 기본계획은 **대통령령**으로 정하는 바에 따라 **소방청장**이 관계 중앙행정기관의 장과 협의하여 수립

(3) 기본계획의 포함사항
① 화재예방정책의 **기본목표** 및 **추진방향**
② 화재의 예방과 안전관리를 위한 법령·**제도**의 마련 등 기반 조성
③ 화재의 예방과 안전관리를 위한 대국민 **교육·홍보**
④ 화재의 예방과 안전관리 관련 기술의 **개발·보급**
⑤ 화재의 예방과 안전관리 관련 전문인력의 **육성·지원** 및 관리
⑥ 화재의 예방과 안전관리 관련 산업의 **국제경쟁력** 향상
⑦ 그 밖에 **대통령령**으로 정하는 화재의 예방과 안전관리에 필요한 사항

(4) **소방청장**은 기본계획을 시행하기 위하여 **매년** 시행계획을 수립·시행 보기 ②

(5) **소방청장**은 수립된 기본계획 및 시행계획을 관계 **중앙행정기관**의 **장, 시·도지사**에게 통보

용어

시·도지사
(1) 특별시장
(2) 광역시장
(3) 특별자치시장
(4) 도지사
(5) 특별자치도지사

(6) 기본계획과 시행계획을 통보받은 관계 **중앙행정기관**의 **장** 또는 **시·도지사**는 소관 사무의 특성을 반영한 세부시행계획을 수립·시행하고, 그 결과를 **소방청장**에게 통보

(7) **소방청장**은 기본계획 및 시행계획을 수립하기 위하여 필요한 경우에는 관계 **중앙행정기관**의 **장** 또는 **시·도지사**에게 관련 자료의 제출을 요청할 수 있다. 이 경우 자료 제출을 요청받은 관계 중앙행정기관의 장 또는 시·도지사는 특별한 사유가 없으면 이에 따라야 한다. 보기 ④

(8) 기본계획, 시행계획 및 세부시행계획 등의 수립·시행에 필요한 사항 : **대통령령** 보기 ③

2. 화재예방법 시행령 2조

화재의 예방 및 안전관리 기본계획의 협의 및 수립

소방청장은 화재의 예방 및 안전관리에 관한 기본계획을 계획 시행 **전년도 8월 31일**까지 관계 **중앙행정기관**의 **장**과 협의를 마친 후 계획 시행 **전년도 9월 30일**까지 수립

중요

화재의 예방 및 안전관리

협 의	수 립
전년도 8월 31일	전년도 9월 30일

정답 ①

★★
12 「화재의 예방 및 안전관리에 관한 법률」 10조에 대한 내용이다. ( ) 안에 들어갈 말로 옳은 것은?

유사기출 12년 경채

> ① (㉠)은 화재안전조사의 대상을 객관적이고 공정하게 선정하기 위하여 필요한 경우 화재안전조사위원회를 구성하여 화재안전조사의 대상을 선정할 수 있다.
> ② 화재안전조사위원회의 구성·운영 등에 필요한 사항은 (㉡)으로 정한다.

① ㉠ 소방관서장 ㉡ 대통령령
② ㉠ 시·도지사 ㉡ 대통령령
③ ㉠ 시·도지사 ㉡ 행정안전부령
④ ㉠ 소방관서장 ㉡ 행정안전부령

경력경쟁채용 2022

해설 ① **소방관서장**은 화재안전조사의 대상을 객관적이고 공정하게 선정하기 위하여 필요한 경우 화재안전조사위원회를 구성하여 화재안전조사의 대상을 선정할 수 있다.
② 화재안전조사위원회의 구성·운영 등에 필요한 사항 : **대통령령**

정답 ①

★
13 「화재의 예방 및 안전관리에 관한 법률」 및 같은 법 시행령상 화재안전조사단의 편성·운영 등에 관한 설명으로 옳지 않은 것은?

① 화재안전조사단은 단장을 포함하여 50명 이내의 단원으로 성별을 고려하여 구성한다.
② 소방관서장은 화재안전조사를 효율적으로 수행하기 위하여 행정안전부령으로 정하는 바에 따라 소방청에는 중앙화재안전조사단을 편성하여 운영할 수 있다.
③ 화재안전조사단의 단장은 단원 중에서 소방관서장이 임명 또는 위촉한다.
④ 소방공무원은 화재안전조사단의 단원으로 임명 또는 위촉될 수 있다.

해설 **화재예방법 9조·화재예방법 시행령 10조**
화재안전조사단의 편성·운영

(1) 중앙화재안전조사단 및 지방화재안전조사단은 각각 단장을 포함하여 50명 이내의 단원으로 성별을 고려하여 구성 보기 ①
  ① 소방관서장은 화재안전조사를 효율적으로 수행하기 위하여 **대통령령**으로 정하는 바에 따라 **소방청**에는 **중앙화재안전조사단**을, **소방본부 및 소방서**에는 **지방화재안전조사단**을 편성하여 운영할 수 있다. 보기 ②
  ② 소방관서장은 중앙화재안전조사단 및 지방화재안전조사단의 업무수행을 위하여 필요한 경우에는 관계 기관의 장에게 그 소속 공무원 또는 직원의 파견을 요청할 수 있다. 이 경우 공무원 또는 직원의 파견 요청을 받은 관계 기관의 장은 특별한 사유가 없으면 이에 협조하여야 한다.

(2) 조사단의 단원은 다음에 해당하는 사람 중에서 **소방관서장**이 임명 또는 위촉하고, 단장은 단원 중에서 **소방관서장**이 임명 또는 위촉 보기 ③
  ① 소방공무원 보기 ④
  ② 소방업무와 관련된 단체 또는 연구기관 등의 임직원
  ③ 소방 관련 분야에서 전문적인 지식이나 경험이 풍부한 사람

정답 ②

★★★
14 「소방시설 설치 및 관리에 관한 법률 시행령」상 수용인원의 산정방법에 따라 다음의 특정소방대상물에 대한 수용인원을 옳게 산정한 것은?

유사기출
23년 공채
23년 경채
15년 경채

> 바닥면적이 95m^2인 강의실
> (단, 바닥면적을 산정할 때에는 복도(「건축법 시행령」 2조 11호에 따른 준불연재료 이상의 것을 사용하여 바닥에서 천장까지 벽으로 구획한 것을 말한다), 계단 및 화장실의 바닥면적을 포함하지 않으며, 계산 결과 소수점 이하의 수는 반올림한다)

① 21명 ② 32명
③ 50명 ④ 60명

해설 **소방시설법 시행령 [별표 7]**
수용인원의 산정방법

특정소방대상물		산정방법
• 숙박시설	침대가 있는 경우	종사자수 + 침대수
	침대가 없는 경우	종사자수 + $\frac{\text{바닥면적 합계}}{3m^2}$(소수점 이하 반올림)
• **강의실** • 교무실 • 상담실 • 실습실 • 휴게실		$\frac{\text{바닥면적 합계}}{1.9m^2}$(소수점 이하 반올림)
• 기타		$\frac{\text{바닥면적 합계}}{3m^2}$(소수점 이하 반올림)
• 강당 • 문화 및 집회시설, 운동시설 • 종교시설		$\frac{\text{바닥면적 합계}}{4.6m^2}$(소수점 이하 반올림)

• **복도**, **계단** 및 **화장실**의 바닥면적 **제외**

중요

소수점 이하 반올림	소수점 이하 버림
수용인원 산정 (소방시설법 시행령 [별표 7])	소방안전관리보조자 수 (화재예방법 시행령 [별표 5])

강의실 $= \frac{\text{바닥면적 합계}}{1.9m^2} = \frac{95m^2}{1.9m^2} = 50$명

정답 ③

★★
15 유사기출 12년 경채

「소방시설 설치 및 관리에 관한 법률 시행령」 11조 [별표 4]의 소방시설 중 제연설비를 설치해야 하는 특정소방대상물에 대한 내용이다. (　) 안에 들어갈 숫자로 옳은 것은?

> 가. 지하가(터널은 제외)로서 연면적 (㉠)m^2 이상인 것
> 나. 문화 및 집회시설, 종교시설, 운동시설로서 무대부의 바닥면적이 (㉡)m^2 이상 또는 문화 및 집회시설 중 영화상영관으로서 수용인원 (㉢)명 이상인 것

	㉠	㉡	㉢
①	1000	200	100
②	1000	400	100
③	2000	200	50
④	2000	400	50

해설 **소방시설법 시행령 [별표 4]**
제연설비의 설치대상

설치대상	조 건
① 문화 및 집회시설, 운동시설 ② 종교시설	바닥면적 **200m^2** 이상 보기 ㉡ 암기 **문운종**
③ 기타	**1000m^2** 이상
④ 영화상영관	수용인원 **100명** 이상 보기 ㉢
⑤ 지하가 중 터널	예상 교통량, 경사도 등 터널의 특성을 고려하여 **행정안전부령**으로 정하는 것
⑥ 특별피난계단 ⑦ 비상용 승강기의 승강장 ⑧ 피난용 승강기의 승강장	전부
⑨ 지하가(터널은 제외)	연면적 **1000m^2** 이상 보기 ㉠

중요

소방시설법 시행령 [별표 4]
지하가 연면적 1000m^2 이상
(1) 제연설비
(2) 스프링클러설비
(3) 무선통신보조설비
(4) 자동화재탐지설비

암기 **제스무탐**

정답 ①

★★
16 「소방시설 설치 및 관리에 관한 법률시행령」 8조에 따라 특정소방대상물에 지진이 발생할 경우 소방시설이 정상적으로 작동될 수 있도록 소방청장이 정하는 내진설계기준에 맞게 설치하여야 하는 소방시설의 종류로 옳지 않은 것은?

17년 경채

① 물분무등소화설비 ② 스프링클러설비
③ 옥내소화전설비 ④ 연결송수관설비

해설 **소방시설법 시행령 8조**
소방시설의 내진설계대상 : 대통령령
(1) 옥내소화전설비 보기 ③
(2) 스프링클러설비 보기 ②
(3) 물분무등소화설비 보기 ①

암기 스물내(스물네살)

중요

물분무등소화설비
(1) 분말소화설비
(2) 포소화설비
(3) 할론소화설비
(4) 이산화탄소소화설비
(5) 할로겐화합물 및 불활성기체 소화설비
(6) 강화액소화설비
(7) 미분무소화설비
(8) 물분무소화설비
(9) 고체에어로졸 소화설비

암기 분포할이 할강미고

정답 ④

★
17 「소방시설 설치 및 관리에 관한 법률 시행령」 11조 [별표 4]의 특정소방대상물에 설치하는 소방시설 중 단독경보형 감지기에 관한 설치기준으로 옳은 것은?

① 연면적 $400m^2$ 미만의 유치원
② 연면적 $1000m^2$ 이상의 기숙사
③ 교육연구시설 내에 있는 합숙소 또는 기숙사로서, 연면적 $2000m^2$ 이상인 것
④ 연면적 $600m^2$ 이상의 기숙사

경력경쟁채용 2022

소방시설법 시행령 [별표 4]
단독경보형 감지기의 설치대상

연면적	설치대상
400m² 미만	유치원
2000m² 미만	교육연구시설 · 수련시설 내에 있는 **합숙소** 또는 **기숙사** 보기 ④
모두 적용	• **100명 미만** 수련시설(숙박시설이 있는 곳) • **연립주택** 및 **다세대주택**

용어

단독경보형 감지기
화재발생상황을 단독으로 감지하여 자체에 내장된 음향장치로 경보하는 감지기

정답 ①

★★
18 「소방시설 설치 및 관리에 관한 법률 시행령」 15조 특정소방대상물의 증축 또는 용도변경 시 소방시설기준 적용의 특례에 관한 설명으로 옳지 않은 것은?

유사기출 18년 경채

① 기존 부분과 증축 부분이 「건축물 시행령」 46조 ①항 ②호에 따른 60분 + 방화문 또는 자동방화셔터로 구획되어 있는 경우 기존 부분에 대해서는 증축 당시의 소방시설의 설치에 관한 대통령령 또는 화재안전기준을 적용하지 않는다.

② 자동차 생산공장 등 화재 위험이 낮은 특정소방대상물에 캐노피(기둥으로 받치거나 매달아 놓은 덮개를 말하며, 3면 이상에 벽이 없는 구조의 것을 말한다)를 설치하는 경우 기존 부분에 대해서는 증축 당시의 소방시설의 설치에 관한 대통령령 또는 화재안전기준을 적용하지 않는다.

③ 특정소방대상물의 구조 · 설비가 화재연소 확대요인이 적어지거나 피난 또는 화재진압활동이 쉬워지도록 변경되는 경우에는 특정소방대상물 전체에 대하여 용도변경 전에 해당 특정소방대상물에 적용되던 소방시설의 설치에 관한 대통령령 또는 화재안전기준을 적용한다.

④ 용도변경으로 인하여 천장 · 바닥 · 벽 등에 고정되어 있는 가연성 물질의 양이 줄어드는 경우에는 용도변경되는 부분에 대해서만 용도변경 당시의 소방시설의 설치에 관한 대통령령 또는 화재안전기준을 적용한다.

해설 1. 소방시설법 시행령 15조

특정소방대상물의 증축 또는 용도변경 시 소방시설기준 적용의 특례

증축되는 경우	용도변경되는 경우	① 특정소방대상물의 구조·설비가 화재연소 확대요인이 적어지거나 피난 또는 화재진압활동이 쉬워지도록 변경되는 경우 ② **용도변경**으로 가연물의 양이 줄어드는 경우
기존부분을 **포함**한 **특정소방대상물**의 **전체**에 대하여 증축 당시의 대통령령 또는 화재안전기준 적용 보기 ①	**용도변경**되는 **부분**에 대해서만 용도변경 당시의 소방시설 설치에 관한 대통령령 또는 화재안전기준 적용 보기 ③	**특정소방대상물 전체**에 대하여 용도변경 전의 소방시설 설치에 관한 대통령령 또는 화재안전기준 적용 보기 ④

비교

화재안전기준 적용 제외

(1) 기존부분과 증축부분이 **내화구조**로 된 **바닥**과 **벽**으로 구획된 경우 보기 ②
(2) 기존부분과 증축부분이 **60분＋방화문**(자동방화셔터 포함)으로 구획되어 있는 경우 보기 ①
(3) 자동차생산공장 등 화재위험이 낮은 특정소방대상물 내부에 연면적 $33m^2$ 이하의 **직원휴게실**을 증축하는 경우
(4) 자동차생산공장 등 화재위험이 낮은 특정소방대상물에 캐노피(**3면 이상** 벽이 **없는** 구조)를 설치하는 경우 보기 ②

2. 소방시설법 시행령 15조

특정소방대상물 전체에 대하여 용도변경 전에 해당 특정소방대상물에 적용되던 소방시설의 설치에 관한 대통령령 또는 화재안전기준을 적용하는 경우

(1) 특정소방대상물의 구조·설비가 **화재연소 확대요인**이 적어지거나 피난 또는 화재진압활동이 쉬워지도록 변경되는 경우 보기 ③
(2) 용도변경으로 인하여 **천장·바닥·벽** 등에 고정되어 있는 가연성 물질의 양이 줄어드는 경우 보기 ④

정답 ④

★★

19 유사기출 11년 경채

「화재의 예방 및 안전관리에 관한 법률 시행령」상 특급 소방안전관리대상물의 소방안전관리자로 선임할 수 없는 사람은? (단, 특급소방안전관리자 자격증을 받은 사람이다)

① 소방기술사 또는 소방시설관리사의 자격이 있는 사람
② 소방공무원으로 10년 이상 근무한 경력이 있는 사람
③ 소방설비기사의 자격을 취득한 후 5년 이상 1급 소방안전관리대상물의 소방안전관리자로 근무한 실무경력이 있는 사람
④ 소방설비산업기사의 자격을 취득한 후 7년 이상 1급 소방안전관리대상물의 소방안전관리자로 근무한 실무경력이 있는 사람

② 10년 이상 → 20년 이상

화재예방법 시행령 [별표 4]

(1) **특급 소방안전관리대상물**의 **소방안전관리자 선임조건**

자 격	경 력	비 고
• 소방기술사 • 소방시설관리사 보기 ①	경력 필요 없음	특급 소방안전관리자 자격증을 받은 사람
• 1급 소방안전관리자(소방설비기사) 보기 ③	5년	
• 1급 소방안전관리자(소방설비산업기사) 보기 ④	7년	
• 소방공무원 보기 ②	20년	
• 소방청장이 실시하는 특급 소방안전관리대상물의 소방안전관리에 관한 시험에 합격한 사람	경력 필요 없음	

(2) **1급 소방안전관리대상물**의 **소방안전관리자 선임조건**

자 격	경 력	비 고
• 소방설비기사 · 소방설비산업기사	경력 필요 없음	1급 소방안전관리자 자격증을 받은 사람
• 소방공무원	7년	
• 소방청장이 실시하는 1급 소방안전관리대상물의 소방안전관리에 관한 시험에 합격한 사람	경력 필요 없음	
• 특급 소방안전관리대상물의 소방안전관리자 자격이 인정되는 사람		

정답 ②

★★
20 「소방시설 설치 및 관리에 관한 법률 시행령」 [별표 10]의 과태료 부과 개별기준으로 옳은 것은?

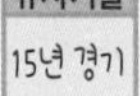

유사기출 15년 경기

① 소방시설을 설치하지 않은 경우 : 과태료 200만원
② 법 10조의2 ①항을 위반하여 임시소방시설을 설치 · 유지 · 관리하지 않은 경우 : 과태료 200만원
③ 화재수신기, 동력감시제어반 또는 소방시설용 전원(비상전원 포함)을 차단하거나 고장난 상태로 방치하거나 임의로 조작하여 자동으로 작동이 되지 않도록 한 경우 : 과태료 200만원
④ 소방시설이 작동할 때 소화배관을 통하여 소화수가 방수되지 않는 상태 또는 소화약제가 방출되지 않는 상태로 방치한 경우 : 과태료 300만원

①, ② 과태료 200만원 → 과태료 300만원 ④ 과태료 300만원 → 과태료 200만원

1. 200만원 이하의 과태료

(1) **소화펌프**를 **고장상태**로 **방치**한 경우(소방시설법 시행령 [별표 10])
(2) 화재수신기, 동력감시제어반 또는 소방시설용 **전원**(비상전원 포함)을 **차단**하거나 고장난 상태로 방치하거나 임의로 조작하여 자동으로 작동이 되지 않도록 한 경우(소방시설법 시행령 [별표 10]) 보기 ③
(3) 소방시설이 작동할 때 소화배관을 통하여 소화수의 방수 또는 **소화약제**가 **방출되지 않는 상태**로 방치한 경우(소방시설법 시행령 [별표 10]) 보기 ④
(4) **한국 119 청소년단** 또는 이와 유사한 명칭을 사용한 자(소방기본법 56조)
(5) **한국소방안전원** 또는 이와 유사한 명칭을 사용한 자(소방기본법 56조)
(6) **소방활동구역** 출입 위반(소방기본법 56조)
(7) **화재현장** 보존 등 허가 없이 **통제구역**에 출입한 사람(화재조사법 23조)
(8) 화재조사 보고 또는 자료 제출을 하지 아니하거나 거짓으로 보고 또는 자료를 제출한 사람(화재조사법 23조)
(9) 정당한 사유 없이 출석을 거부하거나 질문에 대하여 거짓으로 진술한 사람(화재조사법 23조)
(10) **소방자동차**의 출동에 지장을 준 자(소방기본법 56조)
(11) **불**을 사용할 때 지켜야 하는 사항 및 **특수가연물**의 저장 및 취급기준을 위반한 자(화재예방법 52조)
(12) 소방설비 등의 설치명령을 정당한 사유 없이 따르지 아니한 자(화재예방법 52조)
(13) 기간 내에 선임신고를 하지 아니하거나 **소방안전관리자**의 **성명** 등을 게시하지 아니한 자(화재예방법 52조)
(14) 기간 내에 **선임신고**를 하지 아니한 자(화재예방법 52조)
(15) 기간 내에 **소방훈련** 및 **교육** 결과를 제출하지 아니한 자(화재예방법 52조)
(16) 관계서류 미보관자(소방시설공사업법 40조)
(17) **소방기술자** 미배치자(소방시설공사업법 40조)
(18) 완공검사를 받지 아니한 자(소방시설공사업법 40조)
(19) **방염성능기준 미만**으로 방염한 자(소방시설공사업법 40조)
(20) 하도급 미통지자(소방시설공사업법 40조)
(21) 관계인에게 지위승계·행정처분·휴업·폐업 사실을 거짓으로 알린 자(소방시설공사업법 40조)

2. 300만원 이하의 과태료

(1) 소방시설을 **화재안전기준**에 따라 설치·관리하지 아니한 자(소방시설법 61조) 보기 ①
(2) 공사현장에 **임시소방시설**을 설치·관리하지 아니한 자(소방시설법 61조) 보기 ②
(3) 피난시설, 방화구획 또는 방화시설의 폐쇄·훼손·변경 등의 행위를 한 자(소방시설법 61조)
(4) 방염대상물품을 방염성능기준 이상으로 설치하지 아니한 자(소방시설법 61조)
(5) 점검능력 평가를 받지 아니하고 점검을 한 관리업자(소방시설법 61조)
(6) 관계인에게 점검 결과를 제출하지 아니한 관리업자 등(소방시설법 61조)
(7) 점검인력의 배치기준 등 자체점검 시 준수사항을 위반한 자(소방시설법 61조)

(8) 점검 결과를 보고하지 아니하거나 거짓으로 보고한 자(소방시설법 61조)
(9) 이행계획을 기간 내에 완료하지 아니한 자 또는 이행계획 완료 결과를 보고하지 아니하거나 거짓으로 보고한 자(소방시설법 61조)
(10) 점검기록표를 기록하지 아니하거나 특정소방대상물의 출입자가 쉽게 볼 수 있는 장소에 게시하지 아니한 관계인(소방시설법 61조)
(11) 등록사항의 변경신고 또는 관리업자의 **지위승계**를 위반하여 신고를 하지 아니하거나 거짓으로 신고한 자(소방시설법 61조)
(12) **지위승계**, 행정처분 또는 휴업・폐업의 사실을 특정소방대상물의 관계인에게 알리지 아니하거나 거짓으로 알린 관리업자(소방시설법 61조)
(13) 소속 기술인력의 참여 없이 자체점검을 한 관리업자(소방시설법 61조)
(14) **점검실적**을 **증명**하는 서류 등을 거짓으로 제출한 자(소방시설법 61조)
(15) 보고 또는 자료제출을 하지 아니하거나 거짓으로 보고 또는 자료 제출을 한 자 또는 정당한 사유 없이 관계 공무원의 출입 또는 검사를 거부・방해 또는 기피한 자
(16) 정당한 사유 없이 화재의 예방조치 등 금지행위에 해당하는 행위를 한 자(화재예방법 52조)
(17) 소방안전관리자를 겸한 자(화재예방법 52조)
(18) 소방안전관리업무를 하지 아니한 특정소방대상물의 관계인 또는 소방안전관리대상물의 소방안전관리자(화재예방법 52조)
(19) 소방안전관리업무의 지도・감독을 하지 아니한 자(화재예방법 52조)
(20) 건설현장 소방안전관리대상의 소방안전관리자의 업무를 하지 아니한 소방안전관리자(화재예방법 52조)
(21) 피난유도 안내정보를 제공하지 아니한 자(화재예방법 52조)
(22) **소방훈련** 및 **교육**을 하지 아니한 자(화재예방법 52조)
(23) 화재예방안전진단 결과를 제출하지 아니한 자(화재예방법 52조)

정답 ③

2021 공개경쟁채용 기출문제

맞은 문제수 [ ] / 틀린 문제수 [ ]

★★★
01 유사기출 15년 경채 13년 간부

「화재의 예방 및 안전관리에 관한 법률」 및 같은 법 시행령상 화재의 예방조치 등으로 옳지 않은 것은?

① 소방관서장은 보관기간이 종료된 때에는 보관하고 있는 옮긴 물건 등을 매각해야 한다.

② 옮긴 물건 등의 보관기간은 해당관서의 인터넷 홈페이지에 공고하는 기간의 종료일 다음 날부터 7일로 한다.

③ 옮긴 물건 등을 보관하는 경우에는 그날부터 14일 동안 해당관서의 인터넷 홈페이지에 그 사실을 공고해야 한다.

④ 시・도지사는 폐기된 옮긴 물건 등의 소유자가 보상을 요구하는 경우에는 보상금액에 대하여 소유자와 협의를 거쳐 이를 보상해야 한다.

해설 **1. 화재예방법 시행령 17조**

옮긴 물건 등의 보관기간 및 보관기간 경과 후 처리

(1) **소방관서장**은 옮긴 물건 등을 보관하는 경우에는 그날부터 **14일** 동안 해당 소방관서의 인터넷 홈페이지에 그 사실을 공고해야 한다. 보기 ③

(2) 옮긴 물건 등의 보관기간은 공고기간의 종료일 다음 날부터 **7일**까지로 한다. 보기 ②

7일	14일
옮긴 물건 등의 보관기간	옮긴 물건 등의 공고기간

(3) **소방관서장**은 보관기간이 종료된 때에는 보관하고 있는 옮긴 물건 등을 매각해야 한다(단, 보관하고 있는 옮긴 물건 등이 부패・파손 또는 이와 유사한 사유로 정해진 용도로 계속 사용할 수 없는 경우에는 폐기 가능). 보기 ①

(4) **소방관서장**은 보관하던 옮긴 물건 등을 매각한 경우에는 지체 없이 「**국가재정법**」에 따라 세입조치를 해야 한다.

도로교통법	법 률	보조금 관리에 관한 법률 시행령	국가재정법	민 법
① 소방자동차의 우선 통행(소방기본법 21조) ② 정차 또는 주차 금지(소방기본법 시행령 7조의12)	소방장비의 분류・표준화(소방기본법 8조)	국가보조대상사업의 기준보조율(소방기본법 시행령 2조)	위험물 매각(화재예방법 시행령 17조)	한국소방안전원 규정(소방기본법 40조)

(5) **소방관서장**은 매각되거나 폐기된 옮긴 물건 등의 소유자가 보상을 요구하는 경우에는 보상금액에 대하여 소유자와의 협의를 거쳐 이를 **보상**해야 한다. 보기 ④

2. 7일

(1) 옮긴 물건 등의 **보관**기간(화재예방법 시행령 17조) 보기 ②

(2) 건축허가 등의 취소통보(소방시설법 시행규칙 3조)

(3) 소방공사 감리원의 배치통보일(소방시설공사업법 시행규칙 17조)

(4) 소방공사 감리결과 통보 · 보고일(소방시설공사업법 시행규칙 19조)

암기 감배7(감 배치), 7

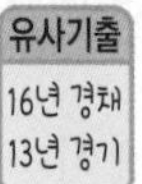 ④

★★★

02 「소방기본법 시행규칙」상 소방용수시설의 설치기준으로 옳은 것은?

유사기출 16년 경채 13년 경기

① 소방용 호스와 연결하는 소화전의 연결금속구의 구경은 40mm로 할 것
② 공업지역인 경우 소방대상물과 수평거리를 100m 이하가 되도록 할 것
③ 저수조에 물을 공급하는 방법은 상수도에 연결하여 수동으로 급수되는 구조일 것
④ 급수탑의 개폐밸브는 지상에서 0.8m 이상 1.5m 이하의 위치에 설치하도록 할 것

① 40mm → 65mm
③ 수동 → 자동
④ 0.8m 이상 1.5m 이하 → 1.5m 이상 1.7m 이하

1. 소방기본법 시행규칙 [별표 3]
소방용수시설별 설치기준

소화전	급수탑
65mm : 연결금속구의 구경 보기 ①	• **100mm** : 급수배관의 구경 • 1.5~1.7m 이하 : 개폐밸브 높이 보기 ④ 암기 57탑(57층 탑)

2. 소방기본법 시행규칙 [별표 3]
소방용수시설의 저수조에 대한 설치기준

(1) 낙차 : 4.5m 이하

(2) 수심 : 0.5m 이상

(3) 투입구의 길이 또는 지름 : 60cm 이상

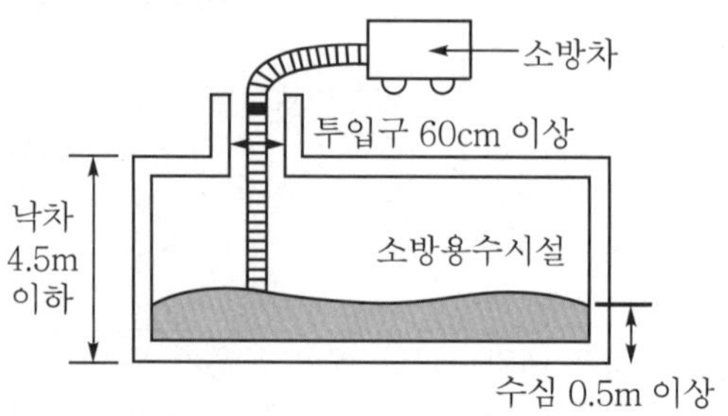

(4) 소방펌프 자동차가 쉽게 접근할 수 있도록 할 것
(5) 흡수에 지장이 없도록 토사 및 쓰레기 등을 제거할 수 있는 설비를 갖출 것
(6) 저수조에 물을 공급하는 방법은 **상수도**에 연결하여 **자동**으로 급수되는 구조일 것 [보기 ③]

> 암기 수5(수호천사)

3. 소방기본법 시행규칙 [별표 3]
소방용수시설의 설치기준

거리기준	지 역
수평거리 100m 이하 [보기 ②]	• 공업지역 • 상업지역 • 주거지역 암기 주상공100(주상공 백지)
수평거리 140m 이하	• 기타 지역

정답 ②

★★ **03** 「소방기본법」상 119 종합상황실의 설치 및 운영 목적에 대한 내용으로 옳지 않은 것은?

유사기출 16년 충남

① 상황관리
② 대응계획 실행 및 평가
③ 현장 지휘 및 조정·통제
④ 정보의 수집·분석과 판단·전파

해설 **소방기본법 4조**
119 종합상황실
(1) 설치·운영 : **소방청장·소방본부장·소방서장**
(2) 설치·운영에 관하여 필요한 사항 : **행정안전부령**
(3) 설치·운영 목적 : 신속한 소방활동을 위한 **정보의 수집·분석**과 **판단·전파**, **상황관리**, **현장지휘** 및 **조정·통제** 등의 업무를 수행하기 위함 [보기 ①, ③, ④]

행정안전부령	대통령령
119 종합상황실의 설치·운영 (소방기본법 4조)	소방기관 설치 (소방기본법 3조)

정답 ②

★★
04 「소방기본법」상 한국소방안전원이 수행하는 업무에 대한 내용으로 옳지 않은 것은?

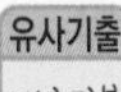
14년 전북

① 소방기술과 안전관리에 관한 인허가 업무
② 소방기술과 안전관리에 관한 각종 간행물 발간
③ 소방기술과 안전관리에 관한 교육 및 조사・연구
④ 화재 예방과 안전관리의식 고취를 위한 대국민 홍보

소방기본법 41조

한국소방안전원의 업무

(1) 소방기술과 안전관리에 관한 **조사・연구** 및 **교육** 보기 ③
(2) 소방기술과 안전관리에 관한 각종 **간행물**의 **발간** 보기 ②
(3) 화재예방과 안전관리의식의 고취를 위한 **대국민 홍보** 보기 ④
(4) 소방업무에 관하여 행정기관이 위탁하는 사업
(5) 소방안전에 관한 **국제협력**
(6) 회원에 대한 기술지원 등 정관이 정하는 사항

중요

한국소방안전원	소방청장
소방안전에 관한 **국제협력**(소방기본법 41조)	소방기술 및 소방산업의 **국제협력**을 위한 **조사・연구**(소방기본법 39조의7)

정답 ①

★★

05 「소방기본법」상 소방활동 종사명령에 대한 설명으로 옳지 않은 것은?

17년 경채

① 소방본부장 또는 소방서장은 화재현장에서 소방활동 종사명령을 할 수 있다.
② 소방활동 종사명령은 관할구역에 사는 사람 또는 그 현장에 있는 사람을 대상으로 할 수 있다.
③ 소방활동에 종사한 사람은 소방본부장 또는 소방서장으로부터 소방활동의 비용을 지급받을 수 있다.
④ 소방본부장 또는 소방서장은 소방활동에 필요한 보호장구를 지급하는 등 안전을 위한 조치를 하여야 한다.

1. 소방기본법 24조

(1) **소방활동 종사명령**

소방활동 종사명령 보기 ①	소방활동 비용지급 보기 ③
소방본부장・소방서장・소방대장	시・도지사

(2) **소방활동의 비용을 지급받을 수 없는 경우**

① 소방대상물에 화재, 재난・재해, 그 밖의 위급한 상황이 발생한 경우 그 **관계인**
② 고의 또는 과실로 인해 화재 또는 구조・구급 활동이 필요한 **상황**을 **발생**시킨 자
③ 화재 또는 구조・구급 현장에서 **물건**을 **가져간 자**

2. **소방기본법 24조**

소방활동 종사명령

소방본부장, 소방서장 또는 **소방대장**은 화재, 재난・재해, 그 밖의 위급한 상황이 발생한 현장에서 소방활동을 위하여 필요할 때에는 그 관할구역에 사는 사람 또는 그 현장에 있는 사람으로 하여금 사람을 구출하는 일(인명구출) 또는 불을 끄거나 불이 번지지 아니하도록 하는 일(화재진압)을 하게 할 수 있다. 이 경우 **소방본부장, 소방서장** 또는 **소방대장**은 소방활동에 필요한 보호장구를 지급하는 등 안전을 위한 조치를 할 것 **보기 ②, ④**

정답 ③

★★

06 유사기출 15년 경채

「화재의 예방 및 안전관리에 관한 법률」 및 같은 법 시행령상 관리의 권원이 분리된 특정소방대상물로 옳지 않은 것은?

① 복합건축물
② 지하가
③ 권원이 분리된 3개 동의 16층 이상 공동주택
④ 전통시장

③ 해당 없음

화재예방법 35조, 화재예방법 시행령 35조

관리의 권원이 분리된 특정소방대상물

(1) **복합건축물**(**지하층**을 **제외**한 **11층** 이상 또는 연면적 **30000m²** 이상인 건축물)

지하층 포함	지하층 제외	아파트 제외
① 특급소방안전관리 대상물 (화재예방법 시행령 [별표 4]) ② 인명구조기구 설치대상 (소방시설법 시행령 [별표 4]) ③ 비상조명등 설치대상 (소방시설법 시행령 [별표 4]) ④ 상주공사감리 기준 (소방시설공사업법 시행령 [별표 3])	관리의 권원이 분리된 특정소방대상물의 소방안전관리 (화재예방법 35조)	방염성능기준 이상 (소방시설법 시행령 30조)

(2) **지하가**(지하의 인공구조물 안에 설치된 상점 및 사무실, 그 밖에 이와 비슷한 시설이 연속하여 지하도에 접하여 설치된 것과 그 지하도를 합한 것)

(3) **도매시장, 소매시장** 및 **전통시장**

정답 ③

★★

07 「소방시설 설치 및 관리에 관한 법률 시행령」상 소방용품 중 경보설비를 구성하는 제품 또는 기기로 옳지 않은 것은?

유사기출 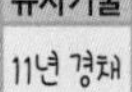

① 수신기 ② 감지기

③ 누전차단기 ④ 가스누설경보기

③ 누전차단기 → 누전경보기

소방시설법 시행령 [별표 3]
소방용품

소화설비를 구성하는 제품 또는 기기	경보설비를 구성하는 제품 또는 기기	피난구조설비를 구성하는 제품 또는 기기	소화용으로 사용하는 제품 또는 기기
① **소화기**구(소화약제 외의 것을 이용한 간이소화용구는 제외) ② 자동소화장치 ③ 소화설비를 구성하는 **소화전, 관창, 소방호스, 스프링클러헤드, 기동용 수압개폐장치, 유수제어밸브** 및 **가스관 선택밸브** 암기 소기전관 호스유기가	① 누전경보기 및 가스누설경보기 ② 경보설비를 구성하는 발신기, 수신기, 중계기, 감지기 및 음향장치(경종만 해당) 암기 경누가수발 중감음경	① 피난사다리, 구조대, 완강기(간이완강기 및 지지대 포함) ② 공기호흡기(충전기 포함) ③ 피난구유도등, 통로유도등, 객석유도등 및 예비전원이 내장된 비상조명등 암기 피구완공 피통객예비	① 소화약제(상업용 주방자동소화장치·캐비닛형 자동소화장치·포소화설비·이산화탄소소화설비·할론소화설비·할로겐화합물 및 불활성 기체 소화설비·분말소화설비·강화액소화설비·고체에어로졸소화설비만 해당) ② 방염제(방염액·방염도료 및 방염성 물질을 말한다)
그 밖에 행정안전부령으로 정하는 소방 관련 제품 또는 기기			

  ③

★★
08 「소방시설 설치 및 관리에 관한 법률 시행령」상 간이스프링클러설비를 설치해야 하는 특정소방대상물로 옳지 않은 것은?

유사기출 14년 경채

① 교육연구시설 내에 합숙소로서 연면적 $100m^2$ 이상인 것
② 근린생활시설 중 의원, 치과의원 및 한의원으로서 입원실이 있는 시설
③ 근린생활시설 중 근린생활시설로 사용하는 부분의 바닥면적 합계가 $1000m^2$ 이상인 것은 모든 층
④ 숙박시설로 사용되는 바닥면적의 합계가 $500m^2$ 이상인 것

해설

④ $500m^2$ 이상 → $300m^2$ 이상 $600m^2$ 미만

소방시설법 시행령 [별표 4]
간이스프링클러설비의 설치대상

설치대상	조 건
교육연구시설 내 합숙소	• 연면적 $100m^2$ 이상 보기 ①
노유자시설 · 정신의료기관 · 의료재활시설	• 창살설치 : **$300m^2$** 미만 • 기타 : **$300m^2$** 이상 **$600m^2$** 미만
숙박시설	• 바닥면적 합계 **$300m^2$** 이상 **$600m^2$** 미만 보기 ④
종합병원, 병원, 치과병원, 한방병원 및 요양병원(의료재활시설 제외)	• 바닥면적 합계 **$600m^2$** 미만
복합건축물	• 연면적 $1000m^2$ 이상
근린생활시설	• 바닥면적 합계 **$1000m^2$** 이상은 **전층** 보기 ③ • **의원**, 치과의원 및 한의원으로서 **입원실**이 **있는 시설** 보기 ② • 조산원 및 산후조리원으로서 연면적 $600m^2$ 미만
건물을 임차하여 보호시설로 사용하는 부분	• 전체

정답 ④

2021 공개경쟁채용

09 「소방시설 설치 및 관리에 관한 법률 시행규칙」상 종합점검에 대한 설명으로 옳은 것은?

유사기출 13년 경채

① 소방시설관리업자만 할 수 있다.
② 소방시설 등의 작동점검은 포함하지 않는다.
③ 건축물의 사용승인일이 속하는 다음 달에 실시한다.
④ 스프링클러설비가 설치된 특정소방대상물은 종합점검을 받아야 한다.

해설

① 소방안전관리자(소방시설관리자, 소방기술사)도 가능
② 포함하지 않는다. → 포함한다.
③ 속하는 다음 달 → 속하는 달

소방시설법 시행규칙 [별표 3]

(1) 소방시설 등 자체점검의 점검대상, 점검자의 자격, 점검횟수 및 시기

<table>
<tr><th>점검
구분</th><th>정 의</th><th>점검대상</th><th>점검자의
자격(주된 인력)</th><th>점검횟수 및
점검시기</th></tr>
<tr><td rowspan="3">작동
점검</td><td rowspan="3">소방시설 등을 인위적으로 조작하여 정상적으로 작동하는지를 점검하는 것</td><td>① 간이스프링클러설비・자동화재탐지설비</td><td>• 관계인
• 소방안전관리자로 선임된 소방시설관리사 또는 소방기술사
• 소방시설관리업에 등록된 기술인력 중 소방시설관리사 또는 「소방시설공사업법 시행규칙」에 따른 특급 점검자</td><td rowspan="3">작동점검은 연 1회 이상 실시하며, 종합점검대상은 종합점검을 받은 달부터 6개월이 되는 달에 실시</td></tr>
<tr><td>② ①에 해당하지 아니하는 특정소방대상물</td><td>• 소방시설관리업에 등록된 기술인력 중 소방시설관리사
• 소방안전관리자로 선임된 소방시설관리사 또는 소방기술사</td></tr>
<tr><td colspan="2">③ 작동점검 제외대상
• 특정소방대상물 중 소방안전관리자를 선임하지 않는 대상
• 위험물제조소 등
• 특급 소방안전관리대상물</td></tr>
</table>

점검 구분	정 의	점검대상	점검자의 자격(주된 인력)	점검횟수 및 점검시기
종합 점검	소방시설 등의 작동점검을 포함하여 소방시설 등의 설비별 주요 구성부품의 구조기준이 화재안전기준과 「건축법」 등 관련 법령에서 정하는 기준에 적합한지 여부를 점검하는 것 **보기 ②** (1) 최초점검 : 특정소방대상물의 소방시설이 새로 설치되는 경우 건축물을 사용할 수 있게 된 날부터 60일 이내에 점검하는 것 (2) 그 밖의 종합점검 : 최초점검을 제외한 종합점검	④ 소방시설 등이 신설된 경우에 해당하는 특정소방대상물 ⑤ **스프링클러설비**가 설치된 특정소방대상물 **보기 ④** ⑥ **물분무등소화설비**(호스릴 방식의 물분무등소화설비만을 설치한 경우는 제외)가 설치된 연면적 **5000m²** 이상인 특정소방대상물(위험물제조소 등 제외) ⑦ 다중이용업의 영업장이 설치된 특정소방대상물로서 연면적이 **2000m²** 이상인 것 ⑧ 제연설비가 설치된 터널 ⑨ 공공기관 중 연면적(터널·지하구의 경우 그 길이와 평균폭을 곱하여 계산된 값)이 **1000m²** 이상인 것으로서 옥내소화전설비 또는 자동화재탐지설비가 설치된 것(단, 소방대가 근무하는 공공기관 제외) **중요** 종합점검대상 ① 스프링클러설비·제연설비(터널) ② 공공기관 연면적 1000m² 이상 ③ 다중이용업 연면적 2000m² 이상 ④ 물분무등소화설비(호스릴 제외) 연면적 5000m² 이상	• 소방시설관리업에 등록된 기술인력 중 소방시설관리사 • 소방안전관리자로 선임된 소방시설관리사 또는 소방기술사 **보기 ①**	〈점검횟수〉 ㉠ 연 1회 이상(특급 소방안전관리대상물은 반기에 1회 이상) 실시 ㉡ ㉠에도 불구하고 소방본부장 또는 소방서장은 소방청장이 소방안전관리가 우수하다고 인정한 특정소방대상물에 대해서는 3년의 범위에서 소방청장이 고시하거나 정한 기간 동안 종합점검을 면제할 수 있다(단, 면제기간 중 화재가 발생한 경우는 제외). 〈점검시기〉 ㉠ ④에 해당하는 특정소방대상물은 건축물을 사용할 수 있게 된 날부터 60일 이내 실시 ㉡ ㉠을 제외한 특정소방대상물은 건축물의 사용승인일이 속하는 달에 실시(단, 학교의 경우 해당 건축물의 사용승인일이 1월에서 6월 사이에 있는 경우에는 6월 30일까지 실시할 수 있다) **보기 ③** ㉢ 건축물 사용승인일 이후 ⑥에 따라 종합점검대상에 해당하게 된 경우에는 그 다음해부터 실시 ㉣ 하나의 대지경계선 안에 2개 이상의 자체점검대상 건축물 등이 있는 경우 그 건축물 중 사용승인일이 가장 빠른 연도의 건축물의 사용승인일을 기준으로 점검할 수 있다.

(2) 작동점검 및 종합점검은 건축물 사용승인 후 그 다음 해부터 실시
(3) 점검결과 : **2년**간 보관

 ④

★
10 「화재의 예방 및 안전관리에 관한 법률 시행규칙」상 소방안전관리대상물의 관계인이 피난시설의 위치, 피난경로 또는 대피요령이 포함된 피난유도 안내정보를 근무자 또는 거주자에게 정기적으로 제공해야 하는 방법으로 옳지 않은 것은?

① 연 1회 피난안내교육을 실시하는 방법
② 분기별 1회 이상 피난안내방송을 실시하는 방법
③ 피난안내도를 층마다 보기 쉬운 위치에 게시하는 방법
④ 엘리베이터, 출입구 등 시청이 용이한 지역에 피난안내영상을 제공하는 방법

해설

① 연 1회 → 연 2회

화재예방법 시행규칙 35조
피난유도 안내정보의 제공방법
(1) **연 2회** 피난안내교육을 실시하는 방법 보기 ①
(2) **분기별 1회** 이상 피난안내방송을 실시하는 방법 보기 ②
(3) **피난안내도**를 **층**마다 보기 쉬운 위치에 게시하는 방법 보기 ③
(4) **엘리베이터, 출입구** 등 시청이 용이한 지역에 피난안내영상을 제공하는 방법 보기 ④

 ①

★★★
11 「소방시설공사업법」 및 같은 법 시행령, 시행규칙상 공사감리에 관한 내용으로 옳은 것은?

유사기출
23년 공채
23년 경채
16년 경채

① 감리업자가 감리원을 배치하였을 때에는 소방본부장 또는 소방서장의 동의를 받아야 한다.
② 소방본부장 또는 소방서장은 특정소방대상물에 대해서 감리업자를 공사감리자로 지정하여야 한다.
③ 지하층을 포함한 층수가 16층 이상으로서 300세대 이상인 아파트에 대한 소방시설공사는 상주공사감리 대상이다.
④ 상주공사감리 대상인 경우 소방시설용 배관을 설치하거나 매립하는 때부터 완공검사증명서를 발급받을 때까지 소방공사감리현장에 감리원을 배치하여야 한다.

해설

① 동의를 받아야 한다. → 통보하여야 한다.
② 소방본부장 또는 소방서장은 → 관계인은
③ 300세대 이상 → 500세대 이상

1. **소방시설공사업법 시행령 [별표 3], 소방시설공사업법 시행규칙 16조**
소방공사 감리대상

종 류	대 상	세부 배치기준
상주공사 감리	• 연면적 **3000m²** 이상(아파트 제외) • **16층** 이상(지하층 포함)이고 **500세대** 이상 **아파트**	• 감리원(기계), 감리원(전기) 각 1명 (단, 감리원(기계, 전기) 1명 가능) • 소방시설용 배관(전선관 포함)을 **설치**하거나 **매립**하는 때부터 소방시설 완공검사증명서를 발급받을 때까지 감리원 배치
일반공사 감리	상주 공사감리에 해당하지 않는 소방시설의 공사	• **주 1회** 이상 방문 감리 • 담당감리현장 **5개** 이하로서, 연면적 총합계 **10만m²** 이하

2. **소방시설공사업법 18조**
감리원의 배치
(1) 감리업자는 소방시설공사의 감리를 위하여 소속감리원을 대통령령으로 정하는 바에 따라 소방시설공사 현장에 배치하여야 한다.
(2) 감리업자는 소속감리원을 배치하였을 때에는 **행정안전부령**으로 정하는 바에 따라 **소방본부장**이나 **소방서장**에게 통보하여야 한다. 감리원의 배치를 변경하였을 때에도 또한 같다.
(3) 감리원의 세부적인 배치 기준 : **행정안전부령** 보기 ①

3. **소방시설공사업법 17조 ①항**
공사감리자의 지정
대통령령으로 정하는 특정소방대상물의 **관계인**이 특정소방대상물에 대하여 자동화재탐지설비, 옥내소화전설비 등 대통령령으로 정하는 소방시설을 시공할 때에는 소방시설공사의 감리를 위하여 감리업자를 공사감리자로 지정하여야 한다(단, **시 · 도지사**가 감리업자를 선정한 경우에는 그 감리업자를 공사감리자로 지정한다). 보기 ②

정답 ④

★★
12 「소방시설공사업법」에 규정한 내용으로 옳지 않은 것은?

유사기출 13년 경기

① 특정소방대상물의 관계인 또는 발주자는 소방시설공사 등을 도급할 때에는 해당 소방시설업자에게 도급하여야 한다.
② 소방본부장이나 소방서장은 완공검사나 부분완공검사를 하였을 때에는 완공검사증명서나 부분완공검사증명서를 발급하여야 한다.
③ 관계인은 하자보수기간에 소방시설의 하자가 발생하였을 때에는 공사업자에게 그 사실을 알려야 하며, 통보를 받은 공사업자는 7일 이내에 하자를 보수하거나 보수일정을 기록한 하자보수계획을 관계인에게 서면으로 알려야 한다.
④ 소방시설업의 등록을 한 후 정당한 사유 없이 1년이 지날 때까지 영업을 시작하지 아니하거나 계속하여 1년 이상 휴업함으로써 그 이용자에게 불편을 줄 때에는 영업정지처분을 갈음하여 2억원 이하의 과징금을 부과할 수 있다.

③ 7일 이내 → 3일 이내

1. 소방시설공사업법 14조 ③항

완공검사

소방본부장이나 **소방서장**은 완공검사나 부분완공검사를 하였을 때에는 완공검사증명서나 부분완공검사증명서를 발급하여야 한다. 보기 ②

2. 소방시설공사업법 21조 ①항

소방시설공사 등의 도급

특정소방대상물의 관계인 또는 발주자는 소방시설공사 등을 도급할 때에는 해당 소방시설업자에게 도급하여야 한다. 보기 ①

3. 소방시설공사업법 15조

공사의 하자보수 등

관계인은 하자보수기간에 소방시설의 하자가 발생하였을 때에는 공사업자에게 그 사실을 알려야 하며, 통보를 받은 공사업자는 **3일** 이내에 하자를 보수하거나 보수 일정을 기록한 하자보수계획을 관계인에게 **서면**으로 알려야 한다. 보기 ③

4. 소방시설법 36조, 소방시설공사업법 10조, 위험물관리법 13조

과징금

3000만원 이하	2억원 이하
소방시설관리업 영업정지처분 갈음	• **소방시설업** 영업정지처분 갈음 보기 ④ • **위험물제조소** 사용정지처분 갈음 (위험물관리법)

 ③

★

13 「소방시설공사업법 시행규칙」상 소방기술과 관련된 자격·학력 및 경력의 인정범위에 관한 내용으로 옳은 것은?

① 소방공무원으로서 3년간 근무한 경력이 있는 사람은 중급감리원의 업무를 수행할 수 있다.

② 학사학위를 취득한 후 소방 관련 업무를 10년간 수행한 사람은 특급기술자 업무를 수행할 수 있다.

③ 소방시설관리사 자격을 취득한 후 소방 관련 업무를 3년간 수행한 사람은 특급기술자 업무를 수행할 수 있다.

④ 소방설비기사 기계분야 자격을 취득한 후 소방 관련 업무를 8년간 수행한 사람은 해당 분야 특급감리원의 업무를 수행할 수 있다.

① 해당 없음
② 10년 → 11년 이상
③ 3년 → 5년 이상

소방시설공사업법 시행규칙 [별표 4의2]

(1) 소방기술자의 기술등급

구 분	기술자격	학력·경력	경 력
특급 기술자	① 소방기술사 ② 소방시설관리사 + 5년 보기 ③ ③ 건축사, 건축기계설비기술사, 건축전기설비기술사, 건설기계기술사, 공조냉동기계기술사, 화공기술사, 가스기술사 + 5년 ④ 소방설비기사 + 8년 ⑤ 소방설비산업기사 + 11년 ⑥ 위험물기능장 + 13년	① 박사 + 3년 ② 석사 + 7년 ③ 학사 + 11년 보기 ② ④ 전문학사 + 15년	–
고급 기술자	① 소방시설관리사 ② 건축사, 건축기계설비기술사, 건축전기설비기술사, 건설기계기술사, 공조냉동기계기술사, 화공기술사, 가스기술사 + 3년 ③ 소방설비기사 + 5년 ④ 소방설비산업기사 + 8년 ⑤ 위험물기능장 + 11년 ⑥ 위험물산업기사 + 13년	① 박사 + 1년 ② 석사 + 4년 ③ 학사 + 7년 ④ 전문학사 + 10년 ⑤ 고등학교(소방) + 13년 ⑥ 고등학교(일반) + 15년	① 학사 + 12년 ② 전문학사 + 15년 ③ 고등학교 + 18년 ④ 실무경력 + 22년
중급 기술자	① 건축사, 건축기계설비기술사, 건축전기설비기술사, 건설기계기술사, 공조냉동기계기술사, 화공기술사, 가스기술사 ② 소방설비기사 ③ 소방설비산업기사 + 3년 ④ 위험물기능장 + 5년 ⑤ 위험물산업기사 + 8년	① 박사 ② 석사 + 2년 ③ 학사 + 5년 ④ 전문학사 + 8년 ⑤ 고등학교(소방) + 10년 ⑥ 고등학교(일반) + 12년	① 학사 + 9년 ② 전문학사 + 12년 ③ 고등학교 + 15년 ④ 실무경력 + 18년
초급 기술자	① 소방설비산업기사 ② 위험물기능장 + 2년 ③ 위험물산업기사 + 4년 ④ 위험물기능사 + 6년	① 석사 ② 학사 ③ 전문학사 + 2년 ④ 고등학교(소방) + 3년 ⑤ 고등학교(일반) + 5년	① 학사 + 3년 ② 전문학사 + 5년 ③ 고등학교 + 7년 ④ 실무경력 + 9년

(2) **소방공사감리원의 기술등급**

구 분	기술자격
특급감리원	① 소방기술사 ② 소방설비기사 + 8년 보기 ④ ③ 소방설비산업기사 + 12년
고급감리원	① 소방설비기사 + 5년 ② 소방설비산업기사 + 8년
중급감리원	① 소방설비기사 + 3년 ② 소방설비산업기사 + 6년 ③ 초급감리원 + 5년
초급감리원	① 소방설비기사 + 1년 ② 소방설비산업기사 + 2년 ③ 학사 + 1년 ④ 전문학사 + 3년 ⑤ 고등학교(소방) + 4년 ⑥ 소방실무경력 + 5년

정답 ④

★★
14 「소방시설공사업법」상 소방공사감리업자의 업무범위로 옳지 않은 것은?

유사기출

11년 울산

① 완공된 소방시설 등의 성능시험
② 소방시설 등의 설치계획표의 적법성 검토
③ 소방시설 등 설계변경사항의 적합성 검토
④ 설계업자가 작성한 시공 상세도면의 적합성 검토

해설

④ 설계업자 → 공사업자

소방시설공사업법 16조
소방시설감리업자의 업무수행
(1) 소방시설 등의 **설치계획표**의 **적법성 검토** 보기 ②
(2) 소방시설 등 **설계도서**의 **적합성 검토**
(3) 소방시설 등 설계변경사항의 **적합성 검토** 보기 ③
(4) 소방용품의 위치·규격 및 사용자재의 **적합성 검토**
(5) 공사업자가 한 소방시설 등의 시공이 **설계도서**와 화재안전기준에 맞는지에 대한 **지도·감독**
(6) 완공된 소방시설 등의 **성능시험** 보기 ①
(7) **공사업자**가 작성한 시공 상세도면의 **적합성 검토** 보기 ④
(8) 피난시설 및 방화시설의 **적법성 검토**
(9) 실내장식물의 불연화(不燃化)와 방염물품의 **적법성 검토**

암기 공감

정답 ④

★
15 「소방시설공사업법」 및 같은 법 시행령상 소방공사업자는 소방기술자를 소방공사 현장에 배치하는 것이 원칙이지만, 발주자가 서면으로 승낙하는 경우에는 해당 공사가 중단된 기간 동안 소방기술자를 공사현장에 배치하지 않을 수 있도록 되어 있는 예외사항이 있다. 다음 중 예외사항으로 옳지 않은 것은?

① 발주자가 공사 중단을 요청하는 경우
② 소방공사감리원이 공사 중단을 요청하는 경우
③ 민원 또는 계절적 요인 등으로 해당 공정의 공사가 일정 기간 중단된 경우
④ 예산 부족 등 발주자의 책임 있는 사유 또는 천재지변 등 불가항력으로 공사가 일정 기간 중단된 경우

해설 **소방시설공사업법 시행령 [별표 4]**
소방공사감리원의 배치기간 예외사항
(1) **민원** 또는 **계절적 요인** 등으로 해당 공정의 공사가 일정 기간 중단된 경우 [보기 ③]
(2) **예산**의 **부족** 등 발주자(하도급의 경우에는 수급인 포함)의 책임 있는 사유 또는 천재지변 등 불가항력으로 공사가 일정 기간 중단된 경우 [보기 ④]
(3) 발주자가 **공사**의 **중단**을 요청하는 경우 [보기 ①]

 정답 ②

★
16 「위험물안전관리법 시행규칙」상 옥외탱크저장소의 위치·구조 및 설비의 기준에 관한 내용이다. 빈칸에 들어갈 숫자로 옳은 것은?

> 가. 지정수량의 650배를 저장하는 옥외탱크저장소의 보유공지는 (㉠)m 이상이다.
> 나. 펌프설비의 주위에는 너비 (㉡)m 이상의 공지를 보유해야 한다. 단, 방화상 유효한 격벽을 설치하는 경우와 제6류 위험물 또는 지정수량의 (㉢)배 이하 위험물의 옥외저장탱크의 펌프설비에 있어서는 그러하지 아니하다.

① ㉠ : 3, ㉡ : 3, ㉢ : 20　　② ㉠ : 3, ㉡ : 5, ㉢ : 10
③ ㉠ : 5, ㉡ : 3, ㉢ : 10　　④ ㉠ : 5, ㉡ : 5, ㉢ : 20

해설 **위험물관리법 시행규칙 [별표 6]**
옥외탱크저장소

위험물의 최대수량	공지 너비
지정수량의 500배 이하	3m 이상
지정수량의 501 ~ 1000배 이하	5m 이상 [보기 ㉠]
지정수량의 1001 ~ 2000배 이하	9m 이상
지정수량의 2001 ~ 3000배 이하	12m 이상
지정수량의 3001 ~ 4000배 초과	15m 이상

(1) 펌프설비의 주위에는 너비 **3m** 이상의 공지를 보유할 것(단, 방화상 유효한 격벽을 설치하는 경우와 **제6류** 위험물 또는 지정수량의 **10배** 이하 위험물의 옥외저장탱크의 펌프설비 제외) [보기 ㉡, ㉢]

(2) 펌프설비로부터 옥외저장탱크까지의 사이에는 당해 옥외저장탱크의 보유공지 너비의 $\frac{1}{3}$ **이상**의 거리를 유지할 것

(3) 펌프설비는 견고한 기초 위에 고정할 것

(4) 펌프 및 이에 부속하는 전동기를 위한 건축물, 그 밖의 공작물의 벽・기둥・바닥 및 보는 **불연재료**로 할 것

정답 ③

★★

17 「위험물안전관리법 시행규칙」상 제조소의 환기설비의 기준에 대한 설명으로 옳지 않은 것은?

유사기출 18년 경채

① 환기는 기계배기방식으로 할 것

② 환기구는 지상 2m 이상의 높이에 루프팬방식으로 설치할 것

③ 바닥면적이 $90m^2$일 경우 급기구의 면적은 $450cm^2$ 이상으로 할 것

④ 급기구는 낮은 곳에 설치하고 가는 눈의 구리망 등으로 인화방지망을 설치할 것

① 기계배기방식 → 자연배기방식

위험물관리법 시행규칙 [별표 4]
위험물제조소의 환기설비

(1) 환기는 **자연배기방식**으로 할 것 보기 ①

(2) 급기구는 바닥면적 $150m^2$마다 1개 이상으로 하되, 그 크기는 **$800cm^2$** 이상일 것

바닥면적	급기구의 면적
$60m^2$ 미만	$150cm^2$ 이상
$60 \sim 90m^2$ 미만	$300cm^2$ 이상
$90 \sim 120m^2$ 미만	$450cm^2$ 이상 보기 ③
$120 \sim 150m^2$ 미만	$600cm^2$ 이상

(3) 환기구는 **지붕 위** 또는 **지상 2m** 이상의 높이에 **회전식 고정벤티레이터** 또는 **루프팬방식**으로 설치할 것 보기 ②

(4) 급기구는 **낮은 곳**에 설치하고, 가는 눈의 구리망 등으로 **인화방지망** 설치 보기 ④

정답 ①

★★

18 「위험물안전관리법 시행령」 및 같은 법 시행규칙상 위험물의 성질과 품명이 옳지 않은 것은?

유사기출 11년 부산

① 가연성 고체 : 적린, 금속분

② 산화성 액체 : 과염소산, 질산

③ 산화성 고체 : 요오드산염류, 과요오드산

④ 자연발화성 및 금수성 물질 : 황린, 아조화합물

④ 자기반응성 물질 : 아조화합물

위험물관리법 시행령 [별표 1]
위험물

종 류	성 질	품 명
제1류	산화성 고체 보기 ③	• 아염소산염류 • 염소산염류(염소산나트륨) • 과염소산염류 • 요오드산염류 • 질산염류 • 무기과산화물 • 과요오드산 암기 1산고염나
제2류	가연성 고체 보기 ①	• 황화린 • 적린 • 유황 • 마그네슘 • 인화성 고체 • 금속분 암기 황화적유마
제3류	자연발화성 물질 및 금수성 물질 보기 ④	• 황린 : 자연발화성 물질 • 칼륨 • 나트륨 • 알칼리토금속 • 트리에틸알루미늄 암기 황칼나알트
제4류	인화성 액체	• 특수인화물 • 석유류(벤젠) • 알코올류 • 동・식물유류
제5류	자기반응성 물질	• 유기과산화물 • 니트로화합물 • 니트로소화합물 • 아조화합물 보기 ④ • 질산에스테르류(셀룰로이드)
제6류	산화성 액체 보기 ②	• 과염소산 • 과산화수소 • 질산

정답 ④

★★★

19 「위험물안전관리법 시행령」상 정기점검 대상인 저장소로 옳지 않은 것은?

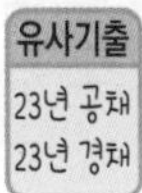

유사기출 23년 공채 23년 경채

① 옥내탱크저장소 ② 지하탱크저장소
③ 이동탱크저장소 ④ 암반탱크저장소

해설 **위험물관리법 시행령 15 · 16조**

정기점검의 대상인 제조소 등

(1) 예방규정을 정하여야 할 **제조소** 등(이송취급소 · 암반탱크저장소)

배 수	제조소 등
10배 이상	**제조소 · 일반취급소**
100배 이상	**옥외저장소**
150배 이상	**옥내저장소**
200배 이상	**옥외탱크저장소** 옥내탱크저장소 ×
모두 해당	**이송취급소**
모두 해당	**암반탱크저장소** 보기 ④

> 암기 0 제 일
> 0 외
> 5 내
> 0 탱

(2) **지하탱크**저장소 보기 ②

(3) **이동탱크**저장소 보기 ③

(4) 위험물을 취급하는 탱크로서, **지하**에 **매설**된 탱크가 있는 **제조소 · 주유취급소** 또는 **일반취급소**

> 암기 정이암 지이

정답 ①

★

20 「위험물안전관리법 시행규칙」상 제조소 등에 설치하는 소방시설 설치에 대한 내용으로 옳지 않은 것은?

① 제조소 등에는 화재발생 시 소화가 곤란한 정도에 따라 그 소화에 적응성이 있는 소화설비를 설치하여야 한다.
② 제조소 등에는 화재발생 시 소방공무원이 화재를 진압하거나 인명구조 활동을 할 수 있도록 소화활동설비를 설치하여야 한다.
③ 주유취급소 중 건축물의 2층 이상의 부분을 점포 · 휴게음식점 또는 전시장의 용도로 사용하는 것과 옥내주유취급소에는 피난설비를 설치하여야 한다.
④ 지정수량의 10배 이상의 위험물을 저장 또는 취급하는 제조소 등(이동탱크저장소 제외)에는 화재발생 시 이를 알릴 수 있는 경보설비를 설치하여야 한다.

소화설비의 기준(위험물 관리법 시행규칙 41조)	피난설비의 기준(위험물 관리법 시행규칙 43조)	경보설비의 기준(위험물 관리법 시행규칙 42조)
제조소 등에는 화재발생 시 소화가 곤란한 정도에 따라 그 소화에 적응성이 있는 소화설비를 설치 보기 ①	주유취급소 중 건축물의 **2층** 이상의 부분을 점포·휴게음식점 또는 전시장의 용도로 사용하는 것과 옥내주유취급소에는 **피난설비**를 설치 보기 ③	지정수량의 **10배** 이상의 위험물을 저장 또는 취급하는 제조소 등(이동탱크저장소 제외)에는 화재발생 시 이를 알릴 수 있는 **경보설비**를 설치 보기 ④

 정답 ②

2021 경력경쟁채용 기출문제

맞은 문제수 [ ] / 틀린 문제수 [ ]

★★ **01** 「소방기본법」상 소방업무의 응원에 대한 내용으로 옳지 않은 것은?

유사기출 13년 경채

① 소방업무의 응원을 위하여 파견된 소방대원은 응원을 요청한 소방본부장 또는 소방서장의 지휘에 따라야 한다.

② 소방업무의 응원 요청을 받은 소방본부장 또는 소방서장은 정당한 사유 없이 그 요청을 거절하여서는 아니 된다.

③ 소방본부장이나 소방서장은 소방활동을 할 때에 긴급한 경우에는 이웃한 소방본부장 또는 소방서장에게 소방업무의 응원(應援)을 요청할 수 있다.

④ 소방청장은 소방업무의 응원을 요청하는 경우를 대비하여 출동 대상지역 및 규모와 필요한 경비의 부담 등에 관하여 필요한 사항을 행정안전부령으로 정하는 바에 따라 시・도지사와 협의하여 미리 규약(規約)으로 정하여야 한다.

해설

④ 소방청장 → 시・도지사

소방기본법 11조

(1) **소방본부장**이나 **소방서장**은 소방활동을 할 때에 긴급한 경우에는 이웃한 소방본부장 또는 소방서장에게 소방업무의 응원을 요청할 수 있다. 보기 ③

(2) 소방업무의 응원 요청을 받은 **소방본부장** 또는 **소방서장**은 정당한 사유 없이 그 요청을 거절하여서는 아니된다. 보기 ②

(3) 소방업무의 응원을 위하여 파견된 소방대원은 응원을 요청한 **소방본부장** 또는 **소방서장**의 지휘에 따라야 한다. 보기 ①

(4) **시・도지사**는 소방업무의 응원을 요청하는 경우를 대비하여 출동 대상지역 및 규모와 필요한 경비의 부담 등에 관하여 필요한 사항을 행정안전부령으로 정하는 바에 따라 이웃하는 **시・도지사**와 협의하여 미리 규약으로 정하여야 한다. 보기 ④

중요

소방기본법 시행규칙 8조
소방업무의 상호응원협정

(1) 다음의 소방활동에 관한 사항
　① 화재의 경계 · 진압 활동
　② 구조 · 구급업무의 지원
　③ 화재조사활동
(2) 응원출동 대상지역 및 규모
(3) 필요한 경비의 부담에 관한 사항
　① 출동대원의 수당 · 식사 및 의복의 수선
　② 소방장비 및 기구의 정비와 연료의 보급
　③ 그 밖의 경비
(4) 응원출동의 요청방법
(5) 응원출동 훈련 및 평가

암기 조응(조아?)

정답 ④

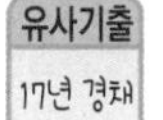

「화재의 예방 및 안전관리에 관한 법률 시행령」상 화재예방강화지구에 대한 내용으로 옳지 않은 것은?

① 시 · 도지사는 화재안전조사의 결과 등을 대통령령으로 정하는 화재예방강화지구 관리대장에 작성하고 관리해야 한다.
② 소방관서장은 화재예방강화지구 안의 관계인에 대하여 소방상 필요한 훈련 및 교육을 연 1회 이상 실시할 수 있다.
③ 소방관서장은 화재예방강화지구 안의 소방대상물의 위치 · 구조 및 설비 등에 대한 화재안전조사를 연 1회 이상 실시해야 한다.
④ 소방관서장은 소방상 필요한 훈련 및 교육을 실시하고자 하는 때에는 화재예방강화지구 안의 관계인에게 훈련 또는 교육 10일 전까지 그 사실을 통보해야 한다.

① 대통령령 → 행정안전부령

1. 화재예방법 시행령 20조
화재예방강화지구의 관리
시 · 도지사가 **행정안전부령**으로 정하는 화재예방강화지구 관리대장에 작성 · 관리사항 보기 ①

(1) 화재예방강화지구의 지정 현황
(2) 화재안전조사의 **결과**
(3) 소방설비 등의 설치명령 현황
(4) 소방훈련 및 교육의 실시현황
(5) 그 밖에 화재예방 강화를 위하여 필요한 사항

2. 화재예방법 18조, 화재예방법 시행령 20조
화재예방강화지구 안의 화재안전조사 · 소방훈련 및 교육
(1) 실시자 : **소방본부장 · 소방서장**
(2) 횟수 : **연 1회** 이상 [보기 ②, ③]
(3) 훈련 · 교육 : **10일 전** 통보 [보기 ④]
(4) 관련 법령 : 대통령령

비교

방치된 위험물 공고기간	위험물이나 물건의 보관기간
14일	7일
소방관서장	소방관서장

정답 ①

★
03 「소방기본법 시행령」상 손실보상에 대한 내용으로 옳지 않은 것은?

① 손실보상심의위원회 위원의 임기는 2년으로 하며, 한 차례만 연임할 수 있다.
② 손실보상심의위원회는 위원장 1명을 포함하여 7명 이상 9명 이하의 위원으로 구성한다.
③ 소방청장 등은 보상금을 지급하기로 결정한 경우에는 특별한 사유가 없으면 통지한 날부터 30일 이내에 보상금을 지급하여야 한다.
④ 소방청장 등은 손실보상심의위원회의 심사 · 의결을 거쳐 특별한 사유가 없으면 보상금 지급 청구서를 받은 날부터 60일 이내에 보상금 지급 여부 및 보상금액을 결정하여야 한다.

② 7명 이상 9명 이하 → 5명 이상 7명 이하

소방기본법 시행령 12 · 13조
손실보상
(1) **소방청장** 등은 손실보상심의위원회의 심사 · 의결을 거쳐 특별한 사유가 없으면 보상금 지급 청구서를 받은 날부터 **60일** 이내에 보상금 지급 여부 및 보상금액을 결정하여야 한다. [보기 ④]
(2) **소방청장** 등은 결정일부터 **10일** 이내에 행정안전부령으로 정하는 바에 따라 결정 내용을 청구인에게 통지하고, **보상금**을 지급하기로 결정한 경우에는 특별한 사유가 없으면 통지한 날부터 **30일** 이내에 보상금을 지급하여야 한다. [보기 ③]
(3) 손실보상심의위원회는 위원장 1명을 포함하여 **5명** 이상 **7명** 이하의 위원으로 구성한다. [보기 ②]
(4) 손실보상심의위원회 위원의 임기는 **2년**으로 하며, **한 차례**만 **연임**할 수 있다. [보기 ①]

정답 ②

★★

「화재의 예방 및 안전관리에 관한 법률 시행령」상 특수가연물의 품명과 수량으로 옳지 않은 것은?

유사기출 14년 경채

① 넝마 및 종이부스러기 : 400kg 이상
② 가연성 고체류 : 3000kg 이상
③ 석탄 · 목탄류 : 10000kg 이상
④ 가연성 액체류 : $2m^3$ 이상

① 400kg 이상 → 1000kg 이상

화재예방법 시행령 [별표 2]
특수가연물

품 명		수 량
가연성 액체류 보기 ④		$2m^3$ 이상
목재가공품 및 나무부스러기		$10m^3$ 이상
면화류		200kg 이상
나무껍질 및 대팻밥		400kg 이상
넝마 및 종이부스러기 보기 ①		1000kg 이상
사류(絲類)		
볏짚류		
가연성 고체류 보기 ②		3000kg 이상
고무류 · 플라스틱류	발포시킨 것	$20m^3$ 이상
	그 밖의 것	3000kg 이상
석탄 · 목탄류 보기 ③		10000kg 이상

암기
가액목면나 넝사볏가고 고석
2 1 24 1 3 31

용어
특수가연물
화재가 발생하면 그 확대가 빠른 물품

 ①

2021 경력경쟁채용

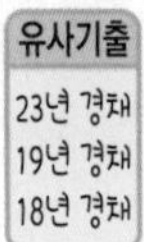

「소방기본법 시행령」상 소방자동차 전용구역에 대한 내용으로 옳은 것은?

유사기출 23년 경채 19년 경채 18년 경채

① 「건축법 시행령」상의 모든 아파트는 소방자동차 전용구역 설치 대상이다.

② 「주차장법」 19조에 따른 부설주차장의 주차구획 내에 주차하는 것은 전용구역 방해행위에 해당한다.

③ 전용구역 노면표지 도료의 색채는 황색을 기본으로 하되, 문자(P, 소방차 전용)는 백색으로 표시한다.

④ 소방자동차 전용구역 설치 대상인 공동주택의 건축주는 각 동별 전면과 후면에 소방자동차 전용구역을 각 1개소 이상 예외 없이 설치하여야 한다.

해설

① 모든 아파트 → 100세대 이상인 아파트
② 방해행위에 해당한다. → 방해행위에서 제외된다.

소방기본법 시행령 7조 12·13·14 [별표 2의5]
소방자동차 전용구역

구 분	설 명
설치 대상	① 100세대 이상인 아파트 보기 ① ② 3층 이상의 기숙사
방해행위 기준	① 전용구역에 **물건** 등을 쌓거나 주차하는 행위 ② 전용구역의 **앞면**, 뒷면 또는 양 측면에 물건 등을 쌓거나 주차하는 행위(단, 「주차장법」에 따른 부설주차장의 주차구획 내에 주차하는 경우는 제외) 보기 ② ③ 전용구역 **진입로**에 **물건** 등을 쌓거나 주차하여 전용구역으로의 진입을 가로막는 행위 ④ 전용구역 **노면표지**를 지우거나 **훼손**하는 행위 ⑤ 그 밖의 방법으로 소방자동차가 전용구역에 **주차**하는 것을 방해하거나 전용구역으로 진입하는 것을 방해하는 행위
설치방법	① 전용구역 노면표지의 외곽선은 **빗금무늬**로 표시하되, 빗금은 두께를 30cm로 하여 50cm 간격으로 표시 ② 전용구역 노면표지 도료의 색채는 **황색**을 기본으로 하되, 문자(P, 소방차 전용)는 **백색**으로 표시 보기 ③

 정답 ③

「소방기본법」상 소방활동 종사명령에 따라 소방활동에 종사한 사람은 시·도지사로부터 소방활동비용을 지급받을 수 있다. 소방활동비용을 지급받을 수 있는 사람으로 옳은 것은?

유사기출 17년 경채

① 과실로 화재를 발생시킨 사람

② 화재현장에서 물건을 가져간 사람

③ 소방대상물에 화재가 발생한 경우 그 관계인

④ 화재현장에서 불이 번지지 아니하도록 하는 일을 명령받은 사람

 **소방기본법 24조**

(1) 소방활동 종사명령

소방활동 종사명령	소방활동 비용지급
소방본부장 · 소방서장 · 소방대장	시 · 도지사

(2) 소방활동의 비용을 지급받을 수 없는 경우

① 소방대상물에 화재, 재난 · 재해, 그 밖의 위급한 상황이 발생한 경우 그 **관계인** 보기 ③

② 고의 또는 과실로 인하여 화재 또는 구조 · 구급 활동이 필요한 **상황**을 **발생**시킨 자 보기 ①

③ 화재 또는 구조 · 구급 현장에서 **물건**을 **가져간 자** 보기 ②

정답 ④

★★★

07 **「화재의 예방 및 안전관리에 관한 법률 시행령」상 보일러 등의 설비 또는 기구 등의 위치 · 구조 및 관리와 화재예방을 위하여 불을 사용할 때 지켜야 하는 사항으로 옳은 것은?**

유사기출
23년 경채
19년 경채
18년 경채
16년 공채
16년 충남
14년 경채

① 노 · 화덕 설비를 실내에 설치하는 경우에는 흙바닥 또는 금속의 불연재료로 된 바닥에 설치하여야 한다.

② 「공연법」 2조 ④호의 규정에 의한 공연장에서 이동식 난로는 절대 사용하여서는 아니 된다.

③ 보일러를 실내에 설치하는 경우에는 콘크리트바닥 또는 금속 외의 난연재료로 된 바닥 위에 설치하여야 한다.

④ 건조설비를 실내에 설치하는 경우에 벽 · 천장 또는 바닥은 불연재료로 설치하여야 한다.

① 금속의 → 금속 외의
② 절대 사용하여서는 아니 된다. → 난로가 쓰러지지 않도록 하는 경우 제외
③ 난연재료 → 불연재료

화재예방법 시행령 [별표 1]

보일러 등의 설비 또는 기구 등의 위치 · 구조 및 관리와 화재예방을 위하여 불을 사용할 때 지켜야 하는 사항

종 류	내 용
보일러	① 가연성 벽 · 바닥 또는 천장과 접촉하는 증기기관 또는 연통의 부분은 규조토 등 **난연성** 또는 **불연성 단열재**로 덮어 씌워야 한다.

<table>
<tr><th>종 류</th><th>내 용</th></tr>
<tr><td>보일러</td><td>

▌지켜야 할 사항▌

<table>
<tr><th>화목 등 고체연료 사용 시</th><th>경유・등유 등 액체연료 사용 시</th><th>기체연료 사용 시</th></tr>
<tr><td>㉠ 고체연료는 보일러 본체와 수평거리 2m 이상 간격을 두어 보관하거나 불연재료로 된 별도의 구획된 공간에 보관할 것
㉡ 연통은 천장으로부터 0.6m 떨어지고, 연통의 배출구는 건물 밖으로 0.6m 이상 나오도록 설치할 것
㉢ 연통의 배출구는 보일러 본체보다 2m 이상 높게 설치할 것
㉣ 연통이 관통하는 벽면, 지붕 등은 불연재료로 처리할 것
㉤ 연통재질은 불연재료로 사용하고 연결부에 청소구를 설치할 것</td><td>㉠ 연료탱크는 보일러 본체로부터 수평거리 1m 이상의 간격을 두어 설치할 것
㉡ 연료탱크에는 화재 등 긴급상황이 발생하는 경우 연료를 차단할 수 있는 개폐밸브를 연료탱크로부터 0.5m 이내에 설치할 것
㉢ 연료탱크 또는 보일러 등에 연료를 공급하는 배관에는 여과장치를 설치할 것
㉣ 사용이 허용된 연료 외의 것을 사용하지 않을 것
㉤ 연료탱크가 넘어지지 않도록 받침대를 설치하고, 연료탱크 및 연료탱크 받침대는 불연재료로 할 것</td><td>㉠ 보일러를 설치하는 장소에는 환기구를 설치하는 등 가연성 가스가 머무르지 않도록 할 것
㉡ 연료를 공급하는 배관은 금속관으로 할 것
㉢ 화재 등 긴급 시 연료를 차단할 수 있는 개폐밸브를 연료용기 등으로부터 0.5m 이내에 설치할 것
㉣ 보일러가 설치된 장소에는 가스누설경보기를 설치할 것</td></tr>
</table>

② 보일러 본체와 벽・천장 사이의 거리는 0.6m 이상 되도록 할 것
③ 보일러를 실내에 설치하는 경우에는 콘크리트바닥 또는 금속 외의 불연재료로 된 바닥 위에 설치</td></tr>
<tr><td>난로</td><td>① 연통은 천장으로부터 0.6m 이상 떨어지고, 연통의 배출구는 건물 밖으로 0.6m 이상 나오게 설치해야 한다.
② 가연성 벽・바닥 또는 천장과 접촉하는 연통의 부분은 규조토 등 난연성 또는 불연성의 단열재로 덮어 씌워야 한다.
③ 이동식 난로는 다음의 장소에서 사용해서는 안 된다(단, 난로가 쓰러지지 않도록 받침대를 두어 고정시키거나 쓰러지는 경우 즉시 소화되고 연료의 누출을 차단할 수 있는 장치가 부착된 경우 제외).
㉠ 다중이용업
㉡ 학원
㉢ 독서실</td></tr>
</table>

<table>
<tr><th>종 류</th><th>내 용</th></tr>
<tr><td>난로</td><td>㉣ 숙박업 · 목욕장업 · 세탁업의 영업장
㉤ 종합병원 · 병원 · 치과병원 · 한방병원 · 요양병원 · 정신병원 · 의원 · 치과의원 · 한의원 및 조산원
㉥ 식품접객업의 영업장
㉦ 영화상영관
㉧ 공연장
㉨ 박물관 및 미술관
㉩ 상점가
㉪ 가설건축물
㉫ 역 · 터미널</td></tr>
<tr><td>건조설비</td><td>① 건조설비와 벽 · 천장 사이의 거리는 0.5m 이상 되도록 할 것
② 건조물품이 열원과 직접 접촉하지 않도록 할 것
③ 실내에 설치하는 경우 벽 · 천장 또는 바닥은 불연재료로 할 것</td></tr>
<tr><td>불꽃을 사용하는 용접 · 용단 기구</td><td>용접 또는 용단 작업장에서는 다음의 사항을 지켜야 한다(단, 「산업안전보건법」의 적용을 받는 사업장의 경우는 제외).
① 용접 또는 용단 작업장 주변 반경 5m 이내에 소화기를 갖추어 둘 것
② 용접 또는 용단 작업장 주변 반경 10m 이내에는 가연물을 쌓아두거나 놓아두지 말 것(단, 가연물의 제거가 곤란하여 방화포 등으로 방호조치를 한 경우는 제외)</td></tr>
<tr><td>가스 · 전기시설</td><td>① 가스시설의 경우 「고압가스 안전관리법」, 「도시가스사업법」 및 「액화석유가스의 안전관리 및 사업법」에서 정하는 바에 따른다.
② 전기시설의 경우 「전기사업법」 및 「전기안전관리법」에서 정하는 바에 따른다.</td></tr>
<tr><td>노 · 화덕 설비</td><td>① 실내에 설치하는 경우에는 흙바닥 또는 금속 외의 불연재료로 된 바닥에 설치
<table>
<tr><th>노 · 화덕 설비</th><th>보일러</th></tr>
<tr><td>㉠ 흙바닥
㉡ 금속의 불연재료</td><td>㉠ 콘크리트 바닥
㉡ 금속의 불연재료</td></tr>
</table>
② 노 또는 화덕을 설치하는 장소의 벽 · 천장은 불연재료로 된 것이어야 한다.
③ 노 또는 화덕의 주위에는 녹는 물질이 확산되지 않도록 높이 0.1m 이상의 턱 설치
④ 시간당 열량이 300000kcal 이상인 노를 설치하는 경우에는 다음의 사항을 지켜야 한다.
㉠ 주요 구조부는 불연재료로 할 것
㉡ 창문과 출입구는 60분+방화문 또는 60분 방화문으로 설치할 것
㉢ 노 주위에는 1m 이상 공간을 확보할 것</td></tr>
<tr><td>음식조리를 위하여 설치하는 설비</td><td>〈지켜야 할 사항〉
① 주방설비에 부속된 배기덕트는 0.5m 이상의 아연도금강판 또는 이와 같거나 그 이상의 내식성 불연재료로 설치할 것
② 주방시설에는 동물 또는 식물의 기름을 제거할 수 있는 필터 등을 설치할 것
③ 열을 발생하는 조리기구는 반자 또는 선반으로부터 0.6m 이상 떨어지게 할 것</td></tr>
</table>

종 류	내 용
음식조리를 위하여 설치하는 설비	④ 열을 발생하는 조리기구로부터 **0.15m** 이내의 거리에 있는 가연성 주요 구조부는 **단열성**이 있는 **불연재료**로 덮어씌울 것 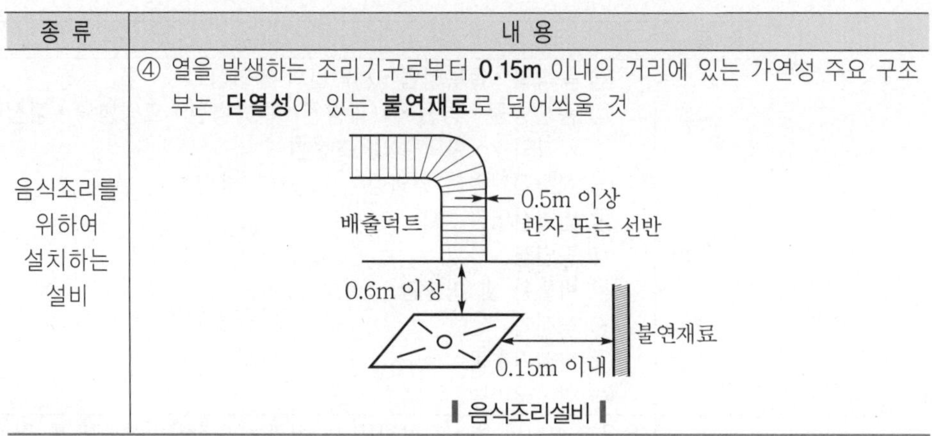 ▌음식조리설비▐

중요

화재예방법 시행령 [별표 1]
벽 · 천장 사이의 거리

종 류	벽 · 천장 사이의 거리
음식조리기구	**0.15m** 이내
건조설비	**0.5m** 이상
보일러	**0.6m** 이상
난로 연통	**0.6m** 이상
음식 조리기구 반자	**0.6m** 이상
보일러(경유 · 등유)	수평거리 **1m** 이상

정답 ④

★
08 「소방기본법」상 소방기관의 설치에 대한 내용으로 옳지 않은 것은?

① 시 · 도에서 소방업무를 수행하기 위하여 시 · 도지사 직속으로 소방본부를 둔다.
② 시 · 도의 소방업무를 수행하는 소방기관의 설치에 필요한 사항은 행정안전부령으로 정한다.
③ 소방업무를 수행하는 소방본부장 또는 소방서장은 그 소재지를 관할하는 시 · 도지사의 지휘와 감독을 받는다.
④ 소방청장은 화재 예방 및 대형 재난 등 필요한 경우 시 · 도 소방본부장 및 소방서장을 지휘 · 감독할 수 있다.

> ② 행정안전부령 → 대통령령

소방기본법 3조
소방기관의 설치

(1) **시·도**의 화재 예방·경계·진압 및 조사, 소방안전교육·홍보와 화재, 재난·재해, 그 밖의 위급한 상황에서의 구조·구급 등의 업무를 수행하는 소방기관의 설치에 필요한 사항은 **대통령령**으로 정한다. [보기 ②]

(2) 소방업무를 수행하는 **소방본부장** 또는 **소방서장**은 그 소재지를 관할하는 **시·도지사**의 지휘와 감독을 받는다. [보기 ③]

(3) **소방청장**은 화재 예방 및 대형재난 등 필요한 경우 **시·도 소방본부장** 및 **소방서장**을 지휘·감독할 수 있다. [보기 ④]

(4) **시·도**에서 소방업무를 수행하기 위하여 **시·도지사 직속**으로 **소방본부**를 둔다. [보기 ①]

정답 ②

★★★

09 「소방기본법」상 소방관련 시설 등의 설립 또는 설치에 관한 법적 근거로 옳은 것은?

유사기출: 16년 충남, 14년 전북, 13년 경채, 12년 전북

① 소방체험관 : 대통령령
② 119 종합상황실 : 대통령령
③ 소방박물관 : 행정안전부령
④ 비상소화장치 : 시·도 조례

> ① 대통령령 → 시·도의 조례
> ② 대통령령 → 행정안전부령
> ④ 시·도 조례 → 행정안전부령

1. 시·도의 조례

(1) 소방체험관(소방기본법 5조) [보기 ①]
(2) 의용소방대의 설치(소방기본법 37조)
(3) 지정수량 미만의 위험물 취급(위험물관리법 4조)
(4) 위험물의 임시저장 취급기준(위험물관리법 5조)

2. 소방기본법 4조
119 종합상황실

(1) 설치·운영 : **소방청장·소방본부장·소방서장**
(2) 설치·운영에 관하여 필요한 사항 : **행정안전부령** [보기 ②]

(3) 설치 · 운영 목적 : 신속한 소방활동을 위한 정보의 수집 · 분석과 판단 · 전파, 상황관리, 현장지휘 및 조정 · 통제 등의 업무를 수행하기 위함

행정안전부령	대통령령
119 종합상황실의 설치 · 운영 (소방기본법 4조)	소방기관 설치 (소방기본법 3조)

3. 소방기본법 10조

소방용수시설과 비상소화장치의 설치기준 : **행정안전부령** 보기 ④

행정안전부령

(1) 119 종합상황실의 설치 · 운영에 관하여 필요한 사항(소방기본법 4조)
(2) 소방박물관 설립 · 운영(인력과 장비 등에 관한 기준)(소방기본법 5조) 보기 ③
(3) 소방력 기준(소방기본법 8조) 보기 ③
※ **소방력 :** 소방기간과 소방업무를 수행하는 데 필요한 인력과 장비
(4) 소방용수시설의 기준(소방기본법 10조)
(5) 소방대원의 소방교육 · 훈련 실시규정(소방기본법 17조)
(6) 소방신호의 종류와 방법(소방기본법 18조)
(7) 국고보조산정 기준가격(소방기본법 시행령 2조)
(8) 방염성능검사의 방법과 검사에 따른 합격표시(소방시설법 21조)

암기 **행박력 용기**

비교

대통령령

(1) 소방장비 등에 대한 국고보조 기준(국고보조 대상사업의 범위와 기준보조율)(소방기본법 9조)
(2) 불을 사용하는 설비의 관리사항 정하는 기준(화재예방법 17조)
(3) 특수가연물 저장 · 취급(화재예방법 17조)
(4) 방염성능 기준(소방시설법 20조)
(5) 건축허가 등의 동의대상물의 범위(소방시설법 6조)
(6) 소방시설관리업의 등록기준(소방시설법 29조)
(7) 소방시설업의 업종별 영업범위(소방시설공사업법 4조)
(8) 소방공사감리의 종류와 방법(소방시설공사업법 16조)
(9) 위험물의 정의(위험물관리법 2조)
(10) 탱크안전성능검사의 내용(위험물관리법 8조)
(11) 제조소 등의 안전관리자의 자격(위험물관리법 15조)

암기 **대국장 특방(대구 시장에서 특수 방한복 지급)**

정답 ③

★★
10 「소방기본법」 및 같은 법 시행령상 소방장비 등에 대한 국고보조의 내용으로 옳지 않은 것은?

유사기출 17년 경채

① 보조 대상사업의 범위와 기준보조율은 대통령령으로 정한다.
② 소방활동장비 및 설비의 종류와 규격은 행정안전부령으로 정한다.
③ 국가는 소방장비의 구입 등 시・도의 소방업무에 필요한 경비의 전부를 보조한다.
④ 국고보조 대상사업에 해당하는 소방활동장비로는 소방자동차, 소방헬리콥터 및 소방정 등이 있다.

③ 전부 → 일부

1. 소방기본법 9조
소방장비 등에 대한 국고보조
(1) **국가**는 소방장비의 구입 등 시・도의 소방업무에 필요한 경비의 **일부**를 보조한다. [보기 ③]
(2) 보조 대상사업의 범위와 기준보조율 : **대통령령** [보기 ①]

2. 소방기본법 8조, 소방기본법 시행령 2조
행정안전부령
(1) 소방기관이 소방업무를 수행하는 데 필요한 인력과 장비 등(소방력)에 관한 기준
(2) 소방활동장비 및 설비의 종류와 규격 [보기 ②]

3. 소방기본법 8조
법률

▌소방자동차 등 소방장비의 분류・표준화와 그 관리 등에 필요한 사항▐

도로교통법	법 률	보조금 관리에 관한 법률 시행령	국가재정법	민 법
① 소방자동차의 우선 통행(소방기본법 21조) ② 정차 또는 주차 금지(소방기본법 시행령 7조의12)	소방장비의 분류・표준화(소방기본법 8조)	국가보조대상사업의 기준보조율(소방기본법 시행령 2조)	위험물 매각(화재예방법 시행령 17조)	한국소방안전원 규정(소방기본법 40조)

4. 소방기본법 8조
시・도지사
관할구역의 소방력을 확충하기 위하여 필요한 계획을 수립하여 시행

중요

소방기본법 시행령 2조
국고보조

구 분	설 명
국고보조의 대상	① 소방활동장비와 설비의 구입 및 설치 ㉠ 소방자동차 보기 ④ ㉡ 소방 헬리콥터·소방정 보기 ④ ㉢ 소방전용 통신설비·전산설비 ㉣ 방화복 ② 소방관서용 청사
국고보조 대상사업의 기준보조율	「보조금관리에 관한 법률 시행령」에 따름

정답 ③

★★
11 「소방시설 설치 및 관리에 관한 법률 시행령」상 피난구조설비 중 공기호흡기를 설치해야 하는 특정소방대상물로 옳지 않은 것은?

유사기출 11년 서울

① 지하가 중 지하상가
② 운수시설 중 지하역사
③ 판매시설 중 대규모 점포
④ 호스릴이산화탄소소화설비를 설치하여야 하는 특정소방대상물

해설

④ 호스릴 → 호스릴 제외

NFPC 302 4조, NFTC 302 2.1.1.1
특정소방대상물의 용도 및 장소별로 설치해야 할 인명구조기구

특정소방대상물	인명구조기구의 종류	설치수량
7층 이상인 관광호텔 및 5층 이상인 병원(지하층 포함) 암기 **5병**(오병이어)	• **방열복** 또는 **방화복**(안전모, 보호장갑, 안전화 포함) • 공기호흡기 • **인공소생기**	각 **2개** 이상 비치할 것(단, 병원의 경우에는 인공소생기 설치 제외 가능)
• 문화 및 집회시설 중 수용인원 **100명** 이상의 영화상영관 • 대규모 점포 보기 ③ • **지하역사** 보기 ② • 지하상가 보기 ①	공기호흡기	층마다 **2개** 이상 비치할 것(단, 각 층마다 갖추어 두어야 할 공기호흡기 중 일부를 직원이 상주하는 인근 사무실에 갖추어 둘 수 있음)
이산화탄소소화설비(호스릴 이산화탄소 소화설비 제외)를 설치해야 하는 특정소방대상물 보기 ④	공기호흡기	이산화탄소소화설비가 설치된 장소의 출입구 외부 인근에 **1대** 이상 비치할 것

정답 ④

12 「소방시설 설치 및 관리에 관한 법률」상 청문 사유로 옳지 않은 것은?

유사기출 16년 경채

① 성능인증의 취소
② 전문기관의 지정취소 및 업무정지
③ 소방용품의 형식승인 취소 및 제품검사 중지
④ 소방기술사 자격의 취소 및 정지

해설

④ 소방기술사 → 소방시설관리사

소방시설법 49조
청문실시
(1) 소방시설관리사 **자격**의 **취소** 및 정지 [보기 ④]
(2) 소방시설관리업의 **등록취소** 및 영업정지
(3) 소방용품의 **형식승인 취소** 및 제품검사 중지 [보기 ③]
(4) **우수품질인증**의 **취소**
(5) 제품검사전문기관의 **지정취소** 및 업무정지 [보기 ②]
(6) 소방용품의 **성능인증 취소** [보기 ①]

정답 ④

13 「소방시설 설치 및 관리에 관한 법률」상 소방시설관리업의 등록을 반드시 취소하여야 하는 사유로 옳지 않은 것은?

유사기출 16년 경채

① 자체점검 등을 하지 아니한 경우
② 소방시설관리업자가 피성년후견인인 경우
③ 거짓이나 그 밖의 부정한 방법으로 등록한 경우
④ 다른 자에게 등록증이나 등록수첩을 빌려준 경우

해설

소방시설관리업의 등록결격사유(소방시설법 30조)	소방시설관리업의 등록취소(소방시설법 35조)
① **피성년후견인** [보기 ②] ② 금고 이상의 실형을 선고받고 그 집행이 끝나거나 집행이 면제된 날부터 2년이 지나지 아니한 사람 ③ 금고 이상의 형의 집행유예를 선고받고 그 **유예기간 중**에 있는 사람 ④ 관리업의 등록이 취소된 날부터 **2년**이 지나지 아니한 자	① 거짓, 그 밖의 **부정한 방법**으로 등록을 한 경우 [보기 ③] ② **등록 결격사유**에 해당하게 된 경우 ③ 다른 자에게 등록증 또는 등록수첩을 **빌려준** 경우 [보기 ④]

용어

피성년후견인 vs 피한정후견인

피성년후견인	피한정후견인
사무처리능력이 지속적으로 결여된 사람	사무처리능력이 부족한 사람

정답 ①

★★
14 「소방시설 설치 및 관리에 관한 법률 시행령」상 특정소방대상물 중 근린생활시설로 옳지 않은 것은?

유사기출 13년 전북

① 같은 건축물에 금융업소로 쓰는 바닥면적의 합계가 200m^{2}인 것
② 같은 건축물에 단란주점으로 쓰는 바닥면적의 합계가 300m^{2}인 것
③ 같은 건축물에 골프연습장으로 쓰는 바닥면적의 합계가 450m^{2}인 것
④ 같은 건축물에 미용원으로 쓰는 바닥면적의 합계가 800m^{2}인 것

② 단란주점 : 150m^2 미만

소방시설법 시행령 [별표 2]
근린생활시설

면 적	적용장소	
150m^2 미만	• 단란주점	
300m^2 미만	• 종교시설 • 비디오물 감상실업	• 공연장 • 비디오물 소극장업
500m^2 미만	• 탁구장 • 볼링장 • 금융업소 • 부동산 중개사무소 • 골프연습장	• 서점 • 체육도장 • 사무소 • 학원
1000m^2 미만	• 의약품 판매소 • 자동차영업소 • 일용품	• 의료기기 판매소 • 슈퍼마켓
전부	• 기원 • 의원 · 치과의원 · 한의원 · 침술원 · 접골원 · 이용원 • 휴게음식점 · 일반음식점 • 독서실 • 제과점 • 안마원(안마시술소 포함) • 조산원(산후조리원 포함)	

암기 종3(중세시대)
5탁볼 금부골 서체사학

정답 ②

★★
15 「소방시설 설치 및 관리에 관한 법률 시행령」상 성능위주설계를 하여야 하는 특정소방대상물로 옳은 것은? (단, 신축하는 것만 해당함)

11년 서울

① 높이 120m인 아파트
② 연면적 $20000m^2$인 철도역사
③ 연면적 $100000m^2$인 특정소방대상물(단, 아파트 등은 제외)
④ 하나의 건축물에 「영화 및 비디오물의 진흥에 관한 법률」 2조 ⑩호에 따른 영화상영관이 10개인 특정소방물

해설

① 아파트 → 아파트 제외
② $20000m^2$ → $30000m^2$ 이상
③ $100000m^2$ → $200000m^2$ 이상

소방시설법 시행령 9조
성능위주설계를 해야 하는 특정소방대상물의 범위
(1) 연면적 **$200000m^2$** 이상(단, 아파트 제외) 보기 ③
(2) 50층 이상(지하층 제외)이거나 지상으로부터 높이가 **200m** 이상인 아파트
(3) 30층 이상(지하층 포함)이거나 지상으로부터 높이가 120m 이상은 특정소방대상물(아파트 등 제외) 보기 ①
(4) 연면적 **$30000m^2$** 이상인 **철도** 및 **도시철도시설, 공항시설** 보기 ②
(5) 연면적 **$100000m^2$** 이상이거나 지하 2층 이하이고 지하층의 바닥면적의 합이 **$30000m^2$** 이상인 창고시설
(6) 하나의 건축물에 영화상영관이 **10개** 이상 보기 ④
(7) 지하연계 복합건축물에 해당하는 특정소방대상물
(8) 터널 중 수저터널 또는 길이가 **5000m** 이상인 것

중요

영화상영관 10개 이상 보기 ④	영화상영관 1000명 이상
성능위주설계 대상 (소방시설법 시행령 9조)	소방안전특별관리시설물 (화재예방법 40조)

정답 ④

★★
16

유사기출 15년 경채

「소방시설 설치 및 관리에 관한 법률 시행령」상 〈보기〉는 둘 이상의 특정소방대상물이 내화구조로 된 연결통로로 연결된 경우 이를 하나의 소방대상물로 보는 기준에 대한 설명이다. (　　) 안에 들어갈 내용으로 옳은 것은?

> • 벽이 없는 구조로서 그 길이가 (㉠) 이하인 경우
> • 벽이 있는 구조로서 그 길이가 (㉡) 이하인 경우. 단, 벽 높이가 바닥에서 천장까지의 높이의 (㉢) 이상인 경우에는 벽이 있는 구조로 보고, 벽 높이가 바닥에서 천장까지의 높이의 (㉢) 미만인 경우에는 벽이 없는 구조로 본다.

① ㉠ 6m, ㉡ 10m, ㉢ 2분의 1
② ㉠ 7m, ㉡ 12m, ㉢ 3분의 1
③ ㉠ 8m, ㉡ 10m, ㉢ 2분의 1
④ ㉠ 9m, ㉡ 12m, ㉢ 3분의 1

해설 **소방시설법 시행령 [별표 2]**
복도 또는 통로로 연결된 둘 이상의 특정소방대상물을 하나의 소방대상물로 보는 경우
(1) 내화구조로 된 연결통로가 다음에 해당되는 경우

벽이 없는 구조	벽이 있는 구조
길이가 **6m 이하**인 경우 보기 ㉠	길이가 **10m 이하**인 경우(단, 벽 높이가 바닥에서 천장까지의 높이의 $\frac{1}{2}$ **이상**인 경우에는 벽이 있는 구조로 보고, 벽 높이가 바닥에서 천장까지의 높이의 $\frac{1}{2}$ **미만**인 경우에는 벽이 없는 구조로 본다) 보기 ㉡, ㉢

(2) 내화구조가 아닌 연결통로로 연결된 경우
(3) **컨베이어**로 연결되거나 **플랜트설비**의 배관 등으로 연결되어 있는 경우
(4) 지하보도, 지하상가, 지하가로 연결된 경우
(5) 자동방화셔터 또는 60분+방화문이 설치되지 않은 **피트**로 연결된 경우
(6) **지하구**로 연결된 경우

정답 ①

★★
17

유사기출 14년 경채

「소방시설 설치 및 관리에 관한 법률 시행령」상 간이스프링클러를 설치해야 하는 특정소방대상물로 옳지 않은 것은?

① 한의원으로서 입원실이 있는 시설
② 교육연구시설 내에 합숙소로서 연면적 $100m^2$ 이상인 것
③ 숙박시설로서 해당 용도로 사용되는 바닥면적의 합계가 $300m^2$ 이상인 것
④ 건물을 임차하여 「출입국관리법」 52조 ②항에 따른 보호시설로 사용하는 부분

해설 **소방시설법 시행령 [별표 4]**
간이스프링클러설비의 설치대상

설치대상	조 건
교육연구시설 내 합숙소	• 연면적 100m^2 이상
노유자시설 · 정신의료기관 · 의료재활시설	• 창살설치 : 300m^2 미만 • 기타 : 300m^2 이상 600m^2 미만
숙박시설	• 바닥면적 합계 300m^2 이상 600m^2 미만
종합병원, 병원, 치과병원, 한방병원 및 요양병원(의료재활시설 제외)	• 바닥면적 합계 600m^2 미만
복합건축물	• 연면적 1000m^2 이상
근린생활시설	• 바닥면적 합계 1000m^2 이상은 전층 • **의원**, 치과의원 및 한의원으로서 **입원실이 있는 시설** • 조산원 및 산후조리원으로서 연면적 600m^2 미만인 시설
건물을 임차하여 보호시설로 사용하는 부분	• 전체

 ③

18

유사기출 16년 경채

「화재의 예방 및 안전관리에 관한 법률」상 소방안전 특별관리시설물로 옳지 않은 것은?

① 「위험물안전관리법」 2조 ①항 ③호의 제조소
② 「전통시장 및 상점가 육성을 위한 특별법」 2조 ①호의 전통시장으로서 대통령령으로 정하는 전통시장
③ 「영화 및 비디오물의 진흥에 관한 법률」 2조 ⑩호의 영화상영관 중 수용인원 1000명 이상인 영화상영관
④ 「문화재보호법」 2조 ③항의 지정문화재인 시설(시설이 아닌 지정문화재를 보호하거나 소장하고 있는 시설을 포함한다)

해설 **화재예방법 40조**
소방안전특별관리시설물의 안전관리

(1) **공항**시설
(2) **철도**시설
(3) **도시철도**시설
(4) **항만**시설
(5) 지정문화재인 시설(시설이 아닌 지정문화재를 보호하거나 소장하고 있는 시설 포함) 보기 ④
(6) 산업기술단지
(7) 산업단지
(8) 초고층 건축물 및 지하연계 복합건축물

(9) **영화상영관** 중 수용인원 **1000명** 이상인 영화상영관
(10) 전력용 및 통신용 지하구
(11) 석유비축시설
(12) 천연가스 인수기지 및 공급망
(13) 전통시장(**대통령령**으로 정하는 전통시장) 보기 ②

영화상영관 10개 이상	영화상영관 1000명 이상 보기 ③
성능위주설계 대상 (소방시설법 시행령 9조)	소방안전특별관리시설물 (화재예방법 40조)

정답 ①

★★★
19 「화재의 예방 및 안전관리에 관한 법률」 및 같은 법 시행령상 관리의 권원이 분리된 특정소방대상물로 옳지 않은 것은?

유사기출
15년 경채
13년 경채

경력경쟁채용 2021

① 높이 21m를 초과하는 건축물
② 복합건축물로서 연면적이 $30000m^2$ 이상인 것
③ 복합건축물로서 지하층을 제외한 층수가 11층 이상인 건축물
④ 지하가(지하의 인공구조물 안에 설치된 상점 및 사무실, 그 밖에 이와 비슷한 시설이 연속하여 지하도에 접하여 설치된 것과 그 지하도를 합한 것을 말한다)

화재예방법 35조, 화재예방법 시행령 35조
관리의 권원이 분리된 특정소방대상물
(1) 복합건축물(지하층을 제외한 **11층** 이상 또는 연면적 **$30000m^2$** 이상인 건축물)

지하층 포함	지하층 제외	아파트 제외
① 특급소방안전관리 대상물 (화재예방법 시행령 [별표 4]) ② 인명구조기구 설치대상 (소방시설법 시행령 [별표 4]) ③ 비상조명등 설치대상 (소방시설법 시행령 [별표 4]) ④ 상주공사감리 기준 (소방시설공사업법 시행령 [별표 3])	관리의 권원이 분리된 특정소방대상물의 소방안전관리 (화재예방법 35조)	방염성능기준 이상 (소방시설법 시행령 30조)

(2) **지하가**(지하의 인공구조물 안에 설치된 상점 및 사무실, 그 밖에 이와 비슷한 시설이 연속하여 지하도에 접하여 설치된 것과 그 지하도를 합한 것)

지하가	지하구
① 터널 ② 지하상가	지하의 케이블 통로 ① 건축허가 동의(소방시설법 시행령 7조) ② 자동화재탐지설비의 설치대상(소방시설법 시행령 [별표 4]) ③ 2급 소방안전관리대상물(화재예방법 시행령 [별표 4])

(3) **도매시장, 소매시장** 및 **전통시장**

정답 ①

★★
20 유사기출 16년 충남

「소방시설 설치 및 관리에 관한 법률」상 특정소방대상물별로 설치하여야 하는 소방시설의 정비 등에 대한 설명이다. (　　) 안에 들어갈 내용으로 옳은 것은?

- 9조 ①항에 따라 대통령령으로 소방시설을 정할 때에는 특정소방대상물의 (㉠) 등을 고려하여야 한다.
- 소방청장은 건축 환경 및 화재위험특성 변화사항을 효과적으로 반영할 수 있도록 소방시설 규정을 (㉡) 이상 정비하여야 한다.

① ㉠ 규모 · 용도 · 수용인원 및 이용자 특성, ㉡ 3년에 1회
② ㉠ 위치 · 구조 · 수용인원 및 이용자 특성, ㉡ 4년에 1회
③ ㉠ 규모 · 용도 및 가연물의 종류 및 양, ㉡ 5년에 1회
④ ㉠ 위치 · 구조 및 가연물의 종류 및 양, ㉡ 10년에 1회

해설 **소방시설법 14조**
특정소방대상물별로 설치하여야 하는 소방시설의 정비 등
(1) **대통령령**으로 소방시설을 정할 때에는 특정소방대상물의 **규모 · 용도 · 수용인원** 및 **이용자 특성** 등 고려 보기 ㉠
(2) **소방청장**은 건축 환경 및 화재위험특성 변화사항을 효과적으로 반영할 수 있도록 소방시설 규정을 **3년**에 **1회** 이상 정비 보기 ㉡
(3) **소방청장**은 건축 환경 및 화재위험특성 변화 추세를 체계적으로 연구하여 정비를 위한 개선방안 마련

중요

연구의 수행 등에 필요한 사항 : 행정안전부령

매 년	3년	5년
시행계획 수립 · 시행 (화재예방법 4조)	소방시설 규정 (소방시설법 14조)	기본계획 수립 · 시행 (화재예방법 4조)

정답 ①

MEMO

2020 공개경쟁채용 기출문제

맞은 문제수 [ ] / 틀린 문제수 [ ]

★★
01 「소방기본법」상 소방대의 생활안전활동으로 옳지 않은 것은?

유사기출 18년 경채

① 단전사고 시 비상전원 또는 조명 공급
② 소방시설 오작동 신고에 따른 조치 활동
③ 위해동물, 벌 등의 포획 및 퇴치 활동
④ 끼임, 고립 등에 따른 위험제거 및 구출 활동

해설 **소방기본법 16조의3**
생활안전활동

구 분	설 명
권한	① 소방**청장** ② 소방**본부장** ③ 소방**서장**
내용	① **붕**괴, 낙하 등이 우려되는 고드름, 나무, 위험구조물 등의 제거활동 ② **위**해동물, 벌 등의 포획 및 퇴치활동 **보기 ③** ③ **끼**임, 고립 등에 따른 위험제거 및 구출활동 **보기 ④** ④ **단**전사고 시 비상전원 또는 조명의 공급 **보기 ①** ⑤ 그 밖에 방치하면 급박해질 우려가 있는 위험을 예방하기 위한 활동

암기 **단붕위기**

비교

소방기본법 16조의2

구 분	설 명
권한	① **소방청장** ② **소방본부장** ③ **소방서장**
내용	① **산불**에 대한 **예방·진압** 등 지원활동 ② **자연재해**에 따른 **급수·배수** 및 **제설** 등 지원활동 ③ **집회·공연** 등 각종 행사 시 사고에 대비한 근접대기 등 지원활동 ④ 화재, 재난·재해로 인한 **피해복구** 지원활동 ⑤ 그 밖에 **행정안전부령**으로 정하는 활동

정답 ②

★★
02 유사기출 12년 전북

다음은 「소방기본법」상 소방업무에 관한 종합계획의 수립·시행 등에 대한 설명이다. ( ) 안에 들어갈 내용으로 옳은 것은?

> (㉠)는 화재, 재난·재해, 그 밖의 위급한 상황으로부터 국민의 생명·신체 및 재산을 보호하기 위하여 소방업무에 관한 종합계획을 (㉡)마다 수립·시행하여야 하고, 이에 필요한 재원을 확보하도록 노력하여야 한다.

① ㉠ 소방청장, ㉡ 3년
② ㉠ 소방청장, ㉡ 5년
③ ㉠ 행정안전부장관, ㉡ 3년
④ ㉠ 행정안전부장관, ㉡ 5년

소방기본법 6조
소방업무에 관한 종합계획의 수립·시행
(1) 권한 : **소방청장** [보기 ㉠]
(2) 시기 : **5년**마다 [보기 ㉡]

정답 ②

★★
03 유사기출 17년 경채

「화재의 예방 및 안전관리에 관한 법률 시행령」상 보일러 등의 위치·구조 및 관리와 화재예방을 위하여 불의 사용에 있어서 지켜야 하는 사항으로, 용접 또는 용단 작업장에서 지켜야 할 사항이다. ( ) 안에 들어갈 내용으로 옳은 것은? (단, 「산업안전보건법」 38조의 적용을 받는 사업장의 경우에는 적용하지 않는다)

> - 용접 또는 용단 작업장 주변 (㉠) 이내에 소화기를 갖추어 둘 것
> - 용접 또는 용단 작업장 주변 (㉡) 이내에는 가연물을 쌓아두거나 놓아두지 말 것. 단, 가연물의 제거가 곤란하여 방지포 등으로 방호조치를 한 경우는 제외한다.

① ㉠ 반경 5m, ㉡ 반경 10m
② ㉠ 반경 6m, ㉡ 반경 12m
③ ㉠ 직경 5m, ㉡ 직경 10m
④ ㉠ 직경 6m, ㉡ 직경 12m

화재예방법 시행령 [별표 1]
불꽃을 사용하는 용접·용단 기구
(1) 용접 또는 용단 작업장 주변 반경 **5m** 이내에 **소화기**를 갖추어 둘 것
(2) 용접 또는 용단 작업장 주변 반경 **10m** 이내에는 **가연물**을 쌓아두거나 놓아두지 말 것 (단, 가연물의 제거가 곤란하여 방지포 등으로 방호조치를 한 경우는 제외)

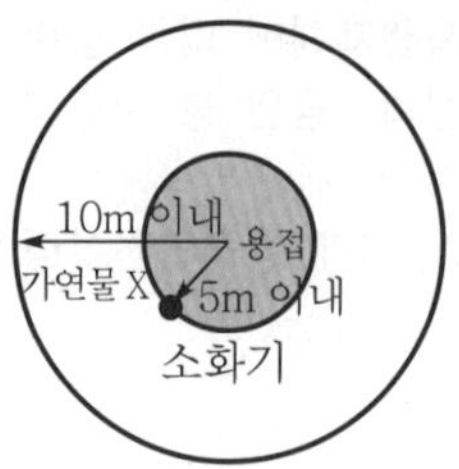

▌용접·용단 시 소화기, 가연물 이격거리▐

정답 ①

★★
04 「소방기본법」상 시 · 도지사가 소방활동에 필요하여 설치하고 유지 · 관리하는 소방용수시설로 옳지 않은 것은?

유사기출 11년 경채

① 소화전　　② 저수조
③ 급수탑　　④ 상수도소화용수설비

해설 **소방기본법 10조 ①항**
소방용수시설
(1) 종류 : **소화전 · 급수탑 · 저수조** [보기 ①, ②, ③]
(2) 기준 : **행정안전부령**
(3) 설치 · 유지 · 관리 : **시 · 도**(단, 「수도법」에 의한 소화전은 일반수도사업자가 관할 **소방서장**과 협의하여 설치)

정답 ④

★★
05 「소방기본법」상 소방대의 구성원으로 옳은 것은?

유사기출 11년 울산

㉠ 소방안전관리자	㉡ 의무소방원
㉢ 자체소방대원	㉣ 의용소방대원
㉤ 자위소방대원	

① ㉠, ㉢　　② ㉡, ㉣
③ ㉡, ㉤　　④ ㉢, ㉤

해설 **소방기본법 2조**
소방대
(1) 소방공무원
(2) 의무소방원 [보기 ㉡]
(3) 의용소방대원 [보기 ㉣]

암기 **의소대**

정답 ②

★
06 「소방시설 설치 및 관리에 관한 법률 시행령」상 피난구조설비로 옳지 않은 것은?

① 구조대　　② 방열복
③ 시각경보기　　④ 비상조명등

해설 ③ 경보설비

소방시설법 시행령 [별표 1]
피난구조설비

피난기구	인명구조기구	유도등
• 피난사다리 • 구조대 보기 ① • 완강기 • 화재안전기준으로 정하는 것 (피난교, 공기안전매트, 승강식 피난기, 다수인 피난장비, 미끄럼대)	• 방열부 보기 ② • 방화복(안전모, 보호장갑, 안전화 포함) • 공기호흡기 • 인공소생기 암기 방화열공인	• 피난유도선 • 피난구유도등 • 통로유도등 • 객석유도등 • 유도표지

• 비상조명등 · 휴대용 비상조명등 보기 ④

용어

소화활동설비
화재를 진압하거나 인명구조활동을 위하여 사용하는 설비

비교

소방시설법 시행령 [별표 1]
경보설비

(1) 비상경보설비 ─┬ 비상벨설비
　　　　　　　　 └ 자동식 사이렌설비
(2) 단독경보형 감지기
(3) 비상방송설비
(4) 누전경보기
(5) 자동화재탐지설비 및 시각경보기 보기 ③
(6) 자동화재속보설비
(7) 가스누설경보기
(8) 통합감시시설
(9) 화재알림설비(2023. 12. 1 시행)

정답 ③

★★
07 「소방시설공사업법 시행령」상 소방본부장 또는 소방서장의 소방시설공사 완공검사를 위한 현장확인 대상 특정소방대상물로 옳지 않은 것은?

유사기출 13년 경기

① 창고시설
② 스프링클러설비 등이 설치되는 특정소방대상물
③ 연면적 $10000m^2$ 이상이거나 11층 이상인 아파트
④ 가연성 가스를 제조·저장 또는 취급하는 시설 중 지상에 노출된 가연성 가스탱크의 저장용량 합계가 1000t 이상인 시설

③ 아파트 → 아파트 제외

소방시설공사업법 시행령 5조
완공검사를 위한 현장확인 대상 특정소방대상물의 범위

(1) 문화 및 집회시설, 종교시설, 판매시설, 노유자시설, 수련시설, 운동시설, 숙박시설, 창고시설, 지하상가 및 다중이용업소 [보기 ①]
(2) 다음의 설비가 설치되는 특정소방대상물
① 스프링클러설비 등 [보기 ②]
② 물분무등소화설비(호스릴방식 소화설비 제외)
(3) 연면적 **10000m²** 이상이거나 **11층** 이상인 특정소방대상물(아파트 제외) [보기 ③]
(4) 가연성 가스를 제조·저장 또는 취급하는 시설 중 지상에 노출된 가연성 가스탱크의 저장용량 합계가 **1000t** 이상인 시설 [보기 ④]

암기 **문종판 노수운 숙창상현가**

 ③

★★
08

「화재의 예방 및 안전관리에 관한 법률 시행령」상 소방안전관리보조자를 두어야 하는 특정소방대상물에 대한 설명이다. ( ) 안에 들어갈 용어로 옳은 것은?

- 「건축법 시행령」 [별표 1] ②호 가목에 따른 아파트 ((㉠) 세대 이상인 아파트만 해당한다)
- 아파트를 제외한 연면적이 (㉡) 이상인 특정소방대상물

① ㉠ 150, ㉡ $10000m^2$
② ㉠ 150, ㉡ $15000m^2$
③ ㉠ 300, ㉡ $10000m^2$
④ ㉠ 300, ㉡ $15000m^2$

화재예방법 시행령 [별표 5]
소방안전관리보조자 선임기준

선임대상물	선임기준	비 고
300세대 이상인 아파트 [보기 ㉠]	1명	초과되는 **300세대**마다 1명 이상 추가(소수점 이하 삭제)
연면적 **15000m²** 이상(아파트 제외) [보기 ㉡]	1명	초과되는 **15000m²**(특정소방대상물의 종합방재실에 자위소방대가 24시간 상시 근무하고 소방자동차 중 소방펌프차, 소방물탱크차, 소방화학차 또는 무인방수차를 운용하는 경우에는 **30000m²**)마다 1명 이상 추가(소수점 이하 삭제)

선임대상물	선임기준	비 고
① 공동주택 중 기숙사 ② 의료시설 ③ 노유자시설 ④ 수련시설 ⑤ 숙박시설(숙박시설로 사용되는 바닥면적의 합계가 **1500m² 미만**이고 관계인이 **24**시간 상시 근무하고 있는 숙박시설은 제외)	1명	해당 특정소방대상물이 소재하는 지역을 관할하는 소방서장이 야간이나 휴일에 해당 특정소방대상물이 이용되지 아니한다는 것을 확인한 경우에는 소방안전관리보조자를 선임하지 아니할 수 있음

중요

소방안전관리보조자 선임기준

아파트	아파트 제외
아파트 $= \dfrac{\text{세대수}}{300\text{세대}}$ (소수점 버림)	아파트 제외 $= \dfrac{\text{연면적}}{15000\text{m}^2}$ (소수점 버림)

정답 ④

★★
09 유사기출 17년 경채

「소방시설 설치 및 관리에 관한 법률 시행령」상 의료시설에 해당되는 특정소방대상물을 모두 고른 것은?

㉠ 노인의료복지시설	㉡ 정신의료기관
㉢ 마약진료소	㉣ 한방의원

① ㉠, ㉢ ② ㉠, ㉣
③ ㉡, ㉢ ④ ㉢, ㉣

소방시설법 시행령 [별표 2]
의료시설

구 분	종 류	
병원	• 종합병원 • 치과병원 • 요양병원	• 병원 • 한방병원
격리병원	• 전염병원	• 마약진료소 보기 ㉢
정신의료기관 보기 ㉡	–	
장애인 의료재활시설	–	

비교

(1) 재가장기요양병원 vs 요양병원

재가장기요양병원	요양병원
노유자시설	의료시설

(2) 의원 vs 병원

의 원	병 원
근린생활시설	의료시설

정답 ③

★★

10 유사기출 18년 경채

「소방시설 설치 및 관리에 관한 법률 시행령」상 특정소방대상물이 증축되는 경우 원칙적으로 소방시설기준 적용에 관한 설명으로 옳은 것은?

① 기존부분을 포함한 특정소방대상물의 전체에 대하여 증축 전 소방시설의 설치에 관한 대통령령 또는 화재안전기준을 적용하여야 한다.

② 기존부분은 증축 전에 적용되던 소방시설의 설치에 관한 대통령령 또는 화재안전기준을 적용하고 증축부분은 증축 당시의 소방시설의 설치에 관한 대통령령 또는 화재안전기준을 적용하여야 한다.

③ 증축부분은 증축 전에 적용되던 소방시설의 설치에 관한 대통령령 또는 화재안전기준을 적용하고 기존부분은 증축 당시의 소방시설의 설치에 관한 대통령령 또는 화재안전기준을 적용하여야 한다.

④ 기존부분을 포함한 특정소방대상물의 전체에 대하여 증축 당시의 소방시설의 설치에 관한 대통령령 또는 화재안전기준을 적용하여야 한다.

해설 **1. 소방시설법 시행령 15조**

특정소방대상물의 증축 또는 용도변경 시 소방시설기준 적용의 특례

증축되는 경우	**용도변경**되는 경우	① 특정소방대상물의 구조·설비가 화재연소 확대요인이 적어지거나 피난 또는 화재진압활동이 쉬워지도록 변경되는 경우 ② **용도변경**으로 가연물의 양이 줄어드는 경우
기존부분을 **포함**한 **특정소방대상물**의 **전체**에 대하여 증축 당시의 대통령령 또는 화재안전기준 적용 **보기 ④**	**용도변경**되는 **부분**에 대해서만 용도변경 당시의 소방시설 설치에 관한 대통령령 또는 화재안전기준 적용	**특정소방대상물 전체**에 대하여 용도변경 전의 소방시설 설치에 관한 대통령령 또는 화재안전기준 적용

비교

화재안전기준 적용 제외

(1) 기존부분과 증축부분이 **내화구조**로 된 **바닥**과 **벽**으로 구획된 경우
(2) 기존부분과 증축부분이 **60분 + 방화문**(자동방화셔터 포함)으로 구획되어 있는 경우
(3) 자동차생산공장 등 화재위험이 낮은 특정소방대상물 내부에 연면적 $33m^2$ 이하의 **직원휴게실**을 증축하는 경우
(4) 자동차생산공장 등 화재위험이 낮은 특정소방대상물에 캐노피(**3면 이상** 벽이 **없는** 구조)를 설치하는 경우

2. 소방시설법 시행령 15조

특정소방대상물 전체에 대하여 용도변경 전에 해당 특정소방대상물에 적용되던 소방시설의 설치에 관한 대통령령 또는 화재안전기준을 적용하는 경우

(1) 특정소방대상물의 구조·설비가 **화재연소 확대요인**이 적어지거나 피난 또는 화재진압활동이 쉬워지도록 변경되는 경우
(2) 용도변경으로 인하여 **천장·바닥·벽** 등에 고정되어 있는 가연성 물질의 양이 줄어드는 경우

정답 ④

★
11 「소방시설 설치 및 관리에 관한 법률 시행령」상 단독경보형 감지기를 설치하여야 하는 특정소방대상물의 기준으로 옳은 것은?

① 연면적 $400m^2$ 미만의 유치원
② 연면적 $600m^2$ 미만의 숙박시설
③ 수련시설 내에 있는 합숙소 또는 기숙사로서 연면적 $1000m^2$ 미만인 것
④ 교육연구시설 내에 있는 합숙소 또는 기숙사로서 연면적 $1000m^2$ 미만인 것

해설

② 해당 없음
③, ④ $1000m^2$ → $2000m^2$ 미만

소방시설법 시행령 [별표 4]
단독경보형 감지기의 설치대상

연면적	설치대상
$400m^2$ 미만	• 유치원 **보기 ①**
$2000m^2$ 미만	• 교육연구시설·수련시설 내에 있는 **합숙소** 또는 **기숙사**
모두 적용	• **100명** 미만 수련시설(숙박시설이 있는 것) • **연립주택** 및 **다세대주택**

정답 ①

★★★
12 「소방시설공사업법 시행령」상 하자보수 대상 소방시설 중 하자보수 보증기간이 다른 것은?

유사기출 23년 경채 19년 공채

① 비상조명등　　② 비상방송설비
③ 비상콘센트설비　　④ 무선통신보조설비

해설 **소방시설공사업법 시행령 6조**
소방시설공사의 하자보수 보증기간

보증기간	소방시설
2년	① 유도등 · 유도표시 · 피난기구 ② 비상조명등 · 비상경보설비 · 비상방송설비 보기 ①, ② ③ 무선통신보조설비 보기 ④ 암기 **유비 조경방 무피2**
3년	① 자동소화장치 ② 옥내 · 외 소화전설비 ③ 스프링클러설비 · 간이스프링클러설비 ④ 물분무등소화설비 · 상수도 소화용수설비 ⑤ 자동화재탐지설비 · 소화활동설비 보기 ③ 자동화재속보설비 ×

중요

물분무등소화설비 (소방시설법 시행령 [별표 1])	소화활동설비 (소방시설법 시행령 [별표 1])
(1) 분말소화설비 (2) 포소화설비 (3) 할론소화설비 (4) 이산화탄소소화설비 (5) 할로겐화합물 및 불활성 기체 소화설비 (6) 강화액소화설비 (7) 미분무소화설비 (8) 물분무소화설비 (9) 고체에어로졸 소화설비 암기 **분포할이 할강미고**	(1) 연**결송수관**설비 (2) 연**결살수**설비 (3) 연**소방지**설비 (4) 무**선통신보조**설비 (5) 제**연**설비 (6) 비**상콘센트**설비 암기 **3연 무제비콘**

정답 ③

★★
13 「소방시설공사업법」상 감리업자가 감리를 할 때 위반사항에 대하여 조치하여야 할 사항이다. ( ) 안에 들어갈 용어로 옳은 것은?

유사기출 11년 경채

감리업자는 감리를 할 때 소방시설공사가 설계도서나 화재안전기준에 맞지 아니할 때에는 (㉠)에게 알리고, (㉡)에게 그 공사의 시정 또는 보완 등을 요구하여야 한다.

① ㉠ 관계인, ㉡ 공사업자
② ㉠ 관계인, ㉡ 소방서장
③ ㉠ 소방본부장, ㉡ 공사업자
④ ㉠ 소방본부장, ㉡ 소방서장

해설 **소방시설공사업법 19조**
위반사항에 대한 조치
(1) 감리업자는 공사업자에게 **공사**의 **시정** 또는 **보완 요구**
(2) 공사업자가 요구 불이행 시 **행정안전부령**이 정하는 바에 따라 **소방본부장**이나 **소방서장**에게 보고
(3) 감리업자는 감리를 할 때 소방시설공사가 설계도서나 화재안전기준에 맞지 아니할 때에는 **관계인**에게 알리고, **공사업자**에게 그 공사의 시정 또는 보완 등을 요구하여야 한다. 보기 ㉠, ㉡

 정답 ①

★
14 「소방시설공사업법」상 공사의 도급에 관한 사항으로 옳지 않은 것은?

① 특정소방대상물의 관계인 또는 발주자는 소방시설공사 등을 도급할 때에는 해당 소방시설업자에게 도급하여야 한다.
② 공사업자가 도급받은 소방시설공사의 도급금액 중 그 공사(하도급한 공사를 포함한다)의 근로자에게 지급하여야 할 노임(勞賃)에 해당하는 금액은 압류할 수 없다.
③ 도급을 받은 자는 소방시설공사의 전부를 한 번만 제3자에게 하도급할 수 있다.
④ 도급을 받은 자가 해당 소방시설공사 등을 하도급할 때에는 행정안전부령으로 정하는 바에 따라 미리 관계인과 발주자에게 알려야 한다.

해설

③ 전부를 → 일부를

1. 소방시설공사업법 21조
소방시설공사 등의 도급
(1) 특정소방대상물의 **관계인** 또는 **발주자**는 소방시설공사 등을 도급할 때에는 해당 소방시설업자에게 도급하여야 한다. 보기 ①
(2) 소방시설공사는 다른 업종의 공사와 분리하여 도급하여야 한다(단, 공사의 성질상 또는 기술관리상 분리하여 도급하는 것이 곤란한 경우로서 **대통령령**으로 정하는 경우에는 다른 업종의 공사와 **분리**하지 **아니하고 도급**할 수 있다).

2. 소방시설공사업법 21조의2

임금에 대한 압류의 금지

(1) 공사업자가 도급받은 소방시설공사의 도급금액 중 그 공사(하도급한 공사를 포함한다)의 근로자에게 지급하여야 할 **임금**에 해당하는 금액은 **압류**할 수 **없다.** 보기 ②

(2) 임금에 해당하는 금액의 범위와 산정방법 : **대통령령**

3. 소방시설공사업법 22조

하도급의 제한

(1) 도급을 받은 자는 소방시설의 설계, 시공, 감리를 **제3자**에게 **하도급**할 수 **없다**(단, 시공의 경우에는 **대통령령**으로 정하는 바에 따라 도급받은 소방시설공사의 일부를 다른 공사업자에게 하도급할 수 있다).

(2) 하수급인은 하도급받은 소방시설공사를 제3자에게 다시 하도급할 수 없다.

4. 소방시설공사업법 21조의3

도급의 원칙

도급을 받은 자가 해당 소방시설공사 등을 하도급할 때에는 **행정안전부령**으로 정하는 바에 따라 미리 **관계인**과 **발주자**에게 알려야 한다. 하수급인을 변경하거나 하도급 계약을 해지할 때에도 또한 같다. 보기 ④

정답 ③

★★★

15 「소방시설공사업법」상 벌칙 중 1년 이하의 징역 또는 1천만원 이하의 벌금에 해당하는 자로 옳지 않은 것은?

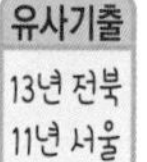

① 소방시설업 등록을 하지 아니하고 영업을 한 자
② 영업정지처분을 받고 그 영업정지기간에 영업을 한 자
③ 소방시설업자가 아닌 자에게 소방시설공사 등을 도급한 자
④ 공사감리 결과의 통보 또는 공사감리 결과보고서의 제출을 거짓으로 한 자

해설 **1년 이하의 징역 또는 1000만원 이하의 벌금**

(1) 소방시설의 **자체점검** 미실시자(소방시설법 58조)
(2) **소방시설관리사증** 대여(소방시설법 58조)
(3) **소방시설관리업**의 **등록증** 또는 등록수첩 **대여**(소방시설법 58조)
(4) **관계인**의 정당업무방해 또는 **비밀누설**(소방시설법 58조)

| 비밀누설 |

300만원 이하의 벌금	1000만원 이하의 벌금	1년 이하의 징역 또는 1000만원 이하의 벌금	3년 이하의 징역 또는 3000만원 이하의 벌금
• **화재예방안전진단 업무**수행 시 비밀누설(화재예방법 50조) • **한국소방안전원이 위탁받은 업무** 수행 시 비밀누설(화재예방법 50조) • **소방시설업의 감독 시** 비밀누설(소방시설공사업법 37조) • **성능위주설계평가단의 업무**수행 시 비밀누설(소방시설법 59조) • **한국소방산업기술원이 위탁받은 업무**수행 시 비밀누설(소방시설법 59조)	소방관서장, 시·도지사가 **위험물의 저장 또는 취급장소의 출입·검사 시** 비밀누설(위험물관리법 37조)	소방관서장, 시·도지사가 **사업체 또는 소방대상물 등의 감독 시** 비밀누설(소방시설법 58조)	**화재안전조사 업무수행 시** 비밀누설(화재예방법 50조)

(5) **제품검사** 합격표시 위조(소방시설법 58조)
(6) **성능인증** 합격표시 위조(소방시설법 58조)
(7) **우수품질 인증표시** 위조(소방시설법 58조)
(8) 제조소 등의 **정기점검** 기록 **허위 작성**(위험물관리법 35조)
(9) **자체소방대**를 두지 않고 제조소 등의 허가를 받은 자(위험물관리법 35조)
(10) **위험물 운반용기**의 검사를 받지 않고 유통시킨 자(위험물관리법 35조)
(11) 제조소 등의 긴급 사용정지 위반(위험물관리법 35조)
(12) 영업정지처분 위반자(소방시설공사업법 36조) **보기 ②**
(13) 거짓 감리자(소방시설공사업법 36조)
(14) 공사감리 결과 보고서 거짓제출 **보기 ④**
(15) 공사감리자 미지정자(소방시설공사업법 36조)
(16) **하도급자**(소방시설공사업법 36조)
(17) 소방시설업자가 아닌 자에게 공사 도급(소방시설공사업법 36조) **보기 ③**
(18) 소방시설공사업법의 명령에 따르지 않은 소방기술자(소방시설공사업법 36조)
(19) **소방시설 설계·시공·감리 하도급자**(소방시설공사업법 36조)

중요

소방시설법 57조
3년 이하 징역 또는 3000만원 이하 벌금
(1) 화재안전조사 결과에 따른 조치명령 위반(화재예방법 50조)
(2) 소방시설관리업 **무등록자**
(3) 소방시설업 **무등록자**(소방시설공사업법 35조) 보기 ①
(4) 형식승인을 받지 않은 **소방용품** 제조·수입자
(5) **제품검사**를 받지 않은 자
(6) **부정한 방법**으로 **전문기관**의 **지정**을 받은 자
(7) 방염대상물품 또는 **방염성능검사**에 대한 조치명령을 위반한 자
(8) 피난·방화시설, **방화구획**의 관리 **조치명령** 위반자
(9) 특정소방대상물의 소방시설이 화재안전기준에 따른 소방서장 등의 **조치명령**위반자

정답 ①

★★
16 「위험물안전관리법」상 위험물안전관리자의 선임 등에 관한 사항이다. ( ) 안에 들어갈 숫자로 옳은 것은?

유사기출 13년 간부

- 위험물안전관리자를 선임한 제조소 등의 관계인은 그 위험물안전관리자를 해임하거나 위험물안전관리자가 퇴직한 때에는 해임하거나 퇴직한 날부터 (㉠)일 이내에 다시 위험물안전관리자를 선임하여야 한다.
- 제조소 등의 관계인은 위험물안전관리자를 선임한 경우에는 선임한 날부터 (㉡)일 이내에 행정안전부령으로 정하는 바에 따라 소방본부장 또는 소방서장에게 신고하여야 한다.

① ㉠ 15, ㉡ 14
② ㉠ 15, ㉡ 30
③ ㉠ 30, ㉡ 14
④ ㉠ 30, ㉡ 30

해설 **14일**
(1) 방치된 위험물 공고기간(화재예방법 시행령 17조)
(2) 소방기술자 실무교육기관 휴·폐업 신고일(소방시설공사업법 시행규칙 34조)
(3) 제조소 등의 용도폐지 신고일(위험물관리법 11조)
(4) 위험물안전관리자의 선임신고일(위험물관리법 15조) 보기 ㉡
(5) 소방안전관리자의 선임신고일(화재예방법 26조)

암기 14제폐선신

비교

30일	14일
① 소방안전관리자 **선임** ② 위험물안전관리자 **선임** 보기 ㉠	① 소방안전관리자 **선임 신고** ② 위험물안전관리자 **선임 신고**

정답 ③

★★
17 「위험물안전관리법」상 벌칙기준이 다른 것은?

유사기출 13년 경기

① 제조소 등의 사용정지명령을 위반한 자
② 변경허가를 받지 아니하고 제조소 등을 변경한 자
③ 위험물의 저장 또는 취급에 관한 중요기준에 따르지 아니한 자
④ 위험물안전관리자 또는 그 대리자가 참여하지 아니한 상태에서 위험물을 취급한 자

해설

①, ②, ③ 1500만원 이하의 벌금
④ 1000만원 이하의 벌금

1. 위험물관리법 36조

1500만원 이하의 벌금

(1) 제조소 등의 **완공검사**를 받지 아니하고 위험물을 저장・취급한 자
(2) **안전관리자**를 **선임**하지 **아니한 관계인**으로서 규정에 따른 허가를 받은 자
(3) 변경허가를 받지 아니하고 제조소 등을 변경한 자 보기 ②
(4) 제조소 등의 사용정지명령을 위반한 자 보기 ①
(5) **위험물**의 **저장** 또는 **취급**에 관한 **중요기준** 위반 보기 ③

2. 위험물관리법 37조

1000만원 이하의 벌금

(1) 위험물의 **취급**에 관한 **안전관리**와 **감독**을 하지 아니한 자
(2) **위험물 운반**에 관한 **중요기준** 위반
(3) 위험물 저장・취급장소의 출입・검사 시 관계인의 정당업무 방해 또는 **비밀누설**
(4) 위험물 **운송규정**을 위반한 위험물운송자(무면허 위험물운송자)
(5) 위험물 안전관리자 또는 대리자가 미참석하고 위험물 취급 보기 ④

암기 **천운**

비교

1000만원 이하 벌금(위험물관리법 37조)	1500만원 이하 벌금(위험물관리법 36조)
위험물 **운반** 중요기준 위반	위험물 **저장・취급** 중요기준 위반

정답 ④

★★
18 「위험물안전관리법」상 위험물에 대한 정의이다. ( ) 안에 들어갈 용어로 옳은 것은?

'위험물'이라 함은 (㉠) 또는 (㉡) 등의 성질을 가지는 것으로서 (㉢)이 정하는 물품을 말한다.

① ㉠ 인화성, ㉡ 가연성, ㉢ 대통령령
② ㉠ 인화성, ㉡ 발화성, ㉢ 대통령령
③ ㉠ 휘발성, ㉡ 가연성, ㉢ 행정안전부령
④ ㉠ 인화성, ㉡ 휘발성, ㉢ 행정안전부령

해설 **위험물관리법 2조**
용어 정의

용 어	설 명
위험물	**인화성** 또는 **발화성** 등의 성질을 가지는 것으로서, **대통령령**이 정하는 물품 보기 ㉠, ㉡, ㉢
지정수량	위험물의 종류별로 위험성을 고려하여 **대통령령**이 정하는 수량으로서, 제조소 등의 설치허가 등에 있어서 **최저**의 기준이 되는 **수량**
제조소	위험물을 **제조**할 목적으로 **지정수량 이상**의 위험물을 취급하기 위하여 **시·도지사**의 **허가**를 받은 장소
저장소	지정수량 이상의 위험물을 **저장**하기 위한 **대통령령**이 정하는 장소로서, **시·도지사**의 **허가**를 받은 장소
취급소	지정수량 이상의 위험물을 **제조 외의 목적**으로 **취급**하기 위한 대통령령이 정하는 장소로서, **시·도지사**의 **허가**를 받은 장소
제조소 등	제조소·저장소·취급소

정답 ②

★
19 「위험물안전관리법」상 용어의 정의에 관한 내용으로 옳지 않은 것은?

① '취급소'라 함은 지정수량 이상의 위험물을 제조 외의 목적으로 취급하기 위한 대통령령이 정하는 장소로서, 「위험물안전관리법」에 따른 허가를 받은 장소를 말한다.
② '지정수량'이라 함은 위험물의 종류별로 위험성을 고려하여 대통령령이 정하는 수량으로서 제조소 등의 설치허가 등에 있어서 최대의 기준이 되는 수량을 말한다.
③ '제조소 등'이라 함은 제조소·저장소 및 취급소를 말한다.
④ '저장소'라 함은 지정수량 이상의 위험물을 저장하기 위하여 대통령령이 정하는 장소로서, 「위험물안전관리법」에 따른 허가를 받은 장소를 말한다.

② 최대 → 최저

위험물관리법 2조
용어 정의

용 어	설 명
지정수량	위험물의 종류별로 위험성을 고려하여 **대통령령**이 정하는 수량으로서, 제조소 등의 설치허가 등에 있어서 **최저**의 기준이 되는 **수량** 보기 ②
제조소	위험물을 **제조**할 목적으로 **지정수량 이상**의 위험물을 취급하기 위하여 **시·도지사**의 **허가**를 받은 장소
저장소	지정수량 이상의 위험물을 **저장**하기 위한 **대통령령**이 정하는 장소로서, **시·도지사**의 **허가**를 받은 장소 보기 ④
취급소	지정수량 이상의 위험물을 **제조 외의 목적**으로 **취급**하기 위한 대통령령이 정하는 장소로서, **시·도지사**의 **허가**를 받은 장소 보기 ①
제조소 등	제조소·저장소·취급소 보기 ③

 정답 ②

★ 20

「위험물안전관리법 시행규칙」상 위험물 제조소 등(이동탱크저장소를 제외한다)에 설치하는 경보설비로 옳지 않은 것은?

① 확성장치　　② 비상방송설비
③ 비상경보설비　　④ 통합감시시설

 해설

④ 해당 없음

위험물관리법 시행규칙 42조
경보설비의 기준

(1) 자동화재탐지설비
(2) 자동화재속보설비
(3) 확성장치(휴대용 확성기 포함) 보기 ①
(4) 비상경보설비(비상벨장치 또는 경종 포함) 보기 ③
(5) 비상방송설비 보기 ②

 정답 ④

2020 경력경쟁채용 기출문제

맞은 문제수 [ ] / 틀린 문제수 [ ]

★★
01 「소방기본법」 및 같은 법 시행령상 소방안전교육사와 관련된 규정의 내용으로 옳지 않은 것은?

유사기출 18년 경채 11년 간부

① 소방안전교육사는 소방안전교육의 기획·진행·분석·평가 및 교수업무를 수행한다.
② 금고 이상의 형의 집행유예를 선고받고 그 유예기간 중에 있는 사람은 소방안전교육사가 될 수 없다.
③ 초등학교 등 교육기관에는 소방안전교육사를 1명 이상 배치하여야 한다.
④ 「유아교육법」에 따라 교원의 자격을 취득한 사람은 소방안전교육사 시험에 응시할 수 있다.

해설

③ 초등학교는 배치의무 없음

1. 소방기본법 17조의2
소방안전교육사 : 소방청장이 설치

중요

(1) **소방안전교육사의 수행업무**(소방기본법 17조의2 ②항) 보기 ①
① 소방안전교육의 기획
② 소방안전교육의 진행
③ 소방안전교육의 분석
④ 소방안전교육의 평가
⑤ 소방안전교육의 교수업무

암기 **기진 분평교**

(2) **소방안전교육사의 배치대상별 배치기준**(소방기본법 시행령 [별표 2의3]) 보기 ③

배치대상	배치기준
소방서	• **1명** 이상
한국소방안전원	• 시·도지부 : **1명** 이상 • 본회 : **2명** 이상
소방본부	• **2명** 이상
소방청	• **2명** 이상
한국소방산업기술원	• **2명** 이상

암기 서 1
안원 1
본 2
청 2
기원 2

2. 소방기본법 17조의3
소방안전교육사의 결격사유

(1) 피성년후견인
(2) 금고 이상의 실형을 선고받고 그 집행이 끝나거나(집행이 끝난 것으로 보는 경우 포함) 집행이 면제된 날부터 **2년**이 지나지 아니한 사람
(3) 금고 이상의 형의 집행유예를 선고받고 그 **유예기간** 중에 있는 사람 **보기 ②**
(4) 법원의 판결 또는 다른 법률에 따라 자격이 정지되거나 상실된 사람

3. 소방기본법 시행령 [별표 2의2]
소방안전교육사 시험의 응시자격

자 격	경력 또는 학점	비 고
안전관리분야 기사	**1년**	
간호사	**1년**	
1급 응급구조사	**1년**	
1급 소방안전관리자	**1년**	
소방안전관리 실무경력	**1년**	
어린이집의 원장 또는 보육교사	**3년**	
안전관리분야 산업기사	**3년**	
2급 응급구조사	**3년**	
2급 소방안전관리자	**3년**	
의용소방대원	**5년**	
소방공무원	**3년**	중앙소방학교・지방소방학교에서 **2주** 이상 전문교육도 해당
교원 **보기 ④**	경력 필요 없음	
소방안전교육 관련 교과목 (응급구조학과, 교육학과, 소방관련학과 전공과목)	**6학점**	대학 또는 학습과정평가인정 교육훈련기관
안전관리분야 기술자	경력 필요 없음	
소방시설관리사	경력 필요 없음	
특급 소방안전관리자	경력 필요 없음	
위험물기능장	경력 필요 없음	

정답 ③

★★
02 「소방기본법」상 소방자동차가 화재진압을 위하여 출동하는 경우 소방자동차의 우선 통행에 관한 내용으로 옳지 않은 것은?

유사기출 15년 전북

① 모든 차와 사람은 소방자동차가 화재진압을 위하여 출동을 할 때에는 이를 방해하여서는 아니 된다.
② 소방자동차가 화재진압을 위하여 출동하거나 훈련을 위하여 필요할 때에는 사이렌을 사용할 수 있다.
③ 모든 차와 사람은 소방자동차가 화재진압을 위하여 사이렌을 사용하여 출동하는 경우에는 소방자동차에 진로를 양보하지 아니하는 행위를 하여서는 아니 된다.
④ 모든 차와 사람은 소방자동차가 화재진압을 위하여 사이렌을 사용하여 출동하는 경우 소방자동차의 우선 통행에 관하여는 「교통안전법」에서 정하는 바에 따른다.

해설

③ 교통안전법 → 도로교통법

소방자동차의 우선통행(소방기본법 21조)	소방대의 긴급통행(소방기본법 22조)
(1) **모든 차**와 **사람**은 소방자동차(지휘를 위한 자동차와 구조·구급차 **포함**)가 화재진압 및 구조·구급 활동을 위하여 출동할 때 **방해 금지** 보기 ① (2) 소방자동차가 화재진압 및 구조·구급 활동을 위하여 출동하거나 훈련을 위하여 필요할 때에는 **사이렌** 사용 가능 보기 ② (3) 모든 차와 사람이 소방자동차가 화재진압 및 구조·구급 활동을 위하여 사이렌을 사용하여 출동하는 경우 금지사항 보기 ③ ① 소방자동차에 **진로**를 **양보**하지 아니하는 행위 ② 소방자동차 앞에 **끼어들거나** 소방자동차를 **가로막는** 행위 ③ 그 밖에 소방자동차의 출동에 지장을 주는 행위 ④ 소방자동차의 우선 통행에 관하여는 「**도로교통법**」에서 정하는 바에 따름 보기 ④	소방대는 화재, 재난·재해, 그 밖의 위급한 상황이 발생한 현장에 신속하게 출동하기 위하여 긴급할 때에는 일반적인 통행에 쓰이지 아니하는 **도로·빈터** 또는 **물 위**로 통행 가능

정답 ④

★★
03 「소방기본법 시행령」상 소방장비 등 국고보조 대상사업의 범위에 해당하지 않는 것은?

유사기출 17년 경채

① 소방자동차 구입
② 소방용수시설 설치
③ 소방헬리콥터 및 소방정 구입
④ 소방전용 통신설비 및 전산설비 설치

소방기본법 시행령 2조

국고보조

구 분	설 명
국고보조의 대상	① 소방활동장비와 설비의 구입 및 설치 ㉠ 소방자동차 보기 ① ㉡ 소방헬리콥터 · 소방정 보기 ③ ㉢ 소방전용 통신설비 · 전산설비 보기 ④ ㉣ 방화복 등 소방활동에 필요한 소방장비 ② 소방관서용 청사
국고보조 대상사업의 기준보조율	「보조금관리에 관한 법률 시행령」에 따름

정답 ②

★★ 04 유사기출 12년 경채

「화재의 예방 및 안전관리에 관한 법률 시행령」상 일반음식점에서 조리를 위하여 불을 사용하는 설비를 설치할 때 지켜야 할 사항으로 옳지 않은 것은?

① 주방시설에는 동물 또는 식물의 기름을 제거할 수 있는 필터 등을 설치할 것

② 열을 발생하는 조리기구는 반자 또는 선반으로부터 0.5m 이상 떨어지게 할 것

③ 주방설비에 부속된 배출덕트는 0.5mm 이상의 아연 도금강판 또는 이와 동등 이상의 내식성 불연재료로 설치할 것

④ 열을 발생하는 조리기구로부터 0.15m 이내의 거리에 있는 가연성 주요 구조부는 단열성이 있는 불연재료로 덮어씌울 것

② 0.5m 이상 → 0.6m 이상

화재예방법 시행령 [별표 1]

음식조리를 위하여 설치하는 설비

(1) 주방설비에 부속된 배출덕트는 **0.5mm 이상**의 아연 도금강판 또는 이와 동등 이상의 **내식성 불연재료**로 설치 보기 ③

(2) 열을 발생하는 조리기구로부터 **0.15m 이내**의 거리에 있는 가연성 주요 구조부는 **석면판** 또는 **단열성**이 있는 **불연재료**로 덮어씌울 것 보기 ④

(3) 주방시설에는 **동물** 또는 **식물**의 기름을 제거할 수 있는 **필터** 등을 설치 보기 ①

(4) 열을 발생하는 조리기구는 반자 또는 선반으로부터 **0.6m 이상** 떨어지게 할 것 보기 ②

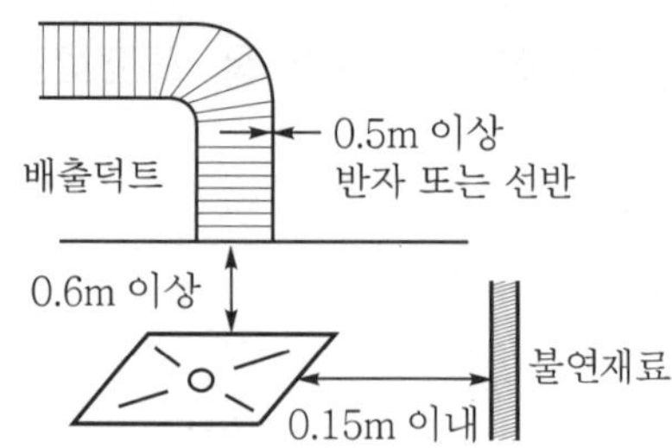

정답 ②

★★★

05 「화재의 예방 및 안전관리에 관한 법률 시행령」상 화재가 발생하는 경우 불길이 빠르게 번지는 고무류 · 면화류 등 대통령령으로 정하는 특수가연물의 저장 및 취급 기준 중 다음 (   ) 안에 들어갈 숫자로 옳은 것은? (단, 석탄 · 목탄류의 경우는 제외한다)

유사기출
23년 공채
23년 경채
18년 경채
17년 공채
12년 전북
11년 부산

> 살수설비를 설치하거나 방사능력 범위에 해당 특수가연물이 포함되도록 대형 수동식 소화기를 설치하는 경우에는 쌓는 높이를 (㉠)m 이하, 쌓는 부분의 바닥면적을 (㉡)m^2 이하로 할 수 있다.

① ㉠ 10, ㉡ 200　　② ㉠ 10, ㉡ 300
③ ㉠ 15, ㉡ 200　　④ ㉠ 15, ㉡ 300

해설 **화재예방법 시행령 [별표 3]**
특수가연물의 저장 및 취급의 기준

(1) 특수가연물을 저장 또는 취급하는 장소에는 **품명**, **최대저장수량**, **단위부피당 질량** 또는 **단위체적당 질량**, **관리책임자 성명 · 직책**, **연락처** 및 **화기취급의 금지표시**가 **포함**된 특수가연물 표지 설치

(2) 쌓아 저장하는 기준(단, 석탄 · 목탄류를 발전용으로 저장하는 것 제외)

① **품명별**로 구분하여 쌓을 것

② 쌓는 높이는 **10m** 이하가 되도록 하고, 쌓는 부분의 바닥면적은 **50m^2**(석탄 · 목탄류는 **200m^2**) 이하가 되도록 할 것(단, 살수설비를 설치하거나 방사능력 범위에 해당 특수가연물이 포함되도록 대형 수동식 소화기를 설치하는 경우에는 쌓는 높이를 **15m** 이하, 쌓는 부분의 바닥면적을 **200m^2**(석탄 · 목탄류는 **300m^2**) 이하로 할 수 있다) **보기 ㉠, ㉡**

③ 쌓는 부분의 바닥면적 사이는 실내의 경우 **1.2m** 또는 **쌓는 높이**의 $\frac{1}{2}$ 중 **큰 값**(실외 **3m** 또는 **쌓는 높이** 중 **큰 값**) 이상으로 간격을 둘 것

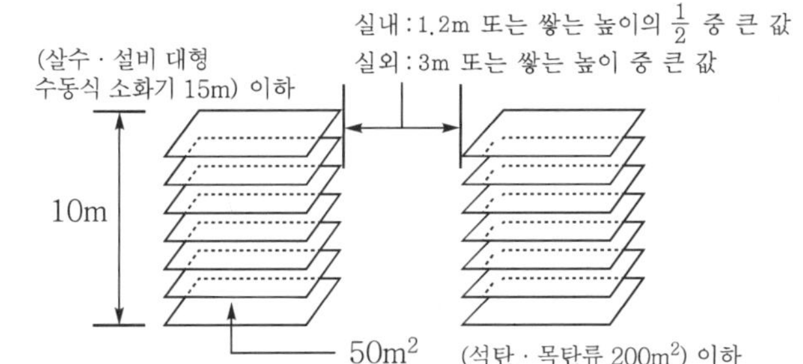

▌살수 · 설비 대형 수동식 소화기 200m^2(석탄 · 목탄류 300m^2) 이하▐

정답 ③

2020 경력경쟁채용

★★
06 유사기출 17년 경채

「소방기본법」상 강제처분과 위험시설 등에 대한 긴급조치에 관한 내용으로 옳지 않은 것은?

① 소방본부장, 소방서장 또는 소방대장은 사람을 구출하거나 불이 번지는 것을 막기 위하여 필요할 때에는 화재가 발생하거나 불이 번질 우려가 있는 소방대상물 및 토지를 일시적으로 사용하거나 그 사용의 제한 또는 소방활동에 필요한 처분을 할 수 있다.

② 소방본부장, 소방서장 또는 소방대장은 화재 진압 등 소방활동을 위하여 필요할 때에는 소방용수 외에 댐・저수지 또는 수영장 등의 물을 사용하거나 수도(水道)의 개폐장치 등을 조작할 수 있다.

③ 시・도지사는 소방활동에 방해가 되는 주차 또는 정차된 차량의 제거나 이동을 위하여 견인차량과 인력 등을 지원한 자에게 시・도의 조례로 정하는 바에 따라 비용을 지급할 수 있다.

④ 시・도지사는 화재 발생을 막거나 폭발 등으로 화재가 확대되는 것을 막기 위하여 가스・전기 또는 유류 등의 시설에 대하여 위험물질의 공급을 차단하는 등 필요한 조치를 할 수 있다.

해설

1. 소방기본법 25조 ①항

강제처분 등

(1) **소방본부장**, **소방서장** 또는 **소방대장**은 사람을 구출하거나 불이 번지는 것을 막기 위하여 필요할 때에는 화재가 발생하거나 불이 번질 우려가 있는 **소방대상물** 및 **토지**를 일시적으로 **사용**하거나 그 사용의 제한 또는 소방활동에 필요한 **처분**을 할 수 있다. 보기 ①

(2) **소방본부장**, **소방서장** 또는 **소방대장**은 소방활동에 방해가 되는 주차 또는 정차된 차량의 제거나 이동을 위하여 관할 지방자치단체 등 관련 기관에 견인차량과 인력 등에 대한 지원을 요청할 수 있고, 요청을 받은 관련 기관의 장은 정당한 사유가 없으면 이에 협조하여야 한다. 보기 ③

2. 소방기본법 27조 ①항

위험시설 등에 대한 긴급조치

소방본부장, **소방서장** 또는 **소방대장**은 화재진압 등 소방활동을 위하여 필요할 때에는 소방용수 외에 **댐・저수지** 또는 **수영장**의 물을 사용하거나 **수도**의 개폐장치 등을 조작할 수 있다. 보기 ②

3. 소방기본법 27조 ②항

위험시설 등에 대한 긴급조치

소방본부장, **소방서장** 또는 **소방대장**은 화재 발생을 막거나 폭발 등으로 화재가 확대되는 것을 막기 위하여 가스・전기 또는 유류 등의 시설에 대하여 **위험물질**의 공급을 **차단**하는 등의 필요한 조치를 할 수 있다. 보기 ④

정답 ④

★★
07 「화재의 예방 및 안전관리에 관한 법률」상 화재예방강화지구로 지정할 수 있는 대상을 모두 고른 것은?

유사기출 12년 간부

> ㉠ 시장지역
> ㉡ 목조건물이 밀집한 지역
> ㉢ 위험물의 저장 및 처리 시설이 밀접한 지역
> ㉣ 석유화학제품을 생산하는 공장이 있는 지역

① ㉠, ㉡
② ㉢, ㉣
③ ㉠, ㉢, ㉣
④ ㉠, ㉡, ㉢, ㉣

해설

화재예방강화지구의 지정(화재예방법 18조)	화재로 오인할 만한 불을 피우거나 연막소독 시 신고지역(소방기본법 19조)
① **시장**지역 보기 ㉠ ② **공장·창고** 등이 밀집한 지역 ③ **목조건물**이 밀집한 지역 보기 ㉡ ④ 노후·불량 건축물이 밀집한 지역 ⑤ **위험물**의 **저장** 및 **처리시설**이 **밀집**한 지역 보기 ㉢ ⑥ **석유화학제품**을 **생산**하는 공장이 있는 지역 보기 ㉣ ⑦ 「산업입지 및 개발에 관한 법률」에 따른 **산업단지** ⑧ **소방시설·소방용수시설** 또는 **소방출동로**가 **없는** 지역 ⑨ 「물류시설의 개발 및 운영에 관한 법률」에 따른 **물류단지** ⑩ **소방청장**, **소방본부장** 또는 **소방서장**(소방관서장)이 화재예방강화지구로 지정할 필요가 있다고 인정하는 지역	① **시장**지역 ② **공장·창고**가 밀집한 지역 ③ **목조건물**이 밀집한 지역 ④ **위험물**의 **저장** 및 **처리시설**이 밀집한 지역 ⑤ **석유화학제품**을 **생산**하는 공장이 있는 지역 ⑥ 그 밖에 **시·도**의 **조례**로 정하는 지역 또는 장소

중요

(1) **화재예방강화지구**(화재예방법 18조)
① 지정 : **시 · 도지사**
② **화재안전조사** : **소방청장 · 소방본부장** 또는 **소방서장**(소방관서장)
※ **화재예방강화지구** : 화재 발생 우려가 크거나 화재가 발생할 경우 피해가 클 것으로 예상되는 지역에 대하여 화재의 예방 및 안전관리를 강화하기 위해 지정 · 관리하는 지역

(2) **화재예방강화지구 안의 화재안전조사 · 소방훈련 및 교육**(화재예방법 시행령 20조)
① 실시자 : **소방본부장 · 소방서장**
② 횟수 : **연 1회** 이상
③ 훈련 · 교육 : **10일 전** 통보

정답 ④

★★
08 「소방기본법」상 소방지원활동으로 옳지 않은 것은?

유사기출 17년 경채

① 붕괴, 낙하 등이 우려되는 고드름 등의 제거활동
② 화재, 재난 · 재해로 인한 피해복구 지원활동
③ 자연재해에 따른 급수 · 배수 및 제설 등 지원활동
④ 집회 · 공연 등 각종 행사 시 사고에 대비한 근접대기 등 지원활동

해설 **소방기본법 16조의2**
소방지원활동 : 소방청장 · 소방본부장 · 소방서장
(1) 소방지원활동 사항
① **산불**에 대한 **예방 · 진압** 등 지원활동
② **자연재해**에 따른 **급수 · 배수** 및 **제설** 등 지원활동 보기 ③
③ **집회 · 공연** 등 각종 행사 시 사고에 대비한 근접대기 등 지원활동 보기 ④
④ 화재, 재난 · 재해로 인한 **피해복구** 지원활동 보기 ②
⑤ 그 밖에 **행정안전부령**으로 정하는 활동
(2) 소방지원활동은 소방활동 수행에 지장을 주지 아니하는 범위에서 할 수 있다.
(3) 유관기관 · 단체 등의 요청에 따른 소방지원활동에 드는 비용은 지원요청을 한 유관기관 · 단체 등에게 부담하게 할 수 있다(단, **부담금액** 및 **부담방법**에 관하여는 지원요청을 한 유관기관 · 단체 등과 협의하여 결정).

비교

소방기본법 16조의3

생활안전활동

구 분	설 명
권한	① 소방**청장** ② 소방**본부장** ③ 소방**서장**
내용	① 붕괴, 낙하 등이 우려되는 **고드름**, 나무, 위험구조물 등의 제거활동 보기 ① ② **위해동물**, **벌** 등의 포획 및 퇴치활동 ③ **끼임**, **고립** 등에 따른 위험제거 및 구출활동 ④ **단전사고 시 비상전원** 또는 **조명**의 공급 ⑤ 그 밖에 방치하면 급박해질 우려가 있는 위험을 예방하기 위한 활동

정답 ①

★ 09 「소방기본법」상 소방력의 동원에 대한 설명이다. (   ) 안에 들어갈 용어로 옳은 것은?

(㉠)은/는 해당 시 · 도의 소방력만으로는 소방활동을 효율적으로 수행하기 어려운 화재, 재난 · 재해, 그 밖의 구조 · 구급이 필요한 상황이 발생하거나 특별히 국가적 차원에서 소방활동을 수행할 필요가 인정될 때에는 각 (㉡)에게 행정안전부령으로 정하는 바에 따라 소방력을 동원할 것을 요청할 수 있다.

① ㉠ 소방청장, ㉡ 시 · 도지사
② ㉠ 소방청장, ㉡ 소방본부장
③ ㉠ 시 · 도지사, ㉡ 시 · 도지사
④ ㉠ 시 · 도지사, ㉡ 소방본부장

해설 **소방기본법 11조의2**

소방력의 동원

소방청장은 해당 시 · 도의 소방력만으로는 소방활동을 효율적으로 수행하기 어려운 화재, 재난 · 재해, 그 밖의 구조 · 구급이 필요한 상황이 발생하거나 특별히 국가적 차원에서 소방활동을 수행할 필요가 인정될 때에는 각 **시 · 도지사**에게 **행정안전부령**으로 정하는 바에 따라 소방력을 동원할 것을 요청할 수 있다. 보기 ㉠, ㉡

정답 ①

★★
10 「소방기본법」상 '소방대장'에 대한 용어의 뜻으로 옳은 것은?

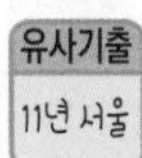

① 소방대상물의 소유자・관리자 또는 점유자
② 소방본부장 또는 소방서장 등 화재, 재난・재해, 그 밖의 위급한 상황이 발생한 현장에서 소방대를 지휘하는 사람
③ 화재를 진압하고 화재, 재난・재해, 그 밖의 위급한 상황에서 구조・구급 활동 등을 하기 위하여 소방공무원, 의무소방원, 의용소방대원으로 구성된 조직체
④ 특별시・광역시・특별자치시・도 또는 특별자치도에서 화재의 예방・경계・진압・조사 및 구조・구급 등의 업무를 담당하는 부서의 장

① 관계인
② 소방대장
③ 소방대
④ 소방본부장

소방기본법 2조

용 어	정 의
관계인 보기 ①	**소유자**, **관리자** 또는 **점유자**
소방대장 보기 ②	**소방본부장** 또는 **소방서장** 등 화재, 재난・재해, 그 밖의 위급한 상황이 발생한 현장에서 소방대를 지휘하는 사람
소방본부장 보기 ④	특별시・광역시・특별자치시・도 또는 특별자치도(**'시・도'**라 한다)에서 화재의 예방・경계・진압・조사 및 구조・구급 등의 업무를 담당하는 **부서**의 **장**
관계지역	**소방대상물**이 있는 **장소** 및 **이웃 지역**으로서 화재의 예방・경계・진압, 구조・구급 등의 활동에 필요한 지역
소방대 보기 ③	화재를 진압하고 화재, 재난・재해, 그 밖의 위급한 상황에서 구조・구급 활동 등을 하기 위하여 **소방공무원**, **의무소방원**, **의용소방대원**으로 구성된 조직체
소방대상물	**건축물**, **차량**, **선박**(항구에 매어둔 선박), **선박건조구조물**, **산림**, 그 밖의 **인공구조물** 또는 **물건**

정답 ②

★★
11

유사기출 15년 경기

「화재의 예방 및 안전관리에 관한 법률」상 특정소방대상물(소방안전관리대상물은 제외한다) 관계인의 업무로 옳지 않은 것은?

① 소방계획서의 작성 및 시행
② 화기(火氣) 취급의 감독
③ 소방시설이나 그 밖의 소방 관련 시설의 유지·관리
④ 피난시설, 방화구획 및 방화시설의 유지·관리

해설

① 소방안전관리자의 업무

화재예방법 24조 ⑤항
관계인 및 소방안전관리자의 업무

특정소방대상물(관계인)	소방안전관리대상물(소방안전관리자)
① 피난시설·방화구획 및 방화시설의 관리 ② 소방시설, 그 밖의 소방 관련 시설의 관리 ③ **화기취급**의 감독 ④ 소방안전관리에 필요한 업무 ⑤ 화재발생 시 초기대응	① 피난시설·방화구획 및 방화시설의 관리 ② 소방시설, 그 밖의 소방 관련 시설의 관리 ③ **화기취급**의 감독 ④ 소방안전관리에 필요한 업무 ⑤ **소방계획서**의 작성 및 시행(대통령령으로 정하는 사항 포함) ⑥ **자위소방대** 및 **초기대응체계**의 구성·운영·교육 ⑦ 소방훈련 및 교육 ⑧ 소방안전관리에 관한 업무수행에 관한 기록·유지 ⑨ 화재발생 시 초기대응

용어

소방안전관리대상물	특정소방대상물	소방대상물
① 대통령령으로 정하는 특정소방대상물 ② 소방안전관리자를 배치해야 하는 건물	① 건축물 등의 규모·용도 및 수용인원 등을 고려하여 **소방시설**을 설치하여야 하는 소방대상물로서 **대통령령**으로 정하는 것 ② 소방시설이 설치되어 있는 건물	소방차가 출동해서 불을 끌 수 있는 것

정답 ①

★★
12

유사기출 11년 서울

「소방시설 설치 및 관리에 관한 법률 시행령」상 성능위주설계를 하여야 하는 특정소방대상물의 범위에 해당되는 것은? (단, 신축하는 것만 해당한다)

① 연면적 300000m^2의 아파트
② 연면적 25000m^2의 철도시설
③ 지하층을 포함한 층수가 30층인 복합건축물
④ 연면적 30000m^2, 높이 90m, 지하층 포함 25층인 종합병원

① 아파트 → 아파트 제외
② $25000m^2$ → $30000m^2$ 이상
④ $30000m^2$ → $200000m^2$, 90m → 120m 이상, 25층 → 30층 이상

소방시설법 시행령 9조
성능위주설계를 해야 할 특정소방대상물의 범위
(1) 연면적 **$200000m^2$** 이상인 특정소방대상물(아파트 등 제외)
(2) **지하층 포함 30층** 이상 또는 높이 **120m** 이상 특정소방대상물(아파트 등 제외) 보기 ④
(3) 지하층 제외 **50층** 이상 또는 높이 **200m** 이상 아파트 보기 ③
(4) 연면적 **$30000m^2$** 이상인 **철도 및 도시철도 시설, 공항시설** 보기 ①
(5) 하나의 건축물에 관련법에 따른 **영화상영관**이 **10개** 이상인 특정소방대상물 보기 ②
(6) 지하연계 복합건축물에 해당하는 특정소방대상물
(7) 창고시설 중 연면적 **$100000m^2$** 이상인 것 또는 **지하 2개 층** 이상이고 지하층의 바닥면적의 합계가 **$30000m^2$** 이상인 것
(8) 터널 중 수저터널 또는 길이가 **5000m** 이상인 것

중요

영화상영관 10개 이상	영화상영관 1000명 이상
성능위주설계 대상 (소방시설법 시행령 9조)	소방안전특별관리시설물 (화재예방법 40조)

 ③

★★
13 「소방시설 설치 및 관리에 관한 법률 시행령」상 방염성능기준에 대한 설명이다. ( ) 안에 들어갈 숫자로 옳은 것은?

유사기출 13년 경기

- 버너의 불꽃을 제거한 때부터 불꽃을 올리며 연소하는 상태가 그칠 때까지 시간은 (㉠)초 이내일 것
- 버너의 불꽃을 제거한 때부터 불꽃을 올리지 아니하고 연소하는 상태가 그칠 때까지 시간은 (㉡)초 이내일 것

① ㉠ 10, ㉡ 30
② ㉠ 10, ㉡ 50
③ ㉠ 20, ㉡ 30
④ ㉠ 20, ㉡ 50

 **소방시설법 시행령 31조**
방염성능기준

구 분	설 명
잔염시간	**20초** 이내 보기 ㉠
잔**진**시간	**30초** 이내 보기 ㉡
탄화길이	**20cm** 이내
탄화면적	**50cm^2** 이내
불꽃 접촉횟수(녹을 때까지)	**3회** 이상
최대연기밀도(소방청장 고시)	**400** 이하

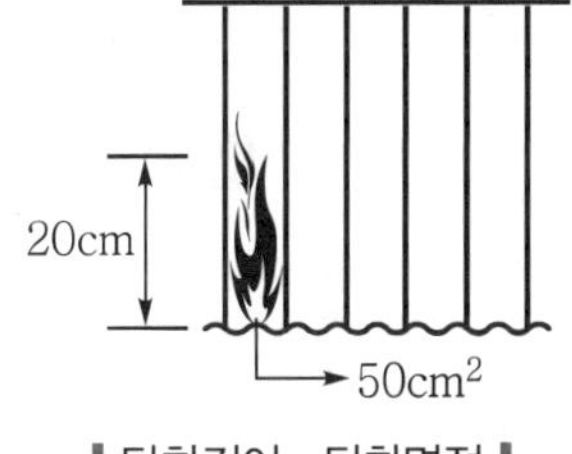

▍탄화길이 · 탄화면적▍

암기 3진(3진 아웃)

용어

잔염시간	잔진시간(잔신시간)
버너의 불꽃을 제거한 때부터 **불꽃**을 **올리며** 연소하는 상태가 그칠 때까지의 시간	버너의 불꽃을 제거한 때부터 **불꽃**을 **올리지 아니하고** 연소하는 상태가 그칠 때까지의 시간

 ③

★★
14 「소방시설 설치 및 관리에 관한 법률」상 방염성능검사에 합격하지 아니한 물품에 합격표시를 하거나 합격표시를 위조하거나 변조하여 사용한 자에 대한 벌칙의 기준으로 옳은 것은?

유사기출 11년 부산

① 300만원 이하의 벌금
② 1000만원 이하의 벌금
③ 1년 이하의 징역 또는 1000만원 이하의 벌금
④ 3년 이하의 징역 또는 3000만원 이하의 벌금

해설 **300만원 이하의 벌금**
(1) 화재안전조사를 정당한 사유없이 거부·방해·기피(화재예방법 50조) 보기 ④
(2) 위탁받은 업무종사자의 **비밀누설**(소방시설법 59조)
(3) 방염성능검사 **합격표시 위조**(소방시설법 59조) 보기 ①
(4) **방염성능검사 거짓시료**를 제출한 자(소방시설법 59조)
(5) 소방시설 등의 **자체점검** 결과조치를 위반하여 필요한 조치를 하지 아니한 관계인 또는 관계인에게 중대위반사항을 알리지 아니한 관리업자 등(소방시설법 59조)
(6) **소방안전관리자** 또는 **소방안전관리보조자 미선임**(화재예방법 50조)
(7) 소방시설·피난시설·방화시설 및 방화구획 등이 법령에 위반된 것을 발견하였음에도 필요한 조치를 할 것을 요구하지 아니한 소방안전관리자(화재예방법 50조)
(8) 다른 자에게 자기의 성명이나 상호를 사용하여 소방시설공사 등을 수급 또는 시공하게 하거나 소방시설업의 등록증·**등록수첩을 빌려준 자**(소방시설공사업법 37조)

(9) 감리원 미배치자(소방시설공사업법 37조)
(10) 소방기술인정 자격수첩을 빌려준 자(소방시설공사업법 37조)
(11) **2 이상의 업체**에 **취업**한 자(소방시설공사업법 37조)
(12) 소방시설업자나 관계인 감독 시 **관계인**의 업무를 방해하거나 **비밀누설**(소방시설공사업법 37조)

> 암기 비3(비상)

정답 ①

★★
15 「소방시설 설치 및 관리에 관한 법률 시행령」상 특정소방대상물의 소방시설 설치면제기준으로 옳지 않은 것은?

유사기출 16년 충남

① 간이스프링클러설비를 설치하여야 하는 특정소방대상물에 분말소화설비를 화재안전기준에 적합하게 설치한 경우에는 그 설비의 유효범위에서 설치가 면제된다.
② 비상경보설비를 설치하여야 할 특정소방대상물에 단독경보형 감지기를 2개 이상의 단독경보형 감지기와 연동하여 설치하는 경우에는 그 설비의 유효범위에서 설치가 면제된다.
③ 비상조명등을 설치하여야 하는 특정소방대상물에 피난구유도등 또는 통로유도등을 화재안전기준에 적합하게 설치한 경우에는 그 유도등의 유효범위에서 설치가 면제된다.
④ 누전경보기를 설치하여야 하는 특정소방대상물 또는 그 부분에 아크경보기 또는 전기 관련 법령에 따른 지락차단장치를 설치한 경우에는 그 설비의 유효범위에서 설치가 면제된다.

> ① 분말소화설비 → 스프링클러설비, 물분무소화설비, 미분무소화설비

소방시설법 시행령 [별표 5]
소화시설 면제기준

면제대상 (면제되는 소방시설)	대체설비 (설치면제요건)
스프링클러설비	• 물분무등소화설비
물분무등소화설비	• 스프링클러설비
간이스프링클러설비 보기 ①	• 스프링클러설비 • 물분무소화설비 • 미분무소화설비
비상경보설비 또는 단독경보형 감지기 보기 ②	• 자동화재탐지설비 암기 탐경단

면제대상 (면제되는 소방시설)	대체설비 (설치면제요건)
비상경보설비	• 2개 이상 단독경보형 감지기 연동 암기 경단2
비상방송설비	• 자동화재탐지설비 • 비상경보설비
연결살수설비	• 스프링클러설비 • 간이스프링클러설비 • 물분무소화설비 • 미분무소화설비
제연설비	• 공기조화설비
연소방지설비	• 스프링클러설비 • 물분무소화설비 • 미분무소화설비
연결송수관설비	• 옥내소화전설비 • 스프링클러설비 • 간이스프링클러설비 • 연결살수설비
자동화재탐지설비	• **자동화재탐지설비**의 기능을 가진 **스프링클러설비** • 물분무등소화설비
옥내소화전설비	• 옥내소화전설비 • 미분무소화설비(호스릴방식)
비상조명등 보기 ③	• 피난구유도등 • 통로유도등
누전경보기 보기 ④	• 아크경보기 • 지락차단장치

정답 ①

★★
16 유사기출 17년 경채

「소방시설 설치 및 관리에 관한 법률 시행령」상 방염성능기준 이상의 실내장식물 등을 설치하여야 하는 특정소방대상물을 모두 고른 것은?

> ㉠ 근린생활시설 중 의원
> ㉡ 방송통신시설 중 방송국 및 촬영소
> ㉢ 근린생활시설 중 체력단련장

① ㉠　　② ㉠, ㉡
③ ㉡, ㉢　　④ ㉠, ㉡, ㉢

소방시설법 시행령 30조

방염성능기준 이상 적용 특정소방대상물

(1) **체력단련장**, 공연장 및 종교집회장 보기 ㉢
(2) 문화 및 집회시설
(3) 종교시설
(4) 운동시설(수영장은 제외)
(5) **의원**, 조산원, 산후조리원 보기 ㉠
(6) 의료시설(종합병원, 정신의료기관)
(7) 교육연구시설 중 합숙소
(8) 노유자시설
(9) 숙박이 가능한 수련시설
(10) 숙박시설
(11) **방송국** 및 **촬영소** 보기 ㉡
(12) 다중이용업소(단란주점영업, 유흥주점영업, 노래연습장의 영업장 등)
(13) 층수가 11층 이상인 것(아파트는 제외)
※ **11층 이상** : '**고층건축물**'에 해당된다.

중요

소방시설법 시행령 [별표 2]

의료시설

구 분	종 류	
병원	• 종합병원 • 치과병원 • 요양병원	• 병원 • 한방병원
격리병원	• 전염변원	• 마약진료소
정신의료기관	–	
장애인 의료재활시설	–	

비 교

(1) 재가장기요양병원 vs 요양병원

재가장기요양병원	요양병원
노유자시설	의료시설

(2) 의원 vs 병원

의 원	병 원
근린생활시설	의료시설

 ④

★★
17 유사기출 18년 경채

연면적 2500m^{2}인 신축공사 작업현장의 바닥면적 200m^{2}인 지하층에서 용접작업을 하려고 한다. 「소방시설 설치 및 관리에 관한 법률 시행령」상 해당 작업현장에 설치하여야 할 임시소방시설로 옳지 않은 것은?

① 소화기
② 간이소화장치
③ 비상경보장치
④ 간이피난유도선

② 간이소화장치는 바닥면적 600m^2 이상은 되어야 함

소방시설법 시행령 [별표 5의2]

임시소방시설의 종류 및 규모

종 류	설 명	규 모
소화기	–	건축허가 등을 할 때 **소방본부장** 또는 **소방서장**의 동의를 받아야 하는 특정소방대상물의 건축・대수선・용도변경 또는 설치 등을 위한 공사 중 작업을 하는 현장에 설치
간이소화장치	물을 방사하여 **화재**를 **진화**할 수 있는 장치로서, **소방청장**이 정하는 성능을 갖추고 있을 것	• 연면적 3000m^2 이상 • 지하층, 무창층 또는 **4층** 이상의 층(단, 바닥면적이 600m^2 이상인 경우만 해당)
비상경보장치	화재가 발생한 경우 주변에 있는 작업자에게 **화재사실**을 알릴 수 있는 장치로서, **소방청장**이 정하는 성능을 갖추고 있을 것	• 연면적 400m^2 이상 • **지하층** 또는 **무창층**(단, 바닥면적이 150m^2 이상인 경우만 해당)
간이피난유도선	화재가 발생한 경우 **피난구 방향**을 안내할 수 있는 장치로서, **소방청장**이 정하는 성능을 갖추고 있을 것	바닥면적이 150m^2 이상인 **지하층** 또는 **무창층**의 작업현장에 설치
가스누설경보기	**가연성 가스**가 누설 또는 발생된 경우 **탐지**하여 **경보**하는 장치로서, **소방청장**이 실시하는 형식승인 및 제품검사를 받은 것	바닥면적이 150m^2 이상인 **지하층** 또는 **무창층**의 작업현장에 설치
비상조명등	**화재발생 시** 안전하고 원활한 피난활동을 할 수 있도록 **거실** 및 **피난통로** 등에 설치하여 **자동점등**되는 조명장치로서, **소방청장**이 정하는 성능을 갖추고 있을 것	바닥면적이 150m^2 이상인 **지하층** 또는 **무창층**의 작업현장에 설치
방화포	**용접・용단** 등 **작업** 시 발생하는 금속성 불티로부터 가연물이 점화되는 것을 방지해주는 **천** 또는 **불연성 물품**으로서, **소방청장**이 정하는 성능을 갖추고 있을 것	**용접・용단** 작업이 진행되는 모든 작업장에 설치

암기 간소경선임(간소한 경선임)

용어

임시소방시설
건물을 지을 때 설치하는 소방시설

정답 ②

★
18 「소방시설 설치 및 관리에 관한 법률」 및 같은 법 시행령상 건축허가 등의 동의 등에 대한 설명으로 옳지 않은 것은?

① 건축허가 등의 권한이 있는 행정기관은 건축허가 등을 할 때 미리 그 건축물 등의 시공지 또는 소재지를 관할하는 소방본부장이나 소방서장의 동의를 받아야 한다.
② 건축허가 등을 할 때에 소방본부장이나 소방서장의 동의를 받아야 하는 건축물 등의 범위는 행정안전부령으로 정한다.
③ 소방시설공사의 착공신고 대상에 해당하지 않는 특정소방대상물은 소방본부장 또는 소방서장의 건축허가 등의 동의대상에서 제외된다.
④ 관할 소방본부장이나 소방서장에게 건축허가 등을 하거나 신고를 수리할 때 건축물의 내부구조를 알 수 있는 설계도면을 제출하여야 한다.

해설

② 행정안전부령 → 대통령령

1. 소방시설법 6조
건축허가 등의 동의 등
(1) 건축물 등의 신축・증축・개축・재축・이전・용도변경 또는 대수선의 허가・협의 및 사용승인의 권한이 있는 행정기관은 건축허가 등을 할 때 미리 그 건축물 등의 시공지 또는 소재지를 관할하는 **소방본부장**이나 **소방서장**의 **동의**를 받아야 한다.
(2) 건축허가 등을 할 때 소방본부장이나 소방서장의 동의를 받아야 하는 건축물 등의 범위 : **대통령령**
(3) 건축허가 등의 권한이 있는 행정기관과 신고를 수리할 권한이 있는 행정기관은 건축허가 등의 동의를 받거나 신고를 수리한 사실을 알릴 때 관할 **소방본부장**이나 **소방서장**에게 건축허가 등을 하거나 신고를 수리할 때 건축허가 등을 받으려는 자 또는 신고를 한 자가 제출한 설계도서 중 건축물의 **내부구조**를 알 수 있는 **설계도면**을 제출하여야 한다(단, 국가안보상 중요하거나 국가기밀에 속하는 건축물을 건축하는 경우로서 관계 법령에 따라 행정기관이 설계도면을 확보할 수 없는 경우 제외). 보기 ④

2. 소방시설법 시행령 7조
건축허가 동의 제외 대상
(1) 특정소방대상물에 설치되는 **소화기구**, **자동소화장치**, **누전경보기**, **단독경보형 감지기**, **가스누설경보기** 및 **피난구조설비**(비상조명등 제외)가 화재안전기준에 적합한 경우 해당 **특정소방대상물**

(2) 건축물의 증축 또는 용도변경으로 인하여 해당 특정소방대상물에 추가로 소방시설이 설치되지 않는 경우 해당 특정소방대상물
(3) 소방시설공사의 착공신고 대상에 해당하지 않는 경우 해당 특정소방대상물 보기 ③

정답 ②

★★
19 「소방시설 설치 및 관리에 관한 법률」 및 같은 법 시행령상 특정소방대상물에 관한 내용으로 옳은 것은?

12년 전북

① '특정소방대상물'이란 건축물 등의 규모・용도 및 수용인원 등을 고려하여 소방시설을 설치하여야 하는 소방대상물로서 행정안전부령으로 정하는 것을 말한다.
② 전력용의 전선배관을 집합수용하기 위하여 설치한 지하인공구조물로서, 사람이 점검 또는 보수를 하기 위하여 폭 1.5m, 높이 1.8m, 길이 300m인 것은 지하구에 해당한다.
③ 하나의 건축물이 근린생활시설, 판매시설, 업무시설, 숙박시설 또는 위락시설의 용도와 주택의 용도로 함께 사용되는 것은 복합건축물에 해당한다.
④ 다중이용업 중 고시원업의 시설로서 독립된 주거의 형태를 갖추지 않은 것으로서 같은 건축물에 해당 용도로 쓰는 바닥면적의 합계가 450m^{2}인 고시원은 숙박시설에 해당한다.

해설

① 행정안전부령 → 대통령령
② 1.5m → 1.8m 이상, 1.8m → 2m 이상
④ 숙박시설 → 근린생활시설

1. 소방기본법 2조, 소방시설법 2조

소방대상물	특정소방대상물 보기 ①	소방안전관리대상물
건축물, **차량**, **선박**(항구에 매어둔 선박), **선박건조구조물**, **산림**, 그 밖의 **인공구조물** 또는 **물건**	건축물 등의 규모・용도 및 수용인원 등을 고려하여 소방시설을 설치하여야 하는 소방대상물로서, **대통령령**으로 정하는 것	**대통령령**으로 정하는 특정소방대상물

2. 소방시설법 시행령 [별표 2]
지하구 보기 ②

구 분	설 명
폭	1.8m 이상
높이	2m 이상
길이	50m 이상

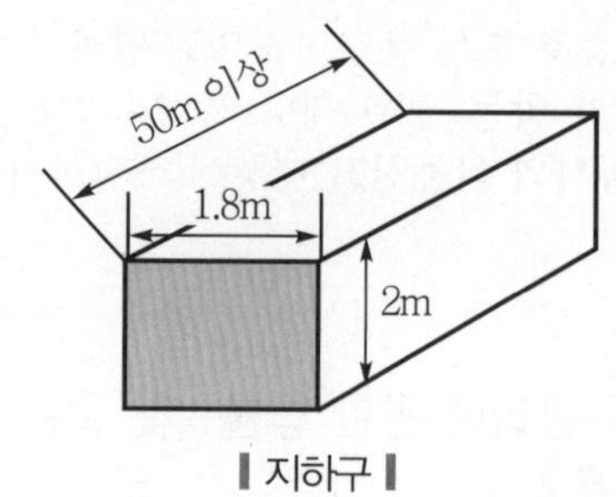

▎지하구▎

3. 소방시설법 시행령 [별표 2]
복합건축물 보기 ③
하나의 건축물이 근린생활시설, 판매시설, 업무시설, 숙박시설 또는 위락시설의 용도와 주택의 용도로 함께 사용되는 것

4. 소방시설법 시행령 [별표 2]
바닥면적 합계 **500m²** 미만 **고시원 : 근린생활시설** 보기 ④

정답 ③

★★★
20
유사기출
18년 경채
17년 경채

「소방시설 설치 및 관리에 관한 법률」 및 같은 법 시행령상 임시소방시설을 설치하여야 하는 공사와 임시소방시설의 설치기준으로 옳지 않은 것은?

① 특정소방대상물의 용도변경을 위한 공사를 시공하는 자는 공사현장에서 인화성(引火性) 물품을 취급하는 작업을 하기 전에 설치 및 철거가 쉬운 임시소방시설을 설치하고 유지·관리하여야 한다.
② 옥내소화전이 설치된 특정소방대상물의 용도변경을 위한 내부 인테리어 변경공사를 시공하는 자는 간이소화장치를 설치해야만 한다.
③ 무창층으로서 바닥면적 $150m^2$의 증축 작업현장에는 간이피난유도선을 설치해야 한다.
④ 소방서장은 용접·용단 등 불꽃을 발생시키거나 화기(火氣)를 취급하는 작업현장에 임시소방시설 또는 소방시설이 설치 또는 유지·관리되지 아니할 때에는 해당 시공자에게 필요한 조치를 하도록 명할 수 있다.

해설

② 설치해야만 한다. → 설치를 제외할 수 있다.

1. 소방시설법 15조
건설현장의 임시소방시설 설치 및 관리
공사시공자는 특정소방대상물의 신축·증축·개축·재축·이전·용도변경·대수선 또는 설비 설치 등을 위한 공사현장에서 **인화성** 물품을 취급하는 작업 등 **대통령령**으로 정하는 작업을 하기 전에 설치 및 철거가 쉬운 화재대비시설인 **임시소방시설**을 설치하고 관리하여야 한다. 보기 ①

2. 소방시설법 시행령 [별표 8]
임시소방시설과 기능 및 성능이 유사한 소방시설로서 임시소방시설을 설치한 것으로 보는 소방시설

구 분	소화설비
간이소화장치를 설치한 것으로 보는 소방시설	**옥내소화전** 또는 **연결송수관설비**의 방수구 인근에 **소방청장**이 정하여 고시하는 기준에 맞는 소화기 보기 ②
비상경보장치를 설치한 것으로 보는 소방시설	**비상방송설비** 또는 **자동화재탐지설비**
간이피난유도선을 설치한 것으로 보는 소방시설	**피난유도선**, **피난구유도등**, **통로유도등** 또는 **비상조명등**

3. 소방시설법 시행령 18조
임시소방시설의 종류 및 설치기준 등 : 인화성 물품을 취급하는 작업 등 **대통령령**으로 정하는 작업
(1) **인화성** · 가연성 · 폭발성 물질을 취급하거나 가연성 가스를 발생시키는 작업
(2) **용접** · 용단 등 불꽃을 발생시키거나 화기를 취급하는 작업 보기 ④
(3) **전열기구**, 가열전선 등 열을 발생시키는 기구를 취급하는 작업
(4) **알루미늄**, **마그네슘** 등을 취급하여 폭발성 부유분진을 발생시킬 수 있는 작업

4. 소방시설법 시행령 [별표 8]
임시소방시설의 종류 및 규모

종 류	설 명	규 모
소화기	–	건축허가 등을 할 때 **소방본부장** 또는 **소방서장**의 동의를 받아야 하는 특정소방대상물의 건축 · 대수선 · 용도변경 또는 설치 등을 위한 공사 중 작업을 하는 현장에 설치
간이소화장치	물을 방사하여 **화재**를 **진화**할 수 있는 장치로서, **소방청장**이 정하는 성능을 갖추고 있을 것	• 연면적 **3000m²** 이상 • 지하층, 무창층 또는 **4층** 이상의 층(단, 바닥면적이 **600m²** 이상인 경우만 해당)
비상경보장치	화재가 발생한 경우 주변에 있는 작업자에게 **화재사실**을 알릴 수 있는 장치로서, **소방청장**이 정하는 성능을 갖추고 있을 것	• 연면적 **400m²** 이상 • **지하층** 또는 **무창층**(단, 바닥면적이 **150m²** 이상인 경우만 해당)
간이피난유도선	화재가 발생한 경우 **피난구 방향**을 안내할 수 있는 장치로서, **소방청장**이 정하는 성능을 갖추고 있을 것	바닥면적이 **150m²** 이상인 **지하층** 또는 **무창층**의 작업현장에 설치
가스누설경보기	**가연성 가스**가 누설 또는 발생된 경우 **탐지**하여 **경보**하는 장치로서, **소방청장**이 실시하는 형식승인 및 제품검사를 받은 것	바닥면적이 **150m²** 이상인 **지하층** 또는 **무창층**의 작업현장에 설치

종 류	설 명	규 모
비상조명등	**화재발생 시** 안전하고 원활한 피난활동을 할 수 있도록 **거실** 및 **피난통로** 등에 설치하여 **자동점등**되는 조명장치로서, **소방청장**이 정하는 성능을 갖추고 있을 것	바닥면적이 **150m²** 이상인 **지하층** 또는 **무창층**의 작업현장에 설치
방화포	**용접 · 용단** 등 **작업** 시 발생하는 금속성 불티로부터 가연물이 점화되는 것을 방지해주는 **천** 또는 **불연성 물품**으로서, **소방청장**이 정하는 성능을 갖추고 있을 것	**용접 · 용단** 작업이 진행되는 모든 작업장에 설치

암기 **간소경선임(간소한 경선임)**

용어

임시소방시설
건물을 지을 때 설치하는 소방시설

정답 ②

2019 공개경쟁채용 기출문제

맞은 문제수 [ ] / 틀린 문제수 [ ]

★★

01 「소방시설공사업법」상 소방시설업자가 소방시설공사 등을 맡긴 특정소방대상물의 관계인에게 지체 없이 그 사실을 알려야 하는 사항으로 옳지 않은 것은?

유사기출 14년 경채

① 소방시설업을 휴업한 경우
② 소방시설업자의 지위를 승계한 경우
③ 소방시설업에 대한 행정처분 중 등록취소 처분을 받은 경우
④ 소방시설업에 대한 행정처분 중 영업정지 또는 경고처분을 받은 경우

해설

④ 경고처분은 해당없음

소방시설공사업법 8조
소방시설업자의 관계인 통지사항
(1) **소방시설업자**의 **지위**를 **승계**한 때 [보기 ②]
(2) 소방시설업의 **등록취소** 또는 **영업정지**의 처분을 받은 때 [보기 ③]
(3) **휴업** 또는 **폐업**을 한 때 [보기 ①]

정답 ④

★★

02 「소방시설공사업법 시행령」상 소방시설공사가 공사감리 결과보고서대로 완공되었는지를 현장에서 확인할 수 있는 대상으로 옳은 것은?

유사기출 13년 경기

① 창고시설 또는 수련시설
② 호스릴소화설비를 설치하는 소방시설공사
③ 연면적 10000m^2 이상의 아파트에 설치하는 소방시설공사
④ 가연성 가스를 제조·저장 또는 취급하는 시설 중 지하에 매립된 가연성 가스탱크의 저장용량 합계가 1000t 이상인 시설

해설

② 호스릴 → 호스릴 제외 ③ 아파트 → 아파트 제외 ④ 지하에 매립된 → 지상에 노출된

소방시설공사업법 시행령 5조
완공검사를 위한 현장확인 대상 특정소방대상물의 범위
(1) 문화 및 집회시설, 종교시설, 판매시설, 노유자시설, 수련시설, 운동시설, 숙박시설, 창고시설, 지하상가 및 다중이용업소 [보기 ①]
(2) 다음의 설비가 설치되는 특정소방대상물
① 스프링클러설비등
② 물분무등소화설비(호스릴방식 소화설비 제외) [보기 ②]

(3) 연면적 **10000m²** 이상이거나 **11층** 이상인 특정소방대상물(아파트 제외) 보기 ③
(4) 가연성 가스를 제조·저장 또는 취급하는 시설 중 **지상**에 **노출**된 가연성 가스탱크의 저장용량 합계가 **1000t** 이상인 시설 보기 ④

암기 **문종판 노수운 숙창상현가**

정답 ①

★★★
03 「소방시설공사업법」상 행정처분 전에 청문을 하여야 하는 대상으로 옳지 않은 것은?

유사기출 11년 서울 11년 울산

① 소방시설업의 등록취소 처분
② 소방기술 인정 자격취소 처분
③ 소방시설업의 영업정지 처분
④ 소방기술 인정 자격정지 처분

해설 **소방시설공사업법 32조**
청문대상
(1) 소방시설업 등록취소 보기 ①
(2) 소방시설업 영업정지 보기 ③
(3) 소방기술 인정 자격취소 보기 ②

비교
소방시설법 49조
청문실시
(1) **소방시설관리사** 자격의 취소 및 정지
(2) **소방시설관리업**의 등록취소 및 영업정지
(3) **소방용품**의 형식승인 취소 및 제품검사 중지
(4) 소방용품의 성능인증 취소
(5) **우수품질인증**의 취소
(6) **제품검사전문기관**의 지정취소 및 업무정지

정답 ④

★
04 「소방시설공사업법」상 (　) 안에 들어갈 내용으로 옳은 것은?

> 시·도지사는 소방시설공사업자가 소방시설 공사현장에 감리원 배치기준을 위반한 경우로서 영업정지가 그 이용자에게 불편을 주거나 그 밖에 공익을 해칠 우려가 있을 때에는 영업정지 처분을 갈음하여 (　) 이하의 과징금을 부과할 수 있다.

① 2000만원　　② 2500만원
③ 3000만원　　④ 2억원

해설 **소방시설법 36조, 위험물관리법 13조, 소방시설공사업법 10조**
과징금

3000만원 이하	2억원 이하
소방시설관리업 영업정지처분 갈음	• **소방시설업**(공사업, 설계업, 감리업, 방염업) 영업정지처분 갈음 **보기 ④** • **위험물제조소** 사용정지처분 갈음(위험물관리법)

정답 ④

★★
05 「소방시설공사업법 시행령」상 소방시설공사 결과 하자보수 대상과 하자보수 보증기간의 연결이 옳은 것은? (하자보수대상 소방시설 : 하자보수 보증기간)

유사기출 17년 경채

① 비상경보설비, 자동소화장치 : 2년
② 무선통신보조설비, 비상조명등 : 2년
③ 피난기구, 소화활동설비 : 3년
④ 비상방송설비, 간이스프링클러설비 : 3년

해설 **소방시설공사업법 시행령 6조**
소방시설공사의 하자보수 보증기간

보증기간	소방시설
2년	① 유도등 · 유도표시 · 피난기구 ② 비상조명등 · 비상경보설비 · 비상방송설비 **보기 ②** ③ 무선통신보조설비 **보기 ②** 암기 **유비 조경방 무피2**
3년	① 자동소화장치 **보기 ①** ② 옥내 · 외 소화전설비 ③ 스프링클러설비 · 간이스프링클러설비 **보기 ④** ④ 물분무등소화설비 · 상수도 소화용수설비 ⑤ 자동화재탐지설비 · 소화활동설비 **보기 ③** 자동화재속보설비 ×

중요

물분무등소화설비 (소방시설법 시행령 [별표 1])	소화활동설비 (소방시설법 시행령 [별표 1])
(1) 분말소화설비 (2) 포소화설비 (3) 할론소화설비 (4) 이산화탄소소화설비 (5) 할로겐화합물 및 불활성 기체 소화설비 (6) 강화액소화설비 (7) 미분무소화설비 (8) 물분무소화설비	(1) **연결송수관**설비 (2) **연결살수**설비 (3) **연소방지**설비 (4) **무선통신보조**설비 (5) **제연**설비 (6) **비상콘센트**설비 암기 **3연 무제비콘**

물분무등소화설비 (소방시설법 시행령 [별표 1])	소화활동설비 (소방시설법 시행령 [별표 1])
(9) 고체에어로졸 소화설비 암기 **분포할이 할강미고**	

정답 ②

★★

06 「소방시설 설치 및 관리에 관한 법률 시행령」상 방염성능기준 이상의 실내장식물 등을 설치하여야 하는 특정소방대상물로 옳지 않은 것은?

유사기출 17년 경채

① 근린생활 중 숙박시설　② 의료시설
③ 노유자시설　④ 운동시설 중 수영장

해설 **소방시설법 시행령 30조**
방염성능기준 이상 적용 특정소방대상물
(1) 체력단련장, 공연장 및 종교집회장
(2) 문화 및 집회시설
(3) 종교시설
(4) 운동시설(수영장은 제외) 보기 ④
(5) 의원, 조산원, 산후조리원
(6) 의료시설(종합병원, 정신의료기관) 보기 ②
(7) 교육연구시설 중 합숙소
(8) 노유자시설 보기 ③
(9) 숙박이 가능한 수련시설
(10) 숙박시설 보기 ①
(11) 방송국 및 촬영소
(12) 다중이용업소(단란주점영업, 유흥주점영업, 노래연습장의 영업장 등)
(13) 층수가 11층 이상인 것(아파트는 제외)
※ **11층 이상 : '고층건축물'**에 해당된다.

중요

소방시설법 시행령 [별표 2]
의료시설

구 분	종 류	
병원	• 종합병원 • 치과병원 • 요양병원	• 병원 • 한방병원
격리병원	• 전염병원	• 마약진료소
정신의료기관	–	
장애인 의료재활시설	–	

정답 ④

★★
07 「소방시설 설치 및 관리에 관한 법률 시행령」상 수용인원 산정방법으로 옳지 않은 것은?

유사기출 15년 경채

① 침대가 있는 숙박시설은 해당 특정소방대상물의 종사자수에 침대수(2인용 침대는 2개로 산정)를 합한 수로 한다.

② 침대가 없는 숙박시설은 해당 특정소방대상물의 종사자수에 바닥면적의 합계를 $3m^2$로 나누어 얻은 수를 합한 수로 한다.

③ 강의실 용도로 쓰이는 특정소방대상물은 해당 용도로 사용하는 바닥면적의 합계를 $1.9m^2$로 나누어 얻은 수로 한다.

④ 문화 및 집회시설은 해당 용도로 사용하는 바닥면적의 합계를 $3m^2$로 나누어 얻은 수로 한다.

해설

④ $3m^2 \rightarrow 4.6m^2$

소방시설법 시행령 [별표 7]
수용인원의 산정방법

특정소방대상물		산정방법
• 숙박시설	침대가 있는 경우	종사자수 + 침대수
	침대가 없는 경우	종사자수 + $\frac{\text{바닥면적 합계}}{3m^2}$(소수점 이하 반올림)
• 강의실 • 교무실 • 상담실 • 실습실 • 휴게실		$\frac{\text{바닥면적 합계}}{1.9m^2}$(소수점 이하 반올림)
• 기타		$\frac{\text{바닥면적 합계}}{3m^2}$(소수점 이하 반올림)
• 강당 • 문화 및 집회시설, 운동시설 • 종교시설		$\frac{\text{바닥면적 합계}}{4.6m^2}$(소수점 이하 반올림)

• **복도**, **계단** 및 **화장실**의 바닥면적은 **제외**

중요

소수점 이하 반올림	소수점 이하 버림
수용인원 산정 (소방시설법 시행령 [별표 7])	소방안전관리보조자 수 (화재예방법 시행령 [별표 5])

정답 ④

★★
08 「소방시설 설치 및 관리에 관한 법률」상 소방시설관리사의 자격의 취소·정지 사유로 옳지 않은 것은?

유사기출 12년 경채

① 동시에 둘 이상의 업체에 취업한 경우
② 등록사항의 변경신고를 하지 아니한 경우
③ 소방시설관리사증을 다른 자에게 빌려준 경우
④ 소방안전관리업무 대행인력의 배치기준·자격·방법 등 준수사항을 지키지 아니한 경우

소방시설법 28조
소방시설관리사 자격의 취소·정지 : 소방청장

자격취소	2년 이내의 자격정지
① **거짓**이나 그 밖의 **부정한 방법**으로 시험에 합격한 경우 [보기 ④] ② 소방시설관리사증을 다른 자에게 **빌려준** 경우 [보기 ③] ③ 동시에 **둘 이상**의 **업체**에 취업한 경우 [보기 ①] ④ **결격사유**에 해당하게 된 경우	① 소방안전관리업무 대행인력의 배치기준·자격·방법 등 준수사항을 지키지 아니한 경우 ② **점검**을 하지 아니하거나 **거짓**으로 한 경우 ③ 성실하게 자체 점검업무를 수행하지 아니한 경우

정답 ②

★★
09 「화재의 예방 및 안전관리에 관한 법률 시행령」상 1급 소방안전관리대상물로 옳은 것은?

유사기출 11년 울산

① 지하구
② 동·식물원
③ 가연성 가스를 1000t 이상 저장·취급하는 시설
④ 철강 등 불연성 물품을 저장·취급하는 창고

화재예방법 시행령 [별표 4]

소방안전관리대상물	특정소방대상물
특급 소방안전관리대상물 (**동·식물원, 불연성 물품 저장·취급창고, 지하구, 위험물제조소 등** 제외)	• **50층** 이상(지하층 제외) 또는 지상 **200m** 이상 **아파트** • **30층** 이상(지하층 포함) 또는 지상 **120m** 이상(**아파트 제외**) • 연면적 **100000m^2** 이상(**아파트 제외**)
1급 소방안전관리대상물 (**동·식물원, 불연성 물품 저장·취급창고, 지하구, 위험물제조소 등** 제외)	• **30층** 이상(지하층 제외) 또는 지상 **120m** 이상 **아파트** • 연면적 **15000m^2** 이상인 것(**아파트 제외**) • 11층 이상(**아파트 제외**) • 가연성 가스를 **1000t 이상** 저장·취급하는 시설 [보기 ③]

소방안전관리대상물	특정소방대상물
2급 소방안전관리대상물	• 지하구 보기 ① • 가스제조설비를 갖추고 도시가스사업 허가를 받아야 하는 시설 또는 가연성 가스를 **100~1000t 미만** 저장·취급하는 시설 • 옥내소화전설비·**스프링클러설비** • **물분무등소화설비**(호스릴방식의 물분무등소화설비만을 설치한 경우 제외) 설치대상물 • 공동주택 • 목조건축물(국보·보물)
3급 소방안전관리대상물	• **자동화재탐지설비** 설치대상물 • 간이스프링클러설비(주택전용 간이스프링클러설비 제외)

중요

(1) **아파트 제외**

특급 소방안전관리대상물 (화재예방법 시행령 [별표 4])	성능위주설계 범위 (소방시설법 시행령 9조)
120m 이상	**120m** 이상
100000m² 이상	**200000m²** 이상

(2) **가스시설 저장용량**

건축허가 동의	2급 소방안전관리대상물	1급 소방안전관리대상물
100t 이상	100~1000t 미만	1000t 이상

용어

건축법 2조

고층건축물

층수가 **30층** 이상이거나 높이가 120m 이상인 건축물

정답 ③

★★

10 「화재의 예방 및 안전관리에 관한 법률」상 화재의 예방 및 안전관리기본계획 등의 수립 및 시행에 관한 내용으로 옳은 것은?

유사기출 17년 경채

① 기본계획에는 화재의 예방과 안전관리 관련 산업의 국제경쟁력 향상에 관한 사항이 포함되어야 한다.

② 소방본부장은 기본계획을 시행하기 위하여 5년마다 시행계획을 수립·시행하여야 한다.

③ 기본계획은 행정안전부령으로 정하는 바에 따라 소방본부장이 관계 중앙행정기관의 장과 협의하여 수립한다.

④ 소방청장은 화재예방정책을 체계적·효율적으로 추진하고 이에 필요한 기반확충을 위하여 화재의 예방 및 안전관리에 관한 기본계획을 10년마다 수립·시행하여야 한다.

해설

② 소방본부장 → 소방청장, 5년 → 매년
③ 행정안전부령 → 대통령령, 소방본부장 → 소방청장
④ 10년 → 5년

화재예방법 4조

화재의 예방 및 안전관리 기본계획 등의 수립·시행

(1) **소방청장**은 화재예방정책을 체계적·효율적으로 추진하고 이에 필요한 기반확충을 위하여 화재의 예방 및 안전관리에 관한 기본계획을 **5년**마다 수립·시행하여야 한다. 보기 ④
(2) 기본계획은 **대통령령**으로 정하는 바에 따라 **소방청장**이 관계 중앙행정기관의 장과 협의하여 수립한다. 보기 ③
(3) 기본계획의 포함사항
  ① 화재예방정책의 **기본목표** 및 **추진방향**
  ② 화재의 예방과 안전관리를 위한 법령·**제도**의 마련 등 기반 조성
  ③ 화재의 예방과 안전관리를 위한 대국민 **교육·홍보**
  ④ 화재의 예방과 안전관리 관련 기술의 **개발·보급**
  ⑤ 화재의 예방과 안전관리 관련 전문인력의 **육성·지원** 및 관리
  ⑥ 화재의 예방과 안전관리 관련 산업의 **국제경쟁력** 향상 보기 ①
  ⑦ 그 밖에 **대통령령**으로 정하는 화재의 예방과 안전관리에 필요한 사항
(4) **소방청장**은 기본계획을 시행하기 위하여 **매년** 시행계획을 수립·시행한다. 보기 ②
(5) **소방청장**은 수립된 기본계획 및 시행계획을 관계 **중앙행정기관**의 **장**, **시·도지사**에게 통보한다.

용어

시·도지사
(1) 특별시장
(2) 광역시장
(3) 특별자치시장
(4) 도지사
(5) 특별자치도지사

(6) 기본계획과 시행계획을 통보받은 관계 **중앙행정기관**의 **장** 또는 **시·도지사**는 소관 사무의 특성을 반영한 세부시행계획을 수립·시행하고, 그 결과를 **소방청장**에게 통보한다.
(7) **소방청장**은 기본계획 및 시행계획을 수립하기 위하여 필요한 경우에는 관계 **중앙행정기관**의 **장** 또는 **시·도지사**에게 관련 자료의 제출을 요청할 수 있다. 이 경우 자료 제출을 요청받은 관계 중앙행정기관의 장 또는 시·도지사는 특별한 사유가 없으면 이에 따라야 한다.
(8) 기본계획, 시행계획 및 세부시행계획 등의 수립·시행에 필요한 사항 : **대통령령**

정답 ①

★★

유사기출 12년 경채

11 「화재의 예방 및 안전관리에 관한 법률 시행령」상 불을 사용하는 설비의 관리기준 등에 대한 설명이다. (　) 안에 들어갈 숫자로 옳은 것은? (단, 순서대로 (㉠), (㉡), (㉢), (㉣))

- 보일러 : 보일러 본체와 벽·천장 사이의 거리는 (㉠)m 이상이어야 한다.
- 난로 : 연통은 천장으로부터 (㉡)m 이상 떨어지고, 연통의 배출구는 건물 밖으로 0.6m 이상 나오게 설치하여야 한다.
- 건조설비 : 건조설비와 벽·천장 사이의 거리는 (㉢)m 이상이어야 한다.
- 음식조리를 위하여 설치하는 설비 : 열을 발생하는 조리기구는 반자 또는 선반으로부터 (㉣)m 이상 떨어지게 해야 한다.

① 0.5, 0.6, 0.6, 0.6　② 0.6, 0.6, 0.5, 0.6
③ 0.6, 0.5, 0.6, 0.6　④ 0.6, 0.6, 0.5, 0.5

해설 **1. 화재예방법 시행령 [별표 1]**

벽·천장 등 사이의 거리

종 류	벽·천장 등 사이의 거리
음식 조리기구	**0.15m** 이내
건조설비	**0.5m** 이상 보기 ㉢
보일러	**0.6m** 이상 보기 ㉠ 암기 보6(보육교사)
난로 연통	**0.6m** 이상 보기 ㉡
음식 조리기구 반자	**0.6m** 이상 보기 ㉣
보일러(경유·등유)	수평거리 **1m** 이상

2. 화재예방법 시행령 [별표 1]

난로

(1) 연통은 천장으로부터 **0.6m 이상** 떨어지고, 연통의 배출구는 건물 밖으로 **0.6m 이상** 나오게 설치 보기 ㉡
(2) 가연성 벽·바닥 또는 천장과 접촉하는 연통의 부분은 **규조토** 등 **난연성** 또는 **불연성**의 단열재로 덮어씌울 것
(3) 이동식 난로 사용금지 장소(단, 난로가 쓰러지지 않도록 받침대를 두어 고정시키거나 쓰러지는 경우 즉시 소화되고 연료의 누출을 차단할 수 있는 장치가 부착된 경우 제외)
　① 다중이용업
　② 학원
　③ 독서실
　④ 숙박업·목욕장업·세탁업의 영업장
　⑤ 종합병원·병원·치과병원·한방병원·요양병원·정신병원·의원·치과의원·한의원 및 조산원

⑥ 식품접객업의 영업장
⑦ 영화상영관
⑧ 공연장
⑨ 박물관 및 미술관
⑩ 상점가
⑪ 가설건축물
⑫ 역・터미널

3. 화재예방법 시행령 [별표 1]
음식조리를 위하여 설치하는 설비
(1) 주방설비에 부속된 배출덕트는 **0.5mm 이상**의 아연 도금강판 또는 이와 동등 이상의 **내식성 불연재료**로 설치
(2) 열을 발생하는 조리기구로부터 **0.15m 이내**의 거리에 있는 가연성 주요 구조부는 **단열성**이 있는 **불연재료**로 덮어씌울 것
(3) 주방시설에는 동물 또는 식물의 기름을 제거할 수 있는 필터 등을 설치
(4) 열을 발생하는 조리기구는 반자 또는 선반으로부터 **0.6m 이상** 떨어지게 할 것 보기 ㉣

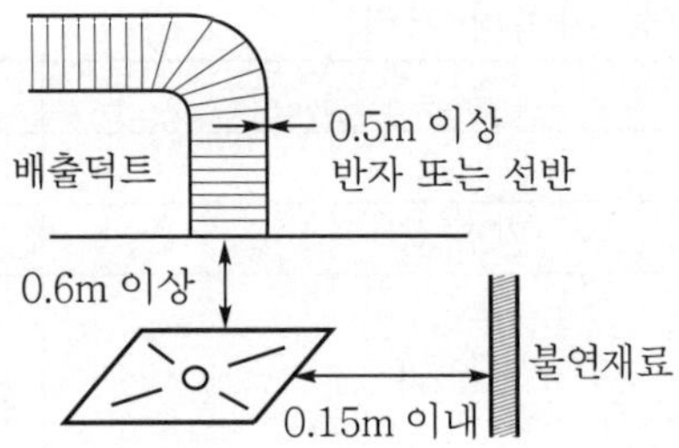

정답 ②

★★
12 「소방기본법 시행령」상 소방안전교육사시험 응시자격에 대한 설명으로 옳은 것은?

㉠ 「영유아보육법」 21조에 따라 보육교사 자격을 취득한 후 2년 이상의 보육업무 경력이 있는 사람
㉡ 「국가기술자격법」 2조 ③호에 따른 국가기술자격의 직무분야 중 안전관리분야의 산업기사 자격을 취득한 후 안전관리분야에 3년 이상 종사한 사람
㉢ 「의료법」 7조에 따라 간호조무사 자격을 취득한 후 간호업무분야에 2년 이상 종사한 사람
㉣ 「응급의료에 관한 법률」 36조 ③항에 따라 2급 응급구조사 자격을 취득한 후 응급의료업무 분야에 3년 이상 종사한 사람
㉤ 소방공무원으로서 2년 이상 근무한 경력이 있는 사람
㉥ 「의용소방대 설치 및 운영에 관한 법률」 3조에 따라 의용소방대원으로 임명된 후 5년 이상 의용소방대 활동을 한 경력이 있는 사람

① ㉠, ㉢, ㉤
② ㉡, ㉣, ㉥
③ ㉢, ㉣, ㉤
④ ㉣, ㉤, ㉥

㉠ 2년 이상 → 3년 이상
㉢ 간호조무사 → 간호사, 2년 이상 → 1년 이상
㉤ 2년 이상 → 3년 이상

소방기본법 시행령 [별표 2의2]
소방안전교육사 시험의 응시 자격

자 격	경력 또는 학점	비 고
안전관리분야 기사	**1년**	
간호사	**1년** [보기 ㉢]	
1급 응급구조사	**1년**	
1급 소방안전관리자	**1년**	
소방안전관리 실무경력	**1년**	
어린이집의 원장 또는 보육교사	**3년** [보기 ㉠]	
안전관리분야 산업기사	**3년** [보기 ㉡]	
2급 응급구조사	**3년** [보기 ㉣]	
2급 소방안전관리자	**3년**	
의용소방대원	**5년** [보기 ㉥]	
소방공무원	**3년** [보기 ㉤]	중앙소방학교・지방소방학교에서 **2주** 이상 전문교육도 해당
교원	경력 필요 없음	
소방안전교육 관련 교과목 (응급구조학과, 교육학과, 소방 관련 학과 전공과목)	**6학점**	대학 또는 학습과정평가인정 교육훈련기관
안전관리분야 기술자	경력 필요 없음	
소방시설관리사	경력 필요 없음	
특급 소방안전관리자	경력 필요 없음	
위험물기능장	경력 필요 없음	

중요

소방기본법 시행령 [별표 2의2]
소방안전교육사시험의 응시자격

(1) 「국가기술자격법」에 따른 국가기술자격의 직무분야 중 **안전관리분야의 기사** 자격을 취득한 후 안전관리분야에 **1년** 이상 종사한 사람 [보기 ㉡]
(2) 「의료법」에 따라 **간호사** 면허를 취득한 후 간호업무 분야에 **1년** 이상 종사한 사람 [보기 ㉢]
(3) 「응급의료에 관한 법률」에 따라 **1급 응급구조사** 자격을 취득한 후 응급의료 업무 분야에 **1년** 이상 종사한 사람

(4) 「화재의 예방 및 안전관리에 관한 법률 시행령」 1급 소방안전관리자로 **소방안전관리에 관한 실무경력**이 **1년** 이상 있는 사람
(5) 「영유아보육법」에 따라 **어린이집의 원장** 또는 **보육교사**의 자격을 취득한 사람(보육교사 자격을 취득한 사람은 보육교사 자격을 취득한 후 **3년** 이상의 보육업무 경력이 있는 사람만 해당) 보기 ㉠
(6) 「국가기술자격법」에 따른 국가기술자격의 직무분야 중 **안전관리분야의 산업기사** 자격을 취득한 후 안전관리 분야에 **3년** 이상 종사한 사람
(7) 「응급의료에 관한 법률」에 따라 **2급 응급구조사** 자격을 취득한 후 응급의료 업무 분야에 **3년** 이상 종사한 사람 보기 ㉣
(8) 「화재의 예방 및 안전관리에 관한 법률 시행령」 **2급 소방안전관리자**로 **소방안전관리**에 관한 **실무경력**이 **3년** 이상 있는 사람
(9) 「의용소방대 설치 및 운영에 관한 법률」에 따라 **의용소방대원**으로 임명된 후 **5년** 이상 의용소방대 활동을 한 경력이 있는 사람 보기 ㉥
(10) 소방공무원으로서 다음에 해당하는 사람
　① **소방공무원**으로 **3년** 이상 근무한 경력이 있는 사람 보기 ㉤
　② **중앙소방학교** 또는 **지방소방학교**에서 **2주** 이상의 소방안전교육사 관련 전문교육과정을 이수한 사람
(11) 「초・중등교육법」에 따라 **교원**의 자격을 취득한 사람
(12) 「유아교육법」에 따라 **교원**의 자격을 취득한 사람
(13) 다음 어느 하나에 해당하는 기관에서 소방안전교육 관련 교과목(응급구조학과, 교육학과 또는 소방청장이 정하여 고시하는 소방 관련 학과에 개설된 전공과목을 말함)을 총 **6학점** 이상 이수한 사람
　① 「고등교육법」 각종 **대학**의 규정의 어느 하나에 해당하는 학교
　② 「학점인정 등에 관한 법률」에 따라 **학습과정**의 **평가인정**을 받은 **교육훈련기관**
(14) 「국가기술자격법」에 따른 국가기술자격의 직무분야 중 **안전관리분야**(국가기술자격의 직무분야 및 국가기술자격의 종목 중 중직무분야의 안전관리를 말함)의 **기술사** 자격을 취득한 사람
(15) 「소방시설 설치 및 관리에 관한 법률」에 따른 **소방시설관리사** 자격을 취득한 사람
(16) 「화재의 예방 및 안전관리에 관한 법률 시행령」 **특급 소방안전관리자**에 해당하는 사람
(17) 「국가기술자격법」에 따른 국가기술자격의 직무분야 중 위험물 중직무분야의 기능장 자격을 취득한 사람

 ②

★★
13 「소방기본법」 및 같은 법 시행령상 손실보상에 관한 설명 중 ( ) 안에 들어갈 숫자로 옳은 것은? (단, 순서대로 (㉠), (㉡), (㉢), (㉣), (㉤))

유사기출 16년 충남

- 손실보상을 청구할 수 있는 권리는 손실이 있음을 안 날부터 (㉠)년, 손실이 발생한 날부터 (㉡)년간 행사하지 아니하면 시효의 완성으로 소멸한다.
- 소방청장 등은 손실보상심의위원회의 심사·의결을 거쳐 특별한 사유가 없으면 보상금 지급 청구서를 받은 날부터 (㉢)일 이내에 보상금 지급 여부 및 보상금액을 결정하여야 한다.
- 소방청장 등은 결정일부터 (㉣)일 이내에 행정안전부령으로 정하는 바에 따라 결정 내용을 청구인에게 통지하고, 보상금을 지급하기로 결정한 경우에는 특별한 사유가 없으면 통지한 날부터 (㉤)일 이내에 보상금을 지급하여야 한다.

① 3, 5, 60, 10, 30　　② 5, 3, 60, 12, 20
③ 3, 5, 50, 12, 30　　④ 5, 3, 50, 10, 20

해설 **1. 소방기본법 49조의2**
손실보상
(1) **소방청장** 또는 **시·도지사**는 생활안전활동에 따른 조치로 인하여 손실을 입은 자 등에게 손실보상심의위원회의 심사·의결에 따라 정당한 보상을 하여야 한다. 이러한 보상을 청구할 수 있는 권리는 **손실**이 **있음**을 안 날로부터 **3년**, **손실**이 **발생**한 날부터 **5년**간 행사하지 아니하면 시효의 완성으로 소멸 보기 ㉠, ㉡
(2) **대통령령**
① 손실보상의 기준
② 보상금액
③ 지급절차 및 방법
④ 손실보상심의위원회의 구성 및 운영

2. 소방기본법 시행령 제12조
(1) **소방청장** 등은 손실보상심의위원회의 심사·의결을 거쳐 특별한 사유가 없으면 보상금 지급 청구서를 받은 날부터 **60일** 이내에 지급 여부 및 보상금액 결정 보기 ㉢
(2) **소방청장** 등은 결정일부터 **10일** 이내에 **행정안전부령**으로 정하는 바에 따라 결정 내용을 청구인에게 통지하고, 보상금을 지급하기로 결정한 경우에는 특별한 사유가 없으면 통지한 날부터 **30일** 이내에 보상금 지급 보기 ㉣, ㉤

‖ 손실보상 ‖

구 분	설 명
10일 이내	손실보상 결정 청구인 통지
30일 이내	손실보상금 지급 보기 ㉣, ㉤
60일 이내	손실보상 지급 여부 및 보상금액 결정 보기 ㉢

정답 ①

★★★
14 「소방기본법」 및 같은 법 시행규칙상 소방용수시설 설치기준 등에 대한 설명으로 옳지 않은 것은?

유사기출
23년 경채
14년 전북
13년 경기
13년 전북

① 시·도지사는 소방활동에 필요한 소방용수시설을 설치하고 유지·관리하여야 하고, 「수도법」 45조에 따라 소화전을 설치하는 일반수도사업자는 관할 소방서장과 사전협의를 거친 후 소화전을 설치하여야 하며, 설치 사실을 관할 소방서장에게 통지하고, 그 소화전은 소방서장이 유지·관리하여야 한다.

② 정당한 사유 없이 소방용수시설 또는 비상소화장치를 사용하거나 소방용수시설 또는 비상소화장치의 효용을 해치거나 그 정당한 사용을 방해한 사람에 대해서는 5년 이하의 징역 또는 5000만원 이하의 벌금에 처한다.

③ 소방본부장 또는 소방서장은 원활한 소방활동을 위하여 소방용수시설에 대한 조사, 소방대상물에 인접한 도로의 폭·교통상황, 도로 주변의 토지의 고저·건축물의 개황, 그 밖의 소방활동에 필요한 지리에 대한 조사를 월 1회 이상 실시하여야 하며, 조사결과는 2년간 보관하여야 한다.

④ 소화전은 상수도와 연결하여 지하식 또는 지상식의 구조로 하고 소방용 호스와 연결하는 소화전의 연결금속구의 구경은 65mm로 하여야 하며, 급수탑은 급수배관의 구경을 100mm 이상으로 하고 개폐밸브는 지상에서 1.5m 이상 1.7m 이하의 높이에 설치할 수 있다.

해설

① 소방서장이 → 일반수도사업자가

1. 소방기본법 10조

소방용수시설의 설치 및 관리 등

(1) **시·도지사**는 소방활동에 필요한 소화전·급수탑·저수조의 **소방용수시설**을 설치하고 유지·관리(단, 「수도법」에 따라 소화전을 설치하는 **일반수도사업자**는 관할 **소방서장**과 사전협의를 거친 후 소화전을 설치하여야 하며, 설치 사실을 관할 **소방서장**에게 통지하고, **일반수도사업자**가 소화전 유지·관리) 보기 ①

(2) **시·도지사**는 소방자동차의 진입이 곤란한 지역 등 화재발생 시에 초기 대응이 필요한 지역으로서 **대통령령**으로 정하는 지역에 소방호스 또는 호스 릴 등을 소방용수시설에 연결하여 화재를 진압하는 시설이나 장치(**비상소화장치**)를 설치하고 유지·관리할 수 있다.

(3) 소방용수시설과 비상소화장치의 설치기준 : **행정안전부령**

2. 소방기본법 50조

5년 이하의 징역 또는 5000만원 이하의 벌금

(1) 소방자동차의 **출동** 방해
(2) 사람구출 방해
(3) 소방용수시설 또는 비상소화장치의 효용 방해 보기 ②
(4) 출동한 소방대의 화재진압·인명구조 또는 구급활동 방해
(5) 소방대의 **현장출동** 방해
(6) 출동한 소방대원에게 **폭행·협박** 행사

3. 소방기본법 시행규칙 7조
소방용수시설 및 지리조사

(1) 조사자 : **소방본부장 · 소방서장**
(2) 조사일시 : **월 1회** 이상 [보기 ③]
(3) 조사내용
 ① 소방용수시설
 ② 도로의 **폭 · 교통상황**
 ③ 도로주변의 토지고저
 ④ 건축물의 **개황**
(4) 조사결과 : **2년간** 보관 [보기 ③]

중요

횟수

(1) 월 1회 이상 : 소방용수시설 및 지리조사(소방기본법 시행규칙 7조)

암기 **월1지(월요일이 지났다)**

(2) 연 1회 이상
 ① 화재예방강화지구 안의 화재안전조사 · 훈련 · 교육(화재예방법 시행령 20조)
 ② 특정소방대상물의 소방훈련 · 교육(화재예방법 시행규칙 36조)
 ③ 제조소 등의 정기점검(위험물관리법 시행규칙 64조)
 ④ 종합점검(소방시설법 시행규칙 [별표 3])
 ⑤ 작동점검(소방시설법 시행규칙 [별표 3])

암기 **연1정종(연일 정종술을 마셨다)**

(3) 2년마다 1회 이상
 ① 소방대원의 소방교육 · 훈련(소방기본법 시행규칙 9조)
 ② 실무교육(화재예방법 시행규칙 29조)

암기 **실2(실리)**

4. 소방기본법 시행규칙 [별표 3]
소방용수시설별 설치기준 [보기 ④]

소화전	급수탑
65mm : 연결금속구의 구경	• 100mm : 급수배관의 구경 • 1.5~1.7m 이하 : 개폐밸브 높이 암기 **57탑(57층 탑)**

정답 ①

★★★
15 유사기출 18년 경채 11년 경채

「소방기본법」상 소방활동에 필요한 처분(강제처분 등)을 할 수 있는 처분권자로 옳은 것은?

㉠ 소방서장	㉡ 소방본부장
㉢ 소방대장	㉣ 소방청장
㉤ 시・도지사	

① ㉠, ㉡, ㉢　　② ㉠, ㉡, ㉣
③ ㉠, ㉢, ㉤　　④ ㉠, ㉣, ㉤

해설 **소방본부장・소방서장・소방대장**
(1) 소방활동 종사명령(소방기본법 24조)
(2) 토지 강제처분・제거(소방기본법 25조) 보기 ①
(3) 피난명령(소방기본법 26조)
(4) 댐・저수지 사용 등 위험시설 등에 대한 긴급조치(소방기본법 27조)

암기 소대종강티(소방대의 종강파티)

정답 ①

★
16

「위험물안전관리법 시행규칙」상 고인화점위험물을 상온에서 취급하는 경우 제조소의 시설기준 중 일부 완화된 시설기준을 적용할 수 있는데, 고인화점위험물의 정의로 옳은 것은?

① 인화점이 250℃ 이상인 인화성 액체
② 인화점이 100℃ 이상인 제4류 위험물
③ 인화점이 70℃ 이상 200℃ 미만인 제4류 위험물
④ 인화점이 70℃ 이상이고 가연성 액체량이 40wt% 이상인 제4류 위험물

해설 **위험물관리법 시행규칙 [별표 4]**
고인화점위험물
인화점이 **100℃** 이상인 **제4류** 위험물 보기 ②

정답 ②

★★
17 유사기출 18년 경채

「위험물안전관리법 시행규칙」상 제조소의 위치・구조 및 설비의 기준에 대한 설명으로 옳지 않은 것은?

① 환기는 자연배기방식으로 하여야 한다.
② 제6류 위험물을 취급하는 제조소는 안전거리 적용 제외대상이다.
③ '위험물제조소'라는 표시를 한 표지의 바탕은 흑색으로, 문자는 백색으로 하여야 한다.
④ 제5류 위험물을 저장 또는 취급하는 제조소에는 '화기엄금'을 표시한 게시판을 설치하여야 한다.

③ 흑색 → 백색, 백색 → 흑색

1. 위험물관리법 시행규칙 [별표 4]

안전거리 보기 ②

제조소(제6류 위험물을 취급하는 제조소 제외)

2. 위험물관리법 시행규칙 [별표 4]

환기설비

(1) 환기구는 **지붕 위** 또는 **지상 2m** 이상의 높이에 **회전식 고정벤티레이터** 또는 **루프팬방식**으로 설치할 것

(2) 환기는 **자연배기방식**으로 할 것 보기 ①

(3) 급기구는 낮은 곳에 설치하고, 가는 눈의 구리망 등으로 **인화방지망** 설치

3. 위험물관리법 시행규칙 [별표 4]

(1) 위험물제조소의 표지

① 한 변의 길이가 **0.3m 이상**, 다른 한 변의 길이가 **0.6m 이상**인 **직사각형**일 것

② 바탕은 **백색**, 문자는 **흑색**일 것 보기 ③

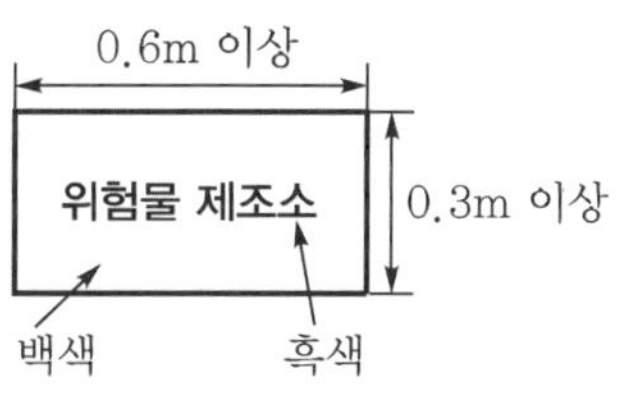

┃ 제조소의 표지 ┃

암기 **표바백036**

비교

화재예방법 시행령 [별표 3]

특수가연물 표지의 규격

① 특수가연물 표지는 한 변의 길이가 **0.3m** 이상, 다른 한 변의 길이가 **0.6m** 이상인 **직사각형**으로 할 것

② 특수가연물 표지의 바탕은 **흰색**으로, 문자는 **검은색**으로 할 것(단, '**화기엄금**' 표시부분은 제외)

③ 특수가연물 표지 중 화기엄금 표시부분의 바탕은 **붉은색**으로, 문자는 **백색**으로 할 것

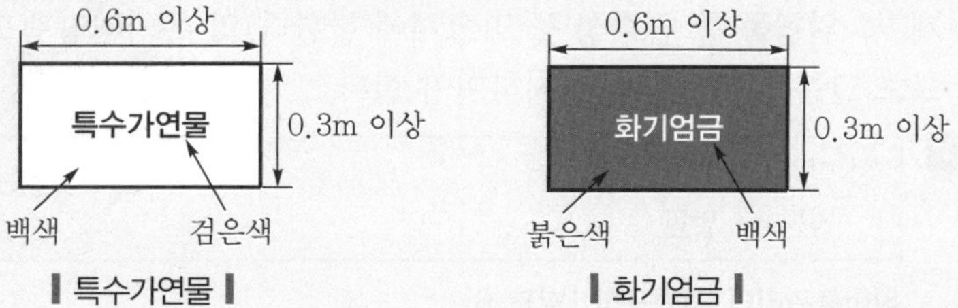

┃ 특수가연물 ┃ ┃ 화기엄금 ┃

(2) 위험물제조소의 게시판 설치기준

위험물	주의사항	비 고
• 제1류 위험물(알칼리금속의 과산화물) • 제3류 위험물(금수성 물질)	물기엄금	**청색**바탕에 **백색**문자
• 제2류 위험물(인화성 고체 제외)	화기주의	**적색**바탕에 **백색**문자
• 제2류 위험물(인화성 고체) • 제3류 위험물(자연발화성 물질) • 제4류 위험물 • 제5류 위험물 보기 ④	화기엄금	
• 제6류 위험물	별도의 표시를 하지 않는다.	

중요

위험물관리법 시행규칙 [별표 4·6·10·13]
위험물 표시방식

구 분	표시방식
옥외탱크저장소·컨테이너식 이동탱크저장소	**백색**바탕에 **흑색**문자
주유취급소	**황색**바탕에 **흑색**문자
물기엄금	**청색**바탕에 **백색**문자
화기엄금·화기주의	**적색**바탕에 **백색**문자

정답 ③

★
18 **「위험물안전관리법 시행규칙」상 옥외저장탱크의 위치·구조 및 설비 기준에 대한 설명으로 옳지 않은 것은?**

① 옥외저장탱크는 위험물의 폭발 등에 의하여 탱크 내의 압력이 비정상적으로 상승하는 경우에 내부의 가스 또는 증기를 상부로 방출할 수 있는 구조로 하여야 한다.
② 이황화탄소의 옥외저장탱크는 벽 및 바닥의 두게가 0.2m 이상이고 누수가 되지 아니하는 철근콘크리트의 수조에 넣어 보관하여야 한다.
③ 옥외저장탱크의 배수관은 탱크의 밑판에 설치하여야 한다. 단, 탱크와 배수관과의 결합부분이 지진 등에 의하여 손상을 받을 우려가 없는 방법으로 배수관을 설치하는 경우에는 탱크의 옆판에 설치할 수 있다.
④ 제3류 위험물 중 금수성 물질(고체에 한한다)의 옥외저장탱크에는 방수성의 불연재료로 만든 피복설비를 설치하여야 한다.

③ 밑판 → 옆판
옆판 → 밑판

위험물관리법 시행규칙 [별표 6]
옥외저장탱크의 위치·구조 및 설비 기준

(1) 옥외저장탱크는 위험물의 폭발 등에 의하여 탱크 내의 압력이 비정상적으로 상승하는 경우에 내부의 가스 또는 증기를 상부로 방출할 수 있는 구조로 할 것 보기 ①

(2) 이황화탄소의 옥외저장탱크는 벽 및 바닥의 두께가 0.2m 이상이고 누수가 되지 아니하는 **철근콘크리트**의 수조에 넣어 보관하여야 한다(**보유공지 · 통기관** 및 **자동계량장치**는 생략 가능). 보기 ②

- 이황화탄소 옥외저장탱크 벽 · 바닥 두께 : 0.2m 이상

(3) 옥외저장탱크의 배수관은 탱크의 **옆판**에 설치하여야 한다(단, 탱크와 배수관과의 결합부분이 지진 등에 의하여 손상을 받을 우려가 없는 방법으로 배수관을 설치하는 경우에는 탱크의 **밑판**에 설치 가능). 보기 ③

(4) 제3류 위험물 중 금수성 물질(고체에 한함)의 옥외저장탱크에는 방수성의 불연재료로 만든 피복설비 설치 보기 ④

 정답 ③

★★
19 「위험물안전관리법 시행령」상 위험물의 지정수량이 가장 큰 것은?

유사기출 23년 경채

① 브롬산염류 ② 아염소산염류
③ 과염소산염류 ④ 중크롬산염류

해설 **위험물관리법 시행령 [별표 1]**
위험물 및 지정수량

위험물			지정수량
유 별	성 질	품 명	
제1류	산화성 고체	① 아염소산염류 보기 ②	50kg
		② 염소산염류	
		③ 과염소산염류 보기 ③	
		④ 무기과산화물	
		⑤ 브롬산염류 보기 ①	300kg
		⑥ 질산염류	
		⑦ 요오드산염류	
		⑧ 과망간산염류	1000kg
		⑨ 중크롬산염류 보기 ④	

정답 ④

★★
20 「위험물안전관리법」상 신고를 하지 아니하고 위험물의 품명 · 수량 또는 지정수량의 배수를 변경할 수 있는 경우로 옳은 것은?

유사기출 13년 경기

① 농예용으로 필요한 건조시설을 위한 지정수량 20배 이하의 취급소
② 축산용으로 필요한 난방시설을 위한 지정수량 20배 이하의 저장소
③ 수산용으로 필요한 건조시설을 위한 지정수량 30배 이하의 저장소
④ 공동주택의 중앙난방시설을 위한 지정수량 30배 이하의 취급소

2019 공개경쟁채용

해설

> ① 취급소 → 취급소 아님
> ③ 30배 이하 → 20배 이하
> ④ 공동주택 중앙난방시설 → 공동주택 중앙난방시설 제외

위험물관리법 6조
제조소 등의 설치허가
(1) **설치허가자 : 시·도지사** 보기 ①
(2) **설치허가 제외 장소**
  ① **주택**의 **난방**시설(공동주택 중앙난방시설 제외)을 위한 **저장소** 또는 **취급소** 보기 ④
  ② 지정수량 20배 이하의 **농예용·축산용·수산용** 난방시설 또는 건조시설의 **저장소** 보기 ①, ②, ③
(3) **제조소 등의 변경신고** : 변경하고자 하는 날의 **1일** 전까지 **시·도지사**에게 신고

> 암기 농축수2

정답 ②

2019 경력경쟁채용 기출문제

맞은 문제수 [ ] / 틀린 문제수 [ ]

★★
01 「소방기본법」상 용어 정의로 옳지 않은 것은?

유사기출 11년 서울

① '소방대상물'이란 건축물, 차량, 선박(「선박법」 1조의2 ①항에 따른 선박으로서, 항구에 매어둔 선박만 해당한다), 선박건조구조물, 산림, 그 밖의 인공구조물 또는 물건을 말한다.
② '관계지역'이란 소방대상물이 있는 장소 및 이웃 지역으로서 화재의 예방·경계·진압, 구조·구급 등의 활동에 필요한 지역을 말한다.
③ '소방본부장'이란 특별시·광역시·특별자치시·도 또는 특별자치도에서 화재의 예방·경계·진압·조사 및 구조·구급 등의 업무를 담당하는 부서의 장을 말한다.
④ '소방대'란 화재를 진압하고 화재, 재난·재해, 그 밖의 위급한 상황에서 구조·구급 활동 등을 하기 위하여 소방공무원, 의무소방원, 자위소방대원으로 구성된 조직체를 말한다.

해설

④ 자위소방대원 → 의용소방대원

소방기본법 2조

용 어	정 의
관계인	**소유자**, **관리자** 또는 **점유자**
소방대장	**소방본부장** 또는 **소방서장** 등 화재, 재난, 재해, 그 밖의 위급한 상황이 발생한 현장에서 소방대를 지휘하는 사람
소방본부장 보기 ③	특별시·광역시·특별자치시·도 또는 특별자치도의 시·도에서 화재의 예방·경계·진압·조사 및 구조·구급 등의 업무를 담당하는 **부서**의 **장**
관계지역 보기 ②	**소방대상물**이 있는 **장소** 및 **이웃 지역**으로서 화재의 예방·경계·진압, 구조·구급 등의 활동에 필요한 지역
소방대 보기 ④	화재를 진압하고 화재, 재난·재해, 그 밖의 위급한 상황에서 구조·구급 활동 등을 하기 위하여 **소방공무원**, **의무소방원**, **의용소방대원**으로 구성된 조직체
소방대상물 보기 ①	**건축물**, **차량**, **선박**(항구에 매어둔 선박), **선박건조구조물**, **산림**, 그 밖의 **인공구조물** 또는 **물건**

정답 ④

★★
02 「화재의 예방 및 안전관리에 관한 법률」상 화재예방강화지구에 관한 설명으로 옳은 것은?

유사기출 13년 간부

① 시・도지사는 화재예방강화지구 안의 소방대상물의 위치・구조 및 설비 등에 대한 화재안전조사를 연 1회 이상 실시하여야 한다.
② 소방관서장은 화재예방강화지구 안의 관계인에 대하여 소방상 필요한 훈련 및 교육을 연 1회 이상 실시할 수 있다.
③ 소방관서장은 소방상 필요한 훈련 및 교육을 실시하려는 경우에는 화재예방강화지구 안의 관계인에게 훈련 또는 교육 30일 전까지 그 사실을 통보해야 한다.
④ 소방청장은 화재예방강화지구의 지정 현황 등을 화재예방강화지구 관리대장에 작성하고 관리해야 한다.

① 시・도지사 → 소방관서장
③ 30일 전 → 10일 전
④ 소방청장 → 시・도지사

화재예방법 18조, 화재예방법 시행령 20조
화재예방강화지구 안의 화재안전조사・소방훈련 및 교육

구 분	설 명
실시자	**소방청장・소방본부장・소방서장(소방관서장)**
횟수	**연 1회** 이상 보기 ①, ②
훈련・교육	**10일 전** 통보 보기 ③
화재예방강화지구 관리대장 작성・관리	시・도지사 보기 ④

비교

방치된 위험물 공고기간	위험물이나 물건의 보관기간
14일	7일
소방관서장	소방관서장

정답 ②

★★
03 「소방기본법」상 소방박물관 등의 설립과 운영에 관한 설명이다. (   ) 안의 내용으로 옳은 것은? (순서대로 (㉠), (㉡))

유사기출 12년 전북

> 소방의 역사와 안전문화를 발전시키고 국민의 안전의식을 높이기 위하여 (㉠)은/는 소방박물관을, (㉡)은/는 소방체험관(화재현장에서의 피난 등을 체험할 수 있는 체험관을 말한다)을 설립하여 운영할 수 있다.

① 소방청장, 시・도지사
② 소방청장, 소방본부장
③ 시・도지사, 소방본부장
④ 시・도지사, 소방청장

해설 소방기본법 5조 ①항
설립과 운영 보기 ①

소방박물관	소방체험관
소방청장	시·도지사
암기 박청(방청객)	암기 시체

정답 ①

★★
04 유사기출 11년 간부

「소방기본법 시행령」상 소방안전교육사의 배치대상별 배치기준에 관한 설명이다. (   ) 안의 내용으로 옳은 것은? (순서대로 (㉠), (㉡), (㉢))

소방안전교육사의 배치대상별 배치기준에 따르면 소방청 (㉠)명 이상, 소방본부 (㉡)명 이상, 소방서 (㉢)명 이상이다.

① 1, 1, 1
② 1, 2, 2
③ 2, 1, 2
④ 2, 2, 1

해설 소방기본법 시행령 [별표 2의3]
소방안전교육사의 배치대상별 배치기준

배치대상	배치기준
소방서	• 1명 이상 보기 ㉢
한국소방안전원	• 시·도지부 : 1명 이상 • 본회 : 2명 이상
소방본부	• 2명 이상 보기 ㉡
소방청	• 2명 이상 보기 ㉠
한국소방산업기술원	• 2명 이상

암기 서 1
안원 1
본 2
청 2
기원 2

정답 ④

★★
05

「소방기본법」 및 같은 법 시행령상 손실보상에 관한 내용 중 소방청장 또는 시·도지사가 '손실보상심의위원회'의 심사·의결에 따라 정당한 보상을 하여야 하는 대상으로 옳지 않은 것은?

유사기출 17년 경채

① 생활안전활동에 따른 조치로 인하여 손실을 입은 자
② 소방활동 종사명령에 따른 소방활동 종사로 인하여 사망하거나 부상을 입은 자
③ 위험물 또는 물건의 보관기간 경과 후 매각이나 폐기로 손실을 입은 자
④ 소방기관 또는 소방대의 적법한 소방업무 또는 소방활동으로 인하여 손실을 입은 자

해설 소방기본법 49조의2

소방청장, 시·도지사의 손실보상

(1) **생활안전활동**에 따른 조치로 인하여 **손실**을 입은 자 보기 ①
(2) **소방활동** 종사로 인하여 **사망**하거나 **부상**을 입은 자 보기 ②
(3) **강제처분**으로 인하여 **손실**을 입은 자(단, 법령을 위반하여 소방자동차의 통행과 소방활동에 방해가 된 경우는 제외)
(4) **위험시설** 등에 대한 **긴급조치**로 인하여 **손실**을 입은 자
(5) 그 밖에 **소방기관** 또는 **소방대**의 적법한 소방업무 또는 소방활동으로 인하여 손실을 입은 자 보기 ④

비교

시·도지사	소방청장, 시·도지사
소방활동 비용 지급(소방기본법 24조 ③항)	소방활동 사망·부상(소방기본법 49조의2)

정답 ③

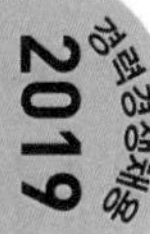

★★
06

「소방기본법 시행령」상 소방활동구역의 출입자로 옳지 않은 것은?

유사기출 17년 경채

① 소방활동구역 안에 있는 소방대상물의 관계인
② 구조·구급 업무에 종사하는 사람
③ 수사업무에 종사하는 사람
④ 시·도지사가 출입을 허가한 사람

해설

④ 시·도지사 → 소방대장

소방기본법 시행령 8조

소방활동구역 출입자

(1) 소방활동구역 **안**에 있는 소방대상물의 **소유자·관리자** 또는 **점유자** 보기 ①
(2) **전기·가스·수도·통신·교통**의 업무에 종사하는 자로서, 원활한 소방활동을 위하여 필요한 자
(3) **의사·간호사**, 그 밖의 **구조·구급 업무**에 종사하는 자 보기 ②
(4) **취재인력** 등 보도업무에 종사하는 자(언론 보도인)

(5) **수사업무**에 종사하는 자 보기 ③

(6) **소방대장**이 소방활동을 위하여 출입을 허가한 자 보기 ④

용어

소방활동구역

화재, 재난・재해, 그 밖의 위급한 상황이 발생한 현장에 정하는 구역

정답 ④

★

07 「소방기본법」 및 같은 법 시행령상 소방자동차 전용구역의 설치 등에 관한 설명으로 옳지 않은 것은?

① 세대수가 100세대 이상인 아파트에는 소방자동차 전용구역을 설치하여야 한다.

② 소방본부장 또는 소방서장은 소방자동차가 접근하기 쉽고 소방활동이 원활하게 수행될 수 있도록 공동주택의 각 동별 전면 또는 후면에 소방자동차 전용구역을 1개소 이상 설치하여야 한다.

③ 전용구역 노면표지 도료의 색채는 황색을 기본으로 하되, 문자(P, 소방차 전용)는 백색으로 표시한다.

④ 소방자동차 전용구역에 차를 주차하거나 전용구역에의 진입을 가로막는 등의 방해행위를 한 자에게는 100만원 이하의 과태료를 부과한다.

② 소방본부장 또는 소방서장 → 공동주택의 건축주

1. 소방기본법 시행령 7조의12・13 [별표 2의5]
소방자동차 전용구역

구 분	설 명
설치대상	① **100세대** 이상인 **아파트** 보기 ① ② **3층** 이상의 **기숙사**
전용구역 설치	**공동주택의 건축주**는 소방자동차가 접근하기 쉽고 소방활동이 원활하게 수행될 수 있도록 각 동별 전면 또는 후면에 소방자동차 전용구역을 **1개소** 이상 설치(단, 하나의 전용구역에서 여러 동에 접근하여 소방활동이 가능한 경우로서 **소방청장**이 정하는 경우에는 각 **동별**로 설치제외 가능) 보기 ②

구 분	설 명
노면표지 도로	① 외곽선은 **빗금무늬**로 표시하되, 빗금은 두께를 **30cm**로 하여 **50cm** 간격으로 표시 ② 황색을 기본으로 하되, 문자(P, 소방차 전용)는 **백색**으로 표시 보기 ③ 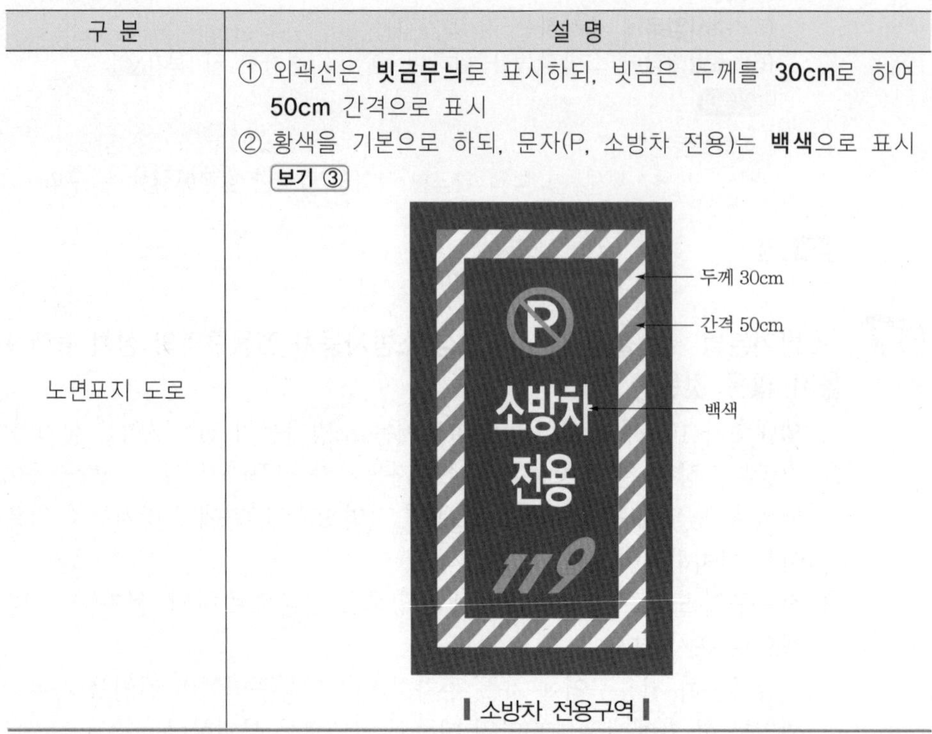 ▌소방차 전용구역▐

2. 소방기본법 56조
100만원 이하의 과태료
전용구역에 차를 주차하거나 전용구역의 진입을 가로막는 등의 방해행위를 한 자 보기 ④

 정답 ②

★★★
08

유사기출: 23년 경채, 21년 경채, 18년 경채, 17년 경채, 16년 공채, 16년 충남, 14년 경채, 13년 전북

「화재의 예방 및 안전관리에 관한 법률 시행령」상 보일러 등의 설비 또는 기구 등의 위치 · 구조 및 관리와 화재예방을 위하여 불을 사용할 때 지켜야 하는 사항으로 옳지 않은 것은?

① 보일러 본체와 벽 · 천장 사이의 거리는 0.6m 이상이어야 한다.
② 난로 연통은 천장으로부터 0.6m 이상 떨어지고, 연통의 배출구는 건물 밖으로 0.6m 이상 나오게 설치하여야 한다.
③ 건조설비와 벽 · 천장 사이의 거리는 0.5m 이상이어야 한다.
④ 불꽃을 사용하는 용접 · 용단 기구 작업장에서는 용접 또는 용단 작업장 주변 반경 10m 이내에 소화기를 갖추어야 한다.

 해설

④ 10m 이내 → 5m 이내

1. 화재예방법 시행령 [별표 1]
벽 · 천장 사이의 거리

종 류	벽 · 천장 사이의 거리
음식 조리기구	**0.15m** 이내
건조설비	**0.5m** 이상 보기 ③
보일러	**0.6m** 이상 보기 ①
난로 연통	**0.6m** 이상
음식 조리기구 반자	**0.6m** 이상
보일러(경유 · 등유)	수평거리 **1m** 이상

2. 화재예방법 시행령 [별표 1]
난로

(1) 연통은 천장으로부터 **0.6m 이상** 떨어지고, 연통의 배출구는 건물 밖으로 **0.6m 이상** 나오게 설치 보기 ②
(2) 가연성 벽 · 바닥 또는 천장과 접촉하는 연통의 부분은 규조토 등 난연성 또는 불연성의 단열재로 덮어씌울 것
(3) 이동식 난로 사용금지 장소(단, 난로가 쓰러지지 않도록 받침대를 두어 고정시키거나 쓰러지는 경우 즉시 소화되고 연료의 누출을 차단할 수 있는 장치가 부착된 경우 제외)
① 다중이용업
② 학원
③ 독서실
④ 숙박업 · 목욕장업 · 세탁업의 영업장
⑤ 종합병원 · 병원 · 치과병원 · 한방병원 · 요양병원 · 정신병원 · 의원 · 치과의원 · 한의원 및 조산원
⑥ 식품접객업의 영업장
⑦ 영화상영관
⑧ 공연장
⑨ 박물관 및 미술관
⑩ 상점가
⑪ 가설건축물
⑫ 역 · 터미널

3. 화재예방법 시행령 [별표 1]
불꽃을 사용하는 용접 · 용단 기구

(1) 용접 또는 용단 작업장 주변 반경 **5m** 이내에 **소화기**를 갖추어 둘 것 보기 ④
(2) 용접 또는 용단 작업장 주변 반경 **10m** 이내에는 **가연물**을 쌓아두거나 놓아두지 말 것(단, 가연물의 제거가 곤란하여 방지포 등으로 방호조치를 한 경우는 제외)

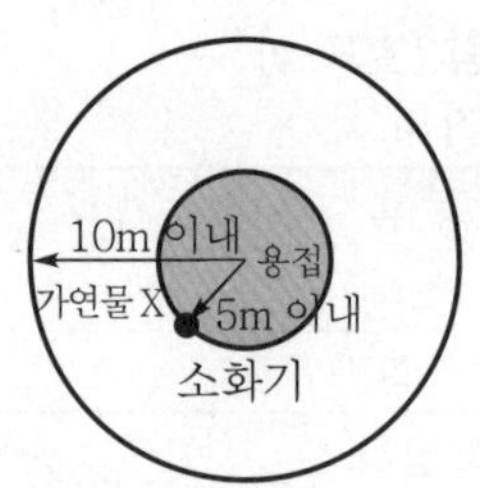

▌용접·용단 소화기, 가연물 이격 거리▌

정답 ④

★★
09 「소방기본법」상 소방력의 기준 등에 관한 설명으로 옳은 것은?

유사기출 17년 경채

① 소방업무를 수행하는 데에 필요한 소방력에 관한 기준은 대통령령으로 정한다.
② 소방청장은 소방력의 기준에 따라 관할구역의 소방력을 확충하기 위하여 필요한 계획을 수립하여 시행하여야 한다.
③ 소방자동차 등 소방장비의 분류·표준화와 그 관리 등에 필요한 사항은 따로 법률에서 정한다.
④ 국가는 소방장비의 구입 등 시·도의 소방업무에 필요한 경비의 일부를 보조하고, 보조 대상사업의 범위와 기준보조율은 행정안전부령으로 정한다.

해설

① 대통령령 → 행정안전부령
② 소방청장→ 시·도지사
④ 행정안전부령 → 대통령령

1. 소방기본법 8조
소방력
(1) 소방기관이 소방업무를 수행하는 데 필요한 **인력**과 **장비** 등에 관한 기준 보기 ①
(2) **시·도지사** : 관할구역의 **소방력 확충**을 위하여 필요한 **계획**을 수립·시행 보기 ②
(3) 소방자동차 등 소방장비의 분류·표준화와 그 관리 등에 필요한 사항 : 따로 **법률**에서 정함 보기 ③
(4) 소방력 기준 : **행정안전부령** 보기 ①

2. 소방기본법 9조
소방장비 등에 대한 국고보조 보기 ④
(1) **국가**는 소방장비의 구입 등 **시·도**의 소방업무에 필요한 경비의 **일부 보조**
(2) 보조 대상사업의 범위와 기준보조율 : **대통령령**

정답 ③

★★★
10 「소방기본법」상 과태료 부과대상으로 옳은 것은?

유사기출 23년 공채 23년 경채 17년 경채

① 화재 또는 구조・구급이 필요한 상황을 거짓으로 알린 사람
② 피난명령을 위반한 사람
③ 소방자동차가 화재진압 및 구조활동을 위하여 출동할 때 소방자동차의 출동을 방해한 사람
④ 소방활동 종사명령에 따라 사람을 구출하는 일 또는 불을 끄거나 불이 번지지 아니하도록 하는 일을 방해한 사람

해설 **1. 500만원 이하의 과태료**
화재・구조・구급 거짓 신고(소방기본법 56조) 보기 ①

2. 100만원 이하의 벌금
(1) **피난명령** 위반(소방기본법 54조) 보기 ②
(2) 위험시설 등에 대한 긴급조치 방해(소방기본법 54조)
(3) 소방활동(**인명구출, 화재진압**)을 하지 않은 관계인(소방기본법 54조)
(4) 위험시설 등에 정당한 사유 없이 물의 **사용**이나 **수도의 개폐장치**의 사용 또는 조작을 하지 못하게 하거나 **방해**한 자(소방기본법 54조)
(5) 소방대의 **생활안전활동**을 **방해**한 자(소방기본법 54조)

3. 소방기본법 50조
5년 이하의 징역 또는 5000만원 이하의 벌금
(1) 소방자동차의 **출동 방해** 보기 ③
(2) 사람구출 방해(**소방활동 방해**) 보기 ④
(3) 소방용수시설 또는 비상소화장치의 **효용** 방해
(4) 출동한 소방대의 화재진압・인명구조 또는 구급활동 **방해**
(5) 소방대의 현장출동 **방해**
(6) 출동한 소방대원에게 **폭행・협박** 행사

정답 ①

★★★
11 「소방시설 설치 및 관리에 관한 법률」 및 같은 법 시행령상 지방소방기술심의위원회의 심의사항으로 옳은 것은?

유사기출 23년 공채 23년 경채 16년 충남 12년 전북

① 화재안전기준에 관한 사항
② 소방시설의 구조 및 원리 등에서 공법이 특수한 설계 및 시공에 관한 사항
③ 소방시설의 설계 및 공사감리의 방법에 관한 사항
④ 연면적 100000m^2 미만의 특정소방대상물에 설치된 소방시설의 설계・시공・감리의 하자 유무에 관한 사항

해설

④ 100000m^2 미만 → 100000m^2 이상

1. 소방시설법 18조
소방기술심의위원회의 심의사항

중앙소방기술심의위원회	지방소방기술심의위원회
① **화재안전기준**에 관한 사항 보기 ① ② 소방시설의 구조 및 원리 등에서 공법이 특수한 설계 및 시공에 관한 사항 보기 ② ③ 소방시설의 설계 및 공사감리의 방법에 관한 사항 보기 ③ ④ **소방시설공사**의 하자를 판단하는 기준에 관한 사항 ⑤ 성능위주설계・신기술・신공법 등 검토・평가에 고도의 기술이 필요한 경우로서 중앙위원회에 심의로 요청한 사항	**소방시설**에 하자가 있는지의 판단에 관한 사항

2. 소방시설법 시행령 20조

중앙소방기술심의위원회	지방소방기술심의위원회
① 연면적 **100000m²** 이상의 특정소방대상물에 설치된 소방시설의 설계・시공・감리의 하자 유무에 관한 사항 보기 ④ ② **새로운 소방시설**과 **소방용품** 등의 도입 여부에 관한 사항 ③ 소방기술과 관련하여 **소방청장**이 심의에 부치는 사항	① 연면적 **100000m²** 미만의 특정소방대상물에 설치된 소방시설의 설계・시공・감리의 하자 유무에 관한 사항 ② **소방본부장** 또는 **소방서장**이 화재안전기준 또는 위험물제조소 등의 시설기준의 적용에 관하여 기술검토를 요청하는 사항 ③ 소방기술과 관련하여 **시・도지사**가 심의에 부치는 사항

정답 ④

★★
12 「소방시설 설치 및 관리에 관한 법률 시행령」상 신축건축물로서 성능위주설계를 해야 할 특정소방대상물의 범위로 옳은 것은?

유사기출 11년 서울

① 연면적 100000m² 이상인 특정소방대상물로서 기숙사
② 건물높이가 100m 이상인 특정소방대상물로서 아파트
③ 지하층을 포함한 층수가 20층 이상인 특정소방대상물로서 복합건축물
④ 연면적 30000m² 이상인 특정소방대상물로서 공항시설

해설

① 100000m² 이상 → 200000m² 이상
② 100m → 200m
③ 20층 이상 → 30층 이상

소방시설법 시행령 9조
성능위주설계를 해야 할 특정소방대상물의 범위
(1) 연면적 **200000m²** 이상인 특정소방대상물(아파트 등 제외) 보기 ①
(2) **지하층 포함 30층** 이상 또는 높이 **120m** 이상 특정소방대상물(아파트 등 제외) 보기 ③

(3) 지하층 제외 **50층** 이상 또는 높이 **200m** 이상 아파트 [보기 ②]
(4) 연면적 **30000m²** 이상인 **철도 및 도시철도 시설, 공항시설** [보기 ④]
(5) 하나의 건축물에 관련법에 따른 **영화상영관**이 **10개** 이상인 특정소방대상물
(6) 지하연계 복합건축물에 해당하는 특정소방대상물
(7) **창고시설** 중 연면적 **100000m²** 이상인 것 또는 지하 **2개 층** 이상이고 지하층의 바닥면적의 합계가 **30000m²** 이상인 것
(8) 터널 중 수저터널 또는 길이가 **5000m** 이상인 것

중요

영화상영관 10개 이상	영화상영관 1000명 이상
성능위주설계 대상 (소방시설법 시행령 9조)	소방안전특별관리시설물 (화재예방법 40조)

정답 ④

★★★
13 **「화재의 예방 및 안전관리에 관한 법률」 및 같은 법 시행령상 화재안전조사 결과에 따른 조치명령과 손실보상에 관한 설명으로 옳지 않은 것은?**

유사기출
23년 경채
15년 전북

① 소방청장 또는 시·도지사가 손실을 보상하는 경우에는 원가로 보상해야 한다.
② 손실보상에 관하여는 소방청장 또는 시·도지사와 손실을 입은 자가 협의해야 한다.
③ 보상금액에 관한 협의가 성립되지 않은 경우에는 소방청장 또는 시·도지사는 그 보상금액을 지급하거나 공탁하고 이를 상대방에게 알려야 한다.
④ 보상금의 지급 또는 공탁의 통지에 불복하는 자는 지급 또는 공탁의 통지를 받은 날부터 30일 이내에 중앙토지수용위원회 또는 관할 지방토지수용위원회에 재결을 신청할 수 있다.

해설

① 원가 → 시가

화재예방법 시행령 14조
손실보상
(1) **소방청장** 또는 **시·도지사**가 손실을 보상하는 경우에는 **시가** 보상 [보기 ①]
(2) 손실보상에 관하여는 **소방청장** 또는 **시·도지사**와 **손실**을 **입은 자**가 협의 [보기 ②]
(3) **소방청장** 또는 **시·도지사**는 보상금액에 관한 협의가 성립되지 않은 경우에는 그 보상금액을 지급하거나 **공탁**하고 이를 상대방에게 알려야 한다. [보기 ③]
(4) 보상금의 지급 또는 공탁의 통지에 불복하는 자는 지급 또는 공탁의 통지를 받은 날부터 **30일** 이내에 **중앙토지수용위원회** 또는 관할 **지방토지수용위원회**에 재결 신청 가능 [보기 ④]

정답 ①

2019 경력경쟁채용

★★★
14 「소방시설 설치 및 관리에 관한 법률 시행령」상 무창층이 되기 위한 개구부의 요건 중 일부를 나타낸 것이다. (　) 안의 내용으로 옳은 것은? (순서대로 (㉠), (㉡), (㉢))

유사기출 23년 경채 12년 경채

> • 크기는 지름 (㉠)cm 이상의 원이 통과할 수 있는 크기일 것
> • 해당 층의 바닥면으로부터 개구부 (㉡)까지의 높이가 (㉢)m 이내일 것

① 50, 윗부분, 1.2
② 50, 밑부분, 1.2
③ 50, 밑부분, 1.5
④ 60, 밑부분, 1.2

소방시설법 시행령 2조

개구부

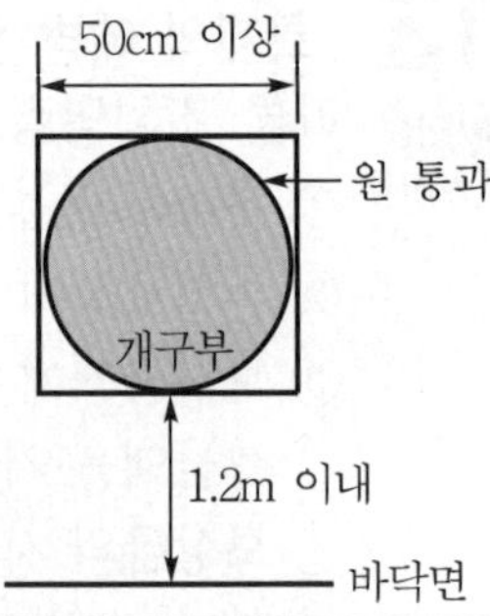

(1) 개구부의 크기는 지름 **50cm**의 **원**이 **통과**할 수 있을 것 보기 ㉠
(2) 해당 층의 바닥면으로부터 개구부 **밑부분**까지의 높이가 **1.2m** 이내일 것 보기 ㉡, ㉢
(3) 내부 또는 외부에서 쉽게 부수거나 열 수 있을 것
(4) 화재 시 건축물로부터 쉽게 피난할 수 있도록 개구부에 창살, 그 밖의 장애물이 설치되지 않을 것
(5) 도로 또는 차량이 진입할 수 있는 **빈터**를 향할 것

용 어	설 명
개구부	화재 시 쉽게 피난할 수 있는 출입문, 창문 등
무창층	지상층 중 기준에 의해 개구부 면적의 합계가 해당 층의 바닥면적의 $\frac{1}{30}$ **이하**가 되는 층 1m² 이하 무창층 바닥면적

정답 ②

★★

15 「소방시설 설치 및 관리에 관한 법률 시행령」상 특정소방대상물 중 지하구에 관한 설명이다. ( ) 안의 내용으로 옳은 것은? (순서대로 (㉠), (㉡), (㉢), (㉣))

유사기출 12년 전북

- 전력・통신용의 전선이나 가스・냉난방용의 배관 또는 이와 비슷한 것을 집합수용하기 위하여 설치한 지하 인공구조물로서, 사람이 점검 또는 보수를 하기 위하여 출입이 가능한 것 중 폭 (㉠) 이상이고 높이가 (㉡) 이상이며, 길이가 (㉢) 이상인 것
- 「국토의 계획 및 이용에 관한 법률」 2조 ⑨호에 따른 (㉣)

① 1.5m, 2m, 50m, 공동구　　② 1.5m, 1.8m, 30m, 지하가
③ 1.8m, 2m, 50m, 공동구　　④ 1.8m, 1.8m, 50m, 지하가

 해설 1. 소방시설법 시행령 [별표 2]
지하구

구 분	설 명
폭	1.8m 이상 보기 ㉠
높이	2m 이상 보기 ㉡
길이	50m 이상 보기 ㉢

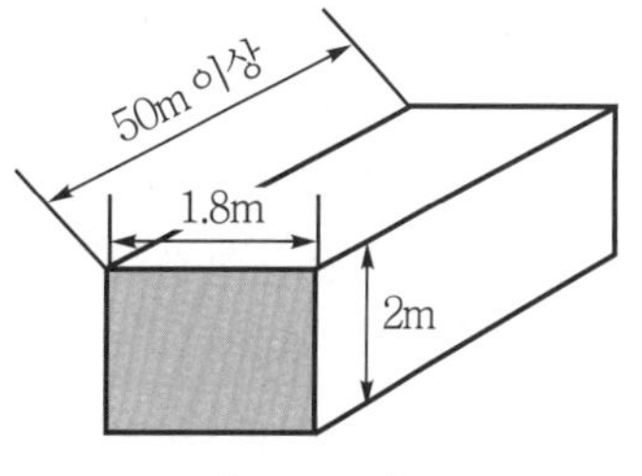

❙ 지하구 ❙

2. 「국토의 계획 및 이용에 관한 법률」에 따른 **공동구** 보기 ㉣

 정답 ③

★★

16 「소방시설 설치 및 관리에 관한 법률」 및 같은 법 시행령상 노유자시설 및 의료시설의 경우 강화된 소방시설기준의 적용대상이다. 이에 해당하는 소방설비의 연결이 옳지 않은 것은?

유사기출 16년 경채

① 노유자시설에 설치하는 간이스프링클러설비
② 노유자시설에 설치하는 비상방송설비
③ 의료시설에 설치하는 스프링클러설비
④ 의료시설에 설치하는 자동화재탐지설비

 해설

② 해당없음

소방시설법 13조, 소방시설법 시행령 13조
변경강화기준 적용설비
(1) 소화기구
(2) 비상경보설비
(3) 자동화재탐지설비
(4) 자동화재속보설비
(5) 피난구조설비
(6) 소방설비(**공동구** 설치용, 전력 및 통신사업용 지하구, 노유자시설, 의료시설)

공동구, 전력 및 통신사업용 지하구	노유자시설	의료시설
① 소화기 ② 자동소화장치 ③ 자동화재탐지설비 ④ 통합감시시설 ⑤ 유도등 ⑥ 연소방지시설	① 간이스프링클러설비 ② 자동화재탐지설비 ③ 단독경보형 감지기	① 스프링클러설비 ② 간이스프링클러설비 ③ 자동화재탐지설비 ④ 자동화재속보설비

정답 ②

17 「소방시설 설치 및 관리에 관한 법률」 및 「화재의 예방 및 안전관리에 관한 법률」상 과태료 부과대상으로 옳은 것은?

유사기출 11년 부산

① 소방시설·피난시설 등이 법령에 위반된 것을 발견하였음에도 필요한 조치를 할 것을 요구하지 아니한 소방안전관리자

② 소방안전관리자, 총괄소방안전관리자 또는 소방안전관리 보조자를 선임하지 아니한 자

③ 소방시설을 화재안전기준에 따라 설치·관리하지 아니한 자

④ 방염성능검사에 합격하지 아니한 물품에 합격표시를 하거나 합격표시를 위조하거나 변조하여 사용한 자

1. 소방시설법 61조

300만원 이하의 과태료

(1) 소방시설을 화재안전기준에 따라 설치·관리하지 아니한 자 **보기 ③**

(2) **피난시설**·방화구획 또는 방화시설의 **폐쇄·훼손·변경** 등의 행위를 한 자

2. 300만원 이하의 벌금

(1) 화재안전조사를 정당한 사유없이 거부·방해·기피(화재예방법 50조)

(2) 위탁받은 업무종사자의 **비밀누설**(소방시설법 59조)

(3) 방염성능검사 합격표시 위조(소방시설법 59조) **보기 ④**

(4) 방염성능검사를 할 때 거짓시료를 제출한 자(소방시설법 59조)

(5) 소방시설 등의 자체점검 결과조치를 위반하여 필요한 조치를 하지 아니한 관계인 또는 관계인에게 중대위반사항을 알리지 아니한 관리업자 등(소방시설법 59조)

(6) **소방안전관리자** 또는 **소방안전관리 보조자 미선임**(화재예방법 50조) **보기 ②**

(7) 소방시설·피난시설·방화시설 및 방화구획 등이 법령에 위반된 것을 발견하였음에도 필요한 조치를 할 것을 요구하지 아니한 소방안전관리자(화재예방법 50조) **보기 ①**

(8) 다른 자에게 자기의 성명이나 상호를 사용하여 소방시설공사 등을 수급 또는 시공하게 하거나 소방시설업의 등록증·**등록수첩을 빌려준 자**(소방시설공사업법 37조)

(9) 감리원 미배치자(소방시설공사업법 37조)

(10) 소방기술인정 자격수첩을 빌려준 자(소방시설공사업법 37조)

(11) **2 이상의 업체에 취업**한 자(소방시설공사업법 37조)

(12) 소방시설업자나 관계인 감독 시 관계인의 업무를 방해하거나 비밀누설(소방시설공사업법 37조)

암기 비3(비상)

중요

비밀누설

300만원 이하의 벌금	1000만원 이하의 벌금	1년 이하의 징역 또는 1000만원 이하의 벌금	3년 이하의 징역 또는 3000만원 이하의 벌금
① **화재예방안전진단 업무** 수행 시 비밀누설(화재예방법 50조) ② **한국소방안전원이 위탁받은 업무** 수행 시 비밀누설(화재예방법 50조) ③ **소방시설업의 감독 시** 비밀누설(소방시설공사업법 37조) ④ **성능위주설계평가단의 업무** 수행 시 비밀누설(소방시설법 59조) ⑤ **한국소방산업기술원이 위탁받은 업무** 수행 시 비밀누설(소방시설법 59조)	소방관서장, 시·도지사가 **위험물의 저장 또는 취급장소의 출입·검사 시** 비밀누설(위험물관리법 37조)	소방관서방, 시·도지사가 **사업체 또는 소방대상물 등의 감독 시** 비밀누설(소방시설법 58조)	**화재안전조사 업무수행 시** 비밀누설(화재예방법 50조)

정답 ③

★★★
18 「화재의 예방 및 안전관리에 관한 법률」 및 같은 법 시행령상 화재안전조사에 관한 설명으로 옳지 않은 것은?

유사기출 17년 경채 13년 전북

① 화재예방강화지구 등 법령에서 화재안전조사를 하도록 규정되어 있는 경우 화재안전조사 실시대상이다.
② 개인의 주거에 대한 화재안전조사는 관계인의 승낙이 있거나 화재발생의 우려가 뚜렷하여 긴급한 필요가 있는 때에 한정하여 실시할 수 있다.
③ 국가적 행사 등 주요 행사가 개최되는 장소 및 그 주변의 관계지역에 대하여 소방안전관리 실태를 점검할 필요가 있는 경우 화재안전조사를 실시할 수 있다.
④ 화재안전조사위원회는 위원장 1명을 제외한 7명 이내의 위원으로 성별을 고려하여 구성한다.

④ 제외한 → 포함한

1. **화재예방법 7조**

소방관서장은 다음에 해당하는 경우 화재안전조사를 실시할 수 있다(단, **개인**의 **주거**(실제 주거용도로 사용되는 경우)에 대한 화재안전조사는 관계인의 승낙이 있거나 화재발생의 우려가 뚜렷하여 긴급한 필요가 있는 때에 한정). **보기 ②**

2. **화재안전조사 실시대상**

(1) **관계인**이 이 법 또는 다른 법령에 따라 실시하는 소방시설 등, 방화시설, 피난시설 등에 대한 자체점검이 불성실하거나 불완전하다고 인정되는 경우
(2) **화재예방강화지구** 등 법령에서 화재안전조사를 하도록 규정되어 있는 경우 **보기 ①**
(3) 화재예방안전진단이 불성실하거나 불완전하다고 인정되는 경우
(4) **국가적 행사** 등 주요 행사가 개최되는 장소 및 그 주변의 관계지역에 대하여 소방안전관리 실태를 조사할 필요가 있는 경우 **보기 ③**
(5) 화재가 **자주 발생**하였거나 발생할 우려가 뚜렷한 곳에 대한 조사가 필요한 경우
(6) **재난예측정보**, **기상예보** 등을 분석한 결과 소방대상물에 화재의 발생 위험이 크다고 판단되는 경우
(7) 화재, 그 밖의 긴급한 상황이 발생할 경우
(8) 인명 또는 재산 피해의 우려가 현저하다고 판단되는 경우

암기 화관국안

3. **화재예방법 시행령 11조**

화재안전조사위원회

구 분	설 명
위원	① **과장급** 직위 이상의 **소방공무원** ② **소방기술사** ③ **소방시설관리사** ④ 소방 관련 분야의 **석사학위** 이상을 취득한 사람 ⑤ 소방 관련 법인 또는 단체에서 소방 관련 업무에 **5년** 이상 종사한 사람 ⑥ 소방공무원 교육훈련기관, 학교 또는 연구소에서 소방과 관련한 교육 또는 연구에 **5년** 이상 종사한 사람
위원장	소방관서장
구성	**7명** 이내의 위원(위원장 **1명 포함**)으로 성별을 고려하여 구성 **보기 ④**
임기	**2년**으로 하고, **한 차례**만 **연임**할 수 있다.

정답 ④

★★★
19 「소방시설 설치 및 관리에 관한 법률 시행령」상 건축허가 등의 동의대상물의 범위에 해당되는 것으로 옳은 것은?

유사기출
23년 공채
23년 경채
16년 공채

> ㉠ 항공기 격납고, 관망탑, 방송용 송수신탑
> ㉡ 「학교시설사업 촉진법」 5조의2 1항에 따라 건축 등을 하려는 학교시설은 100m^2 이상인 건축물
> ㉢ 차고・주차장으로서 사용되는 바닥면적이 150m^2 이상인 층이 있는 건축물이나 주차시설
> ㉣ 노유자시설 및 수련시설은 200m^2 이상인 건축물

① ㉠, ㉡, ㉢　　② ㉠, ㉡, ㉣
③ ㉠, ㉢, ㉣　　④ ㉡, ㉢, ㉣

> ㉢ 150m^2 이상 → 200m^2 이상

소방시설법 시행령 7조
건축허가 등의 동의대상물
(1) 연면적 **400m^2** (학교시설 : **100m^2**, **수련시설・노유자시설** : **200m^2**, **정신의료기관・장애인 의료재활시설** : **300m^2**) 이상 [보기 ㉡, ㉣]
(2) **6층** 이상인 건축물
(3) 차고・주차장으로서 바닥면적 **200m^2** 이상(자동차 **20대** 이상) [보기 ㉢]
(4) **항공기 격납고, 관망탑, 항공관제탑, 방송용 송수신탑** [보기 ㉠]
(5) 지하층 또는 무창층의 바닥면적 **150m^2** 이상(공연장은 **100m^2** 이상)
(6) **위험물저장 및 처리시설, 지하구**
(7) 전기저장시설, 풍력발전소
(8) 조산원, 산후조리원, 의원(입원실 있는 것)
(9) 결핵환자나 한센인이 24시간 생활하는 노유자시설
(10) 요양병원(의료재활시설 제외)
(11) 노인주거복지시설・노인의료복지시설 및 재가노인복지시설, 학대피해노인 전용쉼터, 아동복지시설, 장애인거주시설
(12) 정신질환자 관련 시설(종합시설 중 24시간 주거를 제공하지 아니하는 시설 제외)
(13) 노숙인자활시설, 노숙인재활시설 및 노숙인요양시설
(14) 공장 또는 창고시설로서 지정수량의 **750배 이상**의 특수가연물을 저장・취급하는 것
(15) 가스시설로서 지상에 노출된 탱크의 저장용량의 합계가 **100t** 이상인 것

중요

학교

건축허가 동의대상 (소방시설법 시행령 7조)	연결살수설비 설치대상 (소방시설법 시행령 [별표 4])
100m^2	700m^2

정답 ②

20 「소방시설 설치 및 관리에 관한 법률 시행령」상 밑줄친 각 호에 해당되지 않는 것은?

유사기출 18년 경채

> 소방본부장 또는 소방서장은 특정소방대상물이 증축되는 경우에는 기존 부분을 포함한 특정소방대상물의 전체에 대하여 증축 당시의 소방시설의 설치에 관한 대통령령 또는 화재안전기준을 적용해야 한다. 단, 다음 각 호의 어느 하나에 해당하는 경우에는 기존 부분에 대해서는 증축 당시의 소방시설의 설치에 관한 대통령령 또는 화재안전기준을 적용하지 않는다.

① 기존부분과 증축부분이 내화구조로 된 바닥과 벽으로 구획된 경우
② 기존부분과 증축부분이 「건축법 시행령」 64조에 따른 60분 + 방화문(국토교통부장관이 정하는 기준에 적합한 자동방화셔터를 포함한다)으로 구획되어 있는 경우
③ 자동차생산공장 등 화재위험이 낮은 특정소방대상물 내부에 연면적 $100m^2$ 이하의 직원휴게실을 증축하는 경우
④ 자동차생산공장 등 화재위험이 낮은 특정소방대상물에 캐노피(3면 이상에 벽이 없는 구조의 캐노피를 말한다)를 설치하는 경우

해설 ③ $100m^2$ 이하 → $33m^2$ 이하

1. 소방시설법 시행령 15조

특정소방대상물 전체에 대하여 용도변경 전에 해당 특정소방대상물에 적용되던 소방시설의 설치에 관한 대통령령 또는 화재안전기준을 적용하는 경우

(1) 특정소방대상물의 구조·설비가 **화재연소 확대요인**이 적어지거나 피난 또는 화재진압활동이 쉬워지도록 변경되는 경우
(2) 용도변경으로 인하여 **천장·바닥·벽** 등에 고정되어 있는 가연성 물질의 양이 줄어드는 경우

비교

화재안전기준 적용 제외

(1) 기존부분과 증축부분이 **내화구조**로 된 **바닥**과 **벽**으로 구획된 경우 보기 ①
(2) 기존부분과 증축부분이 **60분 + 방화문**(자동방화셔터 포함)으로 구획되어 있는 경우 보기 ②
(3) 자동차생산공장 등 화재위험이 낮은 특정소방대상물 내부에 연면적 $33m^2$ 이하의 **직원휴게실**을 증축하는 경우 보기 ③
(4) 자동차생산공장 등 화재위험이 낮은 특정소방대상물에 캐노피(**3면 이상** 벽이 **없는** 구조)를 설치하는 경우 보기 ④

2. 소방시설법 시행령 15조

특정소방대상물의 증축 또는 용도변경 시 소방시설기준 적용의 특례

증축되는 경우	**용도변경**되는 경우	① 특정소방대상물의 구조·설비가 화재연소 확대요인이 적어지거나 피난 또는 화재진압활동이 쉬워지도록 변경되는 경우 ② **용도변경**으로 가연물의 양이 줄어드는 경우
기존부분을 **포함**한 **특정소방대상물**의 **전체**에 대하여 증축 당시의 대통령령 또는 화재안전기준 적용	**용도변경**되는 **부분**에 대해서만 용도변경 당시의 소방시설설치에 관한 대통령령 또는 화재안전기준 적용	**특정소방대상물 전체**에 대하여 용도변경 전의 소방시설 설치에 관한 대통령령 또는 화재안전기준 적용

정답 ③

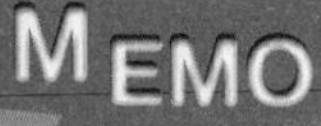

2018 공개경쟁채용 기출문제

맞은 문제수 [ ] / 틀린 문제수 [ ]

★★★

01 「소방시설공사업법 시행령」상 업무의 위탁에 대한 설명으로 옳지 않은 것은?

① 시·도지사는 소방시설업 등록신청의 접수 및 신청내용의 확인에 관한 업무를 소방시설업자협회에 위탁한다.

② 소방청장은 소방기술과 관련된 자격·학력·경력의 인정 업무를 소방시설업자협회, 소방기술과 관련된 법인 또는 단체에 위탁한다.

③ 소방청장은 소방시설공사업을 등록한 자의 시공능력평가 및 공시에 관한 업무를 소방시설업자협회에 위탁한다.

④ 소방청장은 소방기술자 실무교육에 관한 업무를 소방청장이 지정하는 실무교육기관 또는 대한소방공제회에 위탁한다.

④ 대한소방공제회 → 한국소방안전원

소방시설공사업법 33조, 소방시설공사업법 시행령 20조
권한(업무)의 위탁

업 무	위 탁	권 한
• **실무교육** 보기 ④	• 한국소방안전원 • 실무교육기관	• 소방청장
• 소방기술과 관련된 자격·학력·경력의 인정 보기 ② • 소방기술자 양성·인정 교육훈련 업무	• 소방시설업자협회 • 소방기술과 관련된 법인 또는 단체	• 소방청장
• 시공능력평가	• 소방시설업자협회	• 소방청장 보기 ③ • 시·도지사
• 소방시설업 등록 보기 ① • 소방시설업 휴업·폐업·재폐업 • 소방시설업자 **지위승계**	• 소방시설업자협회	• 시·도지사

정답 ④

★★

02 「소방시설공사업법 시행령」상 소방시설공사의 착공신고대상으로 옳지 않은 것은?

① 비상경보설비를 신설하는 특정소방대상물 신축공사

② 자동화재속보설비를 신설하는 특정소방대상물 신축공사

③ 연결송수관설비의 송수구역을 증설하는 특정소방대상물 증축공사

④ 자동화재탐지설비의 경계구역을 증설하는 특정소방대상물 증축공사

소방시설공사업법 시행령 4조
소방시설공사의 착공신고 대상

신설공사	증설공사
① 옥내·외 소화전설비(호스릴 포함) ② 스프링클러설비·간이스프링클러설비(캐비닛형 포함) 및 화재조기진압용 스프링클러설비 ③ 물분무등소화설비 ④ 연결송수관설비·연결살수설비·연소방지설비 ⑤ 제연설비(소방용 외의 용도와 겸용되는 제연설비를 기계설비·가스공사업자가 공사하는 경우 제외) ⑥ 소화용수설비(기계설비, 가스공사업자, 상·하수도설비공사업자가 공사하는 경우 제외) ⑦ 자동화재탐지설비 ⑧ 비상경보설비, 비상방송설비(소방용 외의 용도와 겸용되는 정보통신공사업자가 공사하는 경우 제외) 보기 ① ⑨ 비상콘센트설비(전기공사업자가 공사하는 경우 제외) ⑩ 무선통신보조설비(소방용 외의 용도와 겸용되는 정보통신공사업자가 공사하는 경우 제외)	① 옥내·외 소화전설비 ② 스프링클러설비·간이스프링클러설비의 방호구역 ③ 물분무등소화설비의 방호구역 ④ 자동화재탐지설비의 경계구역 보기 ④ 자동화재속보설비× ⑤ 제연설비의 제연구역(소방용 외의 용도와 겸용되는 기계설비·가스공사업자가 공사하는 경우 제외) ⑥ 연결살수설비의 살수구역 ⑦ 연결송수관설비의 송수구역 보기 ③ ⑧ 비상콘센트설비의 전용회로 ⑨ 연소방지설비의 살수구역

중요

물분무등소화설비(소방시설법 시행령 [별표 1])
(1) 분말 소화설비
(2) 포소화설비
(3) 할론소화설비
(4) 이산화탄소소화설비
(5) 할로겐화합물 및 불활성기체 소화설비
(6) 강화액 소화설비
(7) 미분무소화설비
(8) 물분무소화설비
(9) 고체에어로졸 소화설비

암기 **분포할이 할강미고**

공개경쟁채용 2018

정답 ②

★★★
03 「소방시설공사업법 시행규칙」상 감리업자가 소방공사의 감리를 마쳤을 때, 소방공사감리 결과보고(통보)서를 알려야 하는 대상으로 옳지 않은 것은?

유사기출 23년 경채

① 소방시설공사의 도급인
② 특정소방대상물의 관계인
③ 소방시설설계업의 설계사
④ 특정소방대상물의 공사를 감리한 건축사

해설

③ 해당없음

소방시설공사업법 시행규칙 19조
소방공사감리 결과보고(통보)서

구 분	설 명
보고대상	**소방본부장·소방서장**
보고일	완료된 날부터 **7일** 이내
알림 대상	① 관계인 보기 ② ② 도급인 보기 ① ③ 건축사 보기 ④

중요

소방시설공사업법 시행규칙 19조
소방공사감리 결과보고서(통보) 첨부서류
(1) **소방청장**이 정하여 고시하는 소방시설 **성능시험조사표** 1부
(2) 착공신고 후 변경된 **소방시설 설계도면** 1부
(3) **소방공사 감리일지**(소방본부장 또는 소방서장에게 보고하는 경우에만 첨부) 1부
(4) **특정소방대상물**의 사용승인 신청서 등 사용승인 신청을 증빙할 수 있는 서류 1부

정답 ③

★★
04 「소방시설공사업법」상 '소방시설업'의 영업에 해당하지 않는 것은?

유사기출 11년 간부

① 소방시설공사에 기본이 되는 공사계획, 설계도면, 설계설명서, 기술계산서 및 이와 관련된 서류를 작성하는 영업
② 설계도서에 따라 소방시설을 신설, 증설, 개설, 이전 및 정비하는 영업
③ 소방안전관리 업무의 대행 또는 소방시설 등의 점검 및 관리하는 영업
④ 방염대상물품에 대하여 방염처리하는 영업

해설

③ **소방시설관리업**에 대한 설명

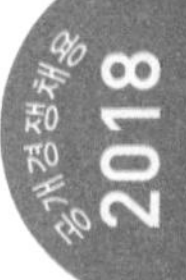

소방시설공사업법 2조
소방시설업의 종류

소방시설설계업	소방시설공사업	소방공사감리업	방염처리업
소방시설공사에 기본이 되는 **공사계획·설계도면·설계설명서·기술계산서** 등을 작성하는 영업 보기 ①	설계도서에 따라 소방시설을 **신설·증설·개설·이전·정비**하는 영업 보기 ②	소방시설공사에 관한 발주자의 권한을 대행하여 소방시설공사가 **설계도서**와 관계법령에 따라 적법하게 **시공**되는지를 확인하고, 품질·시공 관리에 대한 **기술지도**를 하는 영업	방염대상물품에 대하여 **방염처리**하는 영업 보기 ④

암기 **공설감방(공설운동장 가면 감방간다)**

비교

소방시설법 29조
소방시설관리업
소방안전관리 업무의 대행 또는 소방시설 등의 점검 및 관리하는 영업

용어

소방시설업자
시설업 **경영**을 위하여 소방시설업에 등록한 자

 정답 ③

★★
05 「소방시설 설치 및 관리에 관한 법률 시행령」상 건축허가 등을 할 때 미리 소방본부장 또는 소방서장의 동의를 받아야 하는 건축물 등의 범위로 옳지 않은 것은?

유사기출
23년 경채
19년 경채
18년 경채
16년 공채

① 연면적이 100제곱미터 이상인 노유자시설 및 수련시설
② 지하층 또는 무창층이 있는 건축물로서 바닥면적이 150제곱미터(공연장의 경우에는 100제곱미터) 이상인 층이 있는 것
③ 차고·주차장으로 사용되는 바닥면적이 200제곱미터 이상인 층이 있는 건축물이나 주차시설
④ 결핵환자나 한센인이 24시간 생활하는 노유자시설(단독주택 또는 공동주택에 설치되는 시설은 제외)

해설

① 100제곱미터 이상 → 200제곱미터 이상

소방시설법 시행령 7조
건축허가 등의 동의대상물
(1) 연면적 **400m²**(학교시설 : **100m²**, **수련시설·노유자시설 : 200m²**, **정신의료기관·장애인 의료재활시설 : 300m²**) 이상 보기 ①
(2) **6층** 이상인 건축물

2018 공개경쟁채용

(3) 차고·주차장으로서 바닥면적 200m² 이상(자동차 20대 이상) 보기 ③
(4) **항공기격납고, 관망탑, 항공관제탑, 방송용 송수신탑**
(5) 지하층 또는 무창층의 바닥면적 150m² 이상(공연장은 100m² 이상) 보기 ②
(6) **위험물저장 및 처리시설, 지하구**
(7) 전기저장시설, 풍력발전소
(8) 조산원, 산후조리원, 의원(입원실 있는 것)
(9) **결핵환자**나 **한센인**이 24시간 생활하는 **노유자시설** 보기 ④
(10) 요양병원(의료재활시설 제외)
(11) 노인주거복지시설·노인의료복지시설 및 재가노인복지시설, 학대피해노인 전용쉼터, 아동복지시설, 장애인거주시설
(12) 정신질환자 관련 시설(종합시설 중 24시간 주거를 제공하지 아니하는 시설 제외)
(13) 노숙인 자활시설, 노숙인 재활시설 및 노숙인 요양시설
(14) 공장 또는 창고시설로서 지정수량의 **750배 이상**의 특수가연물을 저장·취급하는 것
(15) 가스시설로서 지상에 노출된 탱크의 저장용량의 합계가 100t 이상인 것

비교

1. 가스시설 저장용량

건축허가 동의	2급 소방안전관리대상물	1급 소방안전관리대상물
100t 이상	100~1000t 미만	1000t 이상

2. 6층 이상

① 건축허가 동의
② 자동화재탐지설비
③ 스프링클러설비

3. 수련시설 정리

구 분	기 준	관련법
건축허가 등 동의	연면적 **200m²** 이상	소방시설법 시행령 7조
자동화재속보설비	바닥면적 **500m²** 이상	소방시설법 시행령 [별표 4]
자동화재탐지설비	연면적 **2000m²** 이상(숙박시설이 있는 수련시설 제외)	소방시설법 시행령 [별표 4]
가스누설경보기	전부 설치	소방시설법 시행령 [별표 4]

4. 노유자시설 정리

구 분	기 준	관련법
건축허가 등 동의	연면적 **200m²** 이상	소방시설법 시행령 7조
자동화재탐지설비	연면적 **400m²** 이상	소방시설법 시행령 [별표 4]
자동화재속보설비	바닥면적 **500m²** 이상	소방시설법 시행령 [별표 4]
스프링클러설비	바닥면적합계 **600m²** 이상	소방시설법 시행령 [별표 4]
제연설비	바닥면적합계 **1000m²** 이상	소방시설법 시행령 [별표 4]
옥내소화전설비	연면적 **1500m²** 이상	소방시설법 시행령 [별표 4]
가스누설경보기	전부 설치	소방시설법 시행령 [별표 4]

정답 ①

★★
06

유사기출 18년 경채

「소방시설 설치 및 관리에 관한 법률」 및 같은 법 시행령상 단독주택이나 공동주택(아파트 및 기숙사는 제외한다)의 소유자가 의무적으로 설치하여야 하는 소방시설로 옳은 것을 〈보기〉에서 있는 대로 고른 것은?

보기

㉠ 소화기
㉡ 주거용 주방자동소화장치
㉢ 가스자동소화장치
㉣ 단독경보형 감지기
㉤ 가스누설경보기

① ㉠, ㉣
② ㉡, ㉤
③ ㉠, ㉡, ㉣
④ ㉡, ㉢, ㉤

소방시설법 시행령 10조

주택용 소방시설

(1) 소화기 보기 ㉠
(2) 단독경보형 감지기 보기 ㉣

정답 ①

★★★
07

유사기출 18년 경채

「소방시설 설치 및 관리에 관한 법률 시행령」상 소방용품인 분말형태의 소화약제를 사용하는 소화기의 내용연수로 옳은 것은?

① 10년
② 15년
③ 20년
④ 25년

해설 **소방시설법 시행령 19조**

내용연수 설정대상 소방용품

<table>
<tr><th>구 분</th><th colspan="2">설 명</th></tr>
<tr><td>설정대상</td><td colspan="2">분말형태의 소화약제를 사용하는 소화기</td></tr>
<tr><td rowspan="3">내용연수</td><td colspan="2">10년 보기 ①</td></tr>
<tr><td>내용연수 경과 후 10년 미만</td><td>내용연수 경과 후 10년 이상</td></tr>
<tr><td>3년</td><td>1년</td></tr>
</table>

정답 ①

★★★
08

특정소방대상물에 소방시설을 설치하려는 자는 지진이 발생할 경우 소방시설이 정상적으로 작동될 수 있도록 소방청장이 정하는 내진설계기준에 맞게 소방시설을 설치하여야 한다. 이에 해당되는 소방시설로 옳은 것은?

① 자동화재탐지설비, 옥외소화전설비, 스프링클러설비
② 자동화재탐지설비, 옥내소화전설비, 스프링클러설비
③ 옥내소화전설비, 옥외소화전설비, 물분무등소화설비
④ 옥내소화전설비, 스프링클러설비, 물분무등소화설비

소방시설법 시행령 8조

소방시설의 내진설계대상 : 대통령령

(1) 옥내소화전설비 보기 ④

(2) 스프링클러설비 보기 ④

(3) 물분무등소화설비 보기 ④

> 암기 스물내(스물네살)

물분무등소화설비

(1) 분말소화설비
(2) 포소화설비
(3) 할론소화설비
(4) 이산화탄소소화설비
(5) 할로겐화합물 및 불활성 기체 소화설비
(6) 강화액소화설비
(7) 미분무소화설비
(8) 물분무소화설비
(9) 고체에어로졸 소화설비

> 암기 분포할이 할강미고

정답 ④

★★

09 화재안전조사에 관한 설명으로 옳지 않은 것은?

① 화재안전조사를 실시하려는 경우 사전에 관계인에게 조사 대상·기간 및 조사사유 등을 우편, 전화, 전자메일 또는 문자전송 등을 통해 통지하여야 한다.

② 개인의 주거에 대한 화재안전조사는 관계인의 승낙이 있는 경우에 한정한다.

③ 화재안전조사 결과에 따른 조치명령으로 인한 손실을 보상하는 경우에는 시가(時價)로 보상하여야 한다.

④ 화재안전조사 업무를 수행하면서 알게 된 비밀을 목적 외의 용도로 사용한 자는 300만원 이하의 벌금에 처한다.

> ④ 300만원 이하의 벌금 → 3년 이하의 징역 또는 3천만원 이하의 벌금

1. 화재예방법 7·8조

화재안전조사

(1) 실시자 : **소방청장·소방본부장·소방서장**(소방관서장)

(2) 관계인의 승낙이 필요한 곳 : **주거**(주택) 보기 ②

(3) **소방관서장**은 화재안전조사를 실시하려는 경우 사전에 관계인에게 **조사대상**, **조사기간** 및 **조사사유** 등을 우편, 전화, 전자메일 또는 문자전송 등을 통하여 통지하고 이를 **대통령령**으로 정하는 바에 따라 인터넷 홈페이지나 전산시스템 등을 통하여 공개 보기 ①

용어

화재안전조사
소방청장, 소방본부장 또는 **소방서장**(소방관서장)이 소방대상물, 관계지역 또는 관계인에 대하여 소방시설 등이 소방관계법령에 적합하게 설치·관리되고 있는지, 소방대상물에 화재의 발생위험이 있는지 등을 확인하기 위하여 실시하는 현장조사·문서열람·보고요구 등을 하는 활동

2. 화재예방법 시행령 14조
(1) 손실보상권자 : **소방청장** 또는 **시·도지사**
(2) 손실보상방법 : **시가 보상** 보기 ③

3. 화재예방법 시행규칙 4조
화재안전조사의 연기신청 등
화재안전조사의 연기를 신청하려는 자는 화재안전조사 시작 **3일** 전까지 화재안전조사 연기신청서(전자문서 포함)에 화재안전조사를 받기가 곤란함을 증명할 수 있는 서류(전자문서 포함)를 첨부하여 **소방청장, 소방본부장** 또는 **소방서장**에게 제출해야 한다.

4. 비밀누설 정리

300만원 이하의 벌금	1000만원 이하의 벌금	1년 이하의 징역 또는 1000만원 이하의 벌금	3년 이하의 징역 또는 3000만원 이하의 벌금
① **화재예방안전진단 업무** 수행 시 비밀누설(화재예방법 50조) ② **한국소방안전원이 위탁받은 업무** 수행 시 비밀누설(화재예방법 50조) ③ **소방시설업의 감독 시** 비밀누설(소방시설공사업법 37조) ④ **성능위주설계평가단의 업무** 수행 시 비밀누설(소방시설법 59조) ⑤ **한국소방산업기술원이 위탁받은 업무** 수행 시 비밀누설(소방시설법 59조) ⑥ **화재조사** 비밀누설(화재조사법 21조)	소방관서장, 시·도지사가 **위험물의 저장 또는 취급장소의 출입·검사 시** 비밀누설(위험물관리법 37조)	소방관서방, 시·도지사가 **사업체 또는 소방대상물 등의 감독 시** 비밀누설(소방시설법 58조)	**화재안전조사 업무수행 시** 비밀누설(화재예방법 50조) 보기 ④

정답 ④

★★
10 특정소방대상물의 구분으로 옳은 것은?

① 운동시설 – 관람석의 바닥면적의 합계가 1,000제곱미터 이상인 체육관
② 관광휴게시설 – 어린이회관
③ 교육연구시설 – 자동차운전학원
④ 동물 및 식물 관련 시설 – 식물원

① 1000제곱미터 이상 → 1000제곱미터 미만
③ 자동차운전학원 → 자동차운전학원 제외
④ 식물원 → 식물원 제외

소방시설법 시행령 [별표 2]

1. 운동시설

바닥면적	적용장소
1000m^2 미만	• 체육관 관람석 보기 ① • 운동장 관람석

2. 관광휴게시설
(1) 야외음악당
(2) 야외극장
(3) 어린이회관 보기 ②
(4) 관망탑
(5) 휴게소
(6) 공원・유원지・관광지에 부수되는 건축물

3. 교육연구시설
(1) 학교
① 초등학교, 중학교, 고등학교, 특수학교 : 교사(**병설유치원** 사용 부분 **제외**), 체육관, 급식시설, 합숙소
② 대학, 대학원 : 교사 및 합숙소
(2) 교육원(연수원 **포함**)
(3) 직업훈련소
(4) 학원(자동차운전학원・정비학원・무도학원 **제외**) 보기 ③
(5) 연구소(시험소・계량계측소 **포함**)
(6) 도서관

4. 동물 및 식물 관련 시설
(1) 축사(부화장 포함)
(2) 가축시설 : 가축용 운동시설, 인공수정센터, 관리사(管理舍), 가축용 창고, 가축시장, 동물검역소, 실험동물 사육시설
(3) 도축장
(4) 도계장
(5) 작물 재배사(栽培舍)
(6) 종묘배양시설
(7) 화초 및 분재 등의 온실
(8) 식물 관련시설(동・식물원 **제외**) 보기 ④

비교

근린생활시설

면 적	적용장소	
150m² 미만	• 단란주점	
300m² 미만	• 종교집회장 • 비디오물 감상실업	• 공연장 • 비디오물 소극장업
500m² 미만	• 탁구장 • 테니스장 • 체육도장 • 사무소 • 학원 • 당구장	• 서점 • 볼링장 • 금융업소 • 부동산 중개사무소 • 골프연습장
1000m² 미만	• 자동차영업소 • 일용품 • 의약품 판매소	• 슈퍼마켓 • 의료기기 판매소
전부	• 이용원 · 미용원 · 목욕장 및 세탁소 • 휴게음식점 · 일반음식점, 제과점 • 기원 • 안마원(안마시술소 포함) • 의원, 치과의원, 한의원, 침술원, 접골원	 • 노래연습장 • 조산원(산후조리원 포함)

정답 ②

★ 11 「위험물안전관리법 시행령」상 용어에 대한 설명으로 옳지 않은 것은?

① 특수인화물 : 이황화탄소, 디에틸에테르 그 밖에 1기압에서 발화점이 섭씨 100도 이하인 것 또는 인화점이 섭씨 영하 20도 이하이고 비점이 섭씨 40도 이하인 것

② 제1석유류 : 아세톤, 휘발유 그 밖에 1기압에서 인화점이 섭씨 70도 미만인 것

③ 제3석유류 : 중유, 클레오소트유 그 밖에 1기압에서 인화점이 섭씨 70도 이상 섭씨 200도 미만인 것

④ 동식물유류 : 동물의 지육 등 또는 식물의 종자나 과육으로부터 추출한 것으로서 1기압에서 인화점이 섭씨 250도 미만인 것

해설

② 섭씨 70도 미만 → 섭씨 21도 미만

위험물안전관리법 시행령 [별표 1]

구 분	설 명
특수인화물 보기 ①	① 1기압에서 **액체**로 되는 것으로 **발화점**이 100℃ 이하 또는 **인화점**이 −20℃ 이하로서 **비점**이 40℃ 이하인 것  특 10, −2, 4

구 분	설 명
특수인화물 보기 ①	② **디에틸에테르 · 이황화탄소** 등으로서 인화점이 -20℃ 이하인 것 암기 **에이**
제1석유류	**아세톤 · 휘발유 · 콜로디온** 등으로서 인화점이 21℃ 미만인 것 보기 ② 암기 **아휘콜**
제2석유류	**등유 · 경유** 등으로서 인화점이 21~70℃ 미만인 것 암기 **등경**
제3석유류	**중유 · 크레오소트유** 등으로서 인화점이 70~200℃ 미만인 것 보기 ③ 암기 **중크(중클몽클)**
제4석유류	**기어유 · 실린더유** 등으로서 인화점이 200~250℃ 미만인 것 암기 **기실(기실비실)**
알코올류	포화 1가 알코올(번성알코올 포함)
동식물유류	동물의 지육 등 또는 식물의 종자나 과육으로부터 추출한 것으로서 **1기압**에서 인화점이 250℃ 미만인 것 보기 ④

암기 **인화점**

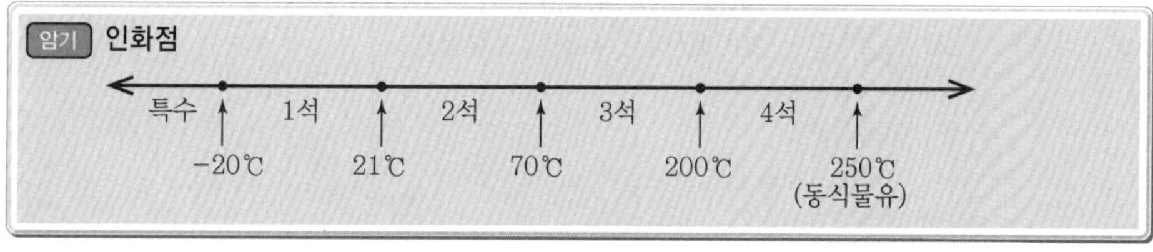

정답 ②

★★★

12 「위험물안전관리법 시행령」상 관계인이 예방규정을 정하여야 하는 제조소 등으로 옳지 않은 것은?

유사기출
23년 공채
23년 경채
22년 공채
21년 공채
16년 경채
15년 경채
13년 경기
11년 서울
11년 부산

① 지정수량의 10배 이상의 위험물을 취급하는 제조소
② 지정수량의 50배 이상의 위험물을 저장하는 옥외저장소
③ 지정수량의 150배 이상의 위험물을 저장하는 옥내저장소
④ 암반탱크저장소

해설
② 50배 이상 → 100배 이상

1. 위험물관리법 시행령 15조
예방규정을 정하여야 할 제조소 등

배 수	제조소등
10배 이상	제조소 · 일반취급소 보기 ①
100배 이상	옥외저장소 보기 ②
150배 이상	옥내저장소 보기 ③
200배 이상	옥외탱크저장소 옥내탱크저장소 ×
모두 해당	이송취급소
모두 해당	암반탱크저장소 보기 ④

암기 0 제 일
0 외
5 내
2 탱

비교
위험물관리법 시행령 15 · 16조
정기점검대상인 제조소
(1) 지정수량의 **10배** 이상 **제조소 · 일반취급소**
(2) 지정수량의 **100배** 이상 **옥외저장소**
(3) 지정수량의 **150배** 이상 **옥내저장소**
(4) 지정수량의 **200배** 이상 **옥외탱크저장소**
(5) 암반탱크저장소
(6) 이송취급소
(7) 지하탱크저장소
(8) 이동탱크저장소
(9) **지하**에 매설된 **탱크**가 있는 **제조소 · 주유취급소** · 일반취급소

정답 ②

★★
13 「위험물안전관리법 시행령」상 운송책임자의 감독 또는 지원을 받아 운송하여야 하는 위험물로 옳은 것은?

유사기출 11년 울산

① 알킬알루미늄, 알킬리튬
② 마그네슘, 염소류
③ 적린, 금속분
④ 유황, 황산

해설 위험물관리법 시행령 19조
운송책임자의 감독 · 지원을 받는 위험물
(1) **알킬**알루미늄 보기 ①
(2) **알킬**리튬 보기 ①

(3) **알킬**알루미늄 및 **알킬**리튬을 함유하는 위험물

정답 ①

★★
14 유사기출 16년 충남

위험물의 누출·화재·폭발 등의 사고가 발생한 경우 사고의 원인 및 피해 등을 조사하여야 하는 자로 옳지 않은 것은?

① 시·도지사　　② 소방청장
③ 소방본부장　　④ 소방서장

해설 **소방청장·소방본부장·소방서장**
(1) 119 종합상황실의 설치·운영(소방기본법 4조)
(2) 소방활동(소방기본법 16조)
(3) 소방대원의 소방교육·훈련 실시(소방기본법 17조)
(4) 특정소방대상물의 화재안전조사(화재예방법 7조)
(5) 화재안전조사 결과에 따른 조치명령(화재예방법 14조)
(6) 화재의 예방조치(화제예방법 17조)
(7) 옮긴 물건 등을 보관하는 경우 공고기간(화재예방법 시행령 17조)
(8) 화재위험경보발령(화재예방법 20조)
(9) 화재예방강화지구의 화재안전조사·소방훈련 및 교육(화재예방법 시행령 20조)
(10) **위험물** 사고원인 **피해조사**(위험물관리법 22조의2) 보기 ②, ③, ④

암기 **종청본서**

정답 ①

★
15 유사기출 11년 간부

다음은 자체소방대에 두는 화학소방자동차와 자체소방대원의 수에 관한 규정이다. 빈칸에 들어갈 숫자가 바르게 짝지어진 것은?

제조소 또는 일반취급소에서 취급하는 제4류 위험물의 최대수량의 합이 지정수량의 24만 배 이상 48만 배 미만인 사업소에는 화학소방자동차 (㉠)대와 자체소방대원 (㉡)인을 두어야 한다.

	㉠	㉡
①	2	10
②	2	15
③	3	10
④	3	15

해설 **위험물안전관리법 시행령 [별표 8]**
자체소방대에 두는 화학소방자동차 및 인원

사업의 구분	화학소방자동차	자체소방대원의 수
지정수량 **3천 ~ 12만배** 이상(제조소·일반취급소)	1대	5인
지정수량 **12만 ~ 24만배** 이상(제조소·일반취급소)	2대	10인
지정수량 **24만 ~ 48만배** 이상(제조소·일반취급소) 보기 ④ →	3대	15인

사업의 구분	화학소방자동차	자체소방대원의 수
지정수량 **48만배** 이상(제조소 · 일반취급소)	4대	20인
지정수량 **50만배** 이상(옥외탱크저장소)	2대	10인

※ 비고 : 화학소방자동차에는 행정안전부령으로 정하는 소화능력 및 설비를 갖추어야 하고, 소화활동에 필요한 소화약제 및 기구(방열복 등 개인장구 포함) 비치

암기 12 1
24 2
48 3

정답 ④

★★★
16 유사기출 12년 간부

「화재의 예방 및 안전관리에 관한 법률」상 화재예방강화지구의 지정에 대한 내용으로 옳지 않은 것은?

① 소방본부장 또는 소방서장은 화재가 발생하는 경우 그로 인하여 피해가 클 것으로 예상되는 지역을 화재예방강화지구로 지정할 수 있다.
② 석유화학제품을 생산하는 공장이 있는 지역을 화재예방강화지구로 지정할 수 있다.
③ 위험물의 저장 및 처리시설이 밀집한 지역을 화재예방강화지구로 지정할 수 있다.
④ 공장 · 창고가 밀집한 지역을 화재예방강화지구로 지정할 수 있다.

해설 ① 소방본부장 또는 소방서장 → 시 · 도지사

화재예방법 18조
화재예방강화지구의 지정
(1) **지정권자** : 시 · 도지사 보기 ①
(2) **지정지역**
① **시장**지역
② **공장 · 창고** 등이 **밀집**한 지역 보기 ④
③ **목조건물**이 **밀집**한 지역
고층건물 ×
④ **노후 · 불량 건축물**이 밀집한 지역
⑤ **위험물**의 **저장** 및 **처리시설**이 **밀집**한 지역 보기 ③
⑥ **석유화학제품**을 **생산**하는 공장이 있는 지역 보기 ②
관리 ×
⑦ **소방시설 · 소방용수시설** 또는 **소방출동로**가 **없는** 지역
있는 ×
⑧ 「**산업입지 및 개발에 관한 법률**」에 따른 산업단지
⑨ 「물류시설의 개발 및 운영에 관한 법률」에 따른 물류단지
⑩ **소방청장, 소방본부장 · 소방서장**(소방관서장)이 화재예방강화지구로 지정할 필요가 있다고 인정하는 지역

암기 공목위밀

용어

화재예방강화지구
화재발생 우려가 크거나 화재가 발생할 경우 피해가 클 것으로 예상되는 지역에 대하여 화재의 예방 및 안전관리를 강화하기 위해 지정·관리하는 지역 보기 ①

비교

1. 소방기본법 시행령 2조의2
비상소화장치의 설치대상 지역
(1) 화재예방강화지구
(2) **시·도지사**가 비상소화장치의 설치가 필요하다고 인정하는 지역

2. 소방기본법 19조
화재로 오인할 만한 불을 피우거나 연막소독 시 신고지역
(1) **시장**지역
(2) **공장·창고**가 밀집한 지역
(3) **목조건물**이 밀집한 지역
(4) **위험물**의 **저장** 및 **처리시설**이 밀집한 지역
(5) **석유화학제품**을 **생산**하는 공장이 있는 지역
(6) 그 밖에 **시·도**의 **조례**로 정하는 지역 또는 장소

정답 ①

★★
17 「소방기본법」상 소방청장 또는 시·도지사가 손실보상심의위원회의 심사·의결에 따라 정당한 손실보상을 하여야 하는 대상으로 옳지 않은 것은?

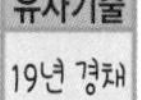
유사기출 19년 경채

① 생활안전활동에 따른 조치로 인하여 손실을 입은 자
② 화재가 확대되는 것을 막기 위하여 가스·전기 또는 유류 등의 시설에 대하여 위험물질의 공급을 차단하는 등의 조치로 인하여 손실을 입은 자
③ 소방활동 종사명령으로 인하여 사망하거나 부상을 입은 자
④ 소방활동에 방해가 되는 불법주차차량을 제거하거나 이동시키는 처분으로 인하여 손실을 입은 자

해설

④ 불법주차차량은 **법령**을 **위반**했으므로 **손실보상**에서 **제외**

소방기본법 49조의2
소방청장, 시·도지사의 손실보상
(1) **생활안전활동**에 따른 조치로 인하여 **손실**을 입은 자 보기 ①
(2) **소방활동** 종사로 인하여 **사망**하거나 **부상**을 입은 자 보기 ③
(3) **강제처분**으로 인하여 **손실**을 입은 자(단, **법령**을 **위반**하여 소방자동차의 통행과 소방활동에 방해가 된 경우는 제외) 보기 ④
(4) **위험시설** 등에 대한 **긴급조치**로 인하여 **손실**을 입은 자

참고

위험시설 등의 긴급조치

① 화재진압 등 소방활동을 위하여 필요할 때에는 소방용수 외에 **댐・저수지** 또는 **수영장** 등의 **물**을 **사용**하거나 **수도**의 **개폐장치** 등 조작 가능

② 화재가 확대되는 것을 막기 위하여 가스・전기 또는 유류 등의 시설에 대하여 **위험물질**의 **공급**을 **차단**하는 등 필요한 조치 가능 보기 ②

(5) 그 밖에 **소방기관** 또는 **소방대**의 적법한 소방업무 또는 소방활동으로 인하여 손실을 입은 자

비교

시・도지사	소방청장, 시・도지사
소방활동 비용 지급(소방기본법 24조 ③항)	소방활동 사망・부상(소방기본법 49조의2)

 ④

★★★

18 「소방기본법」및 같은 법 시행규칙상 소방지원활동으로 옳지 않은 것은?

유사기출 18년 경채

① 집회・공연 등 각종 행사 시 사고에 대비한 근접대기 등 지원활동
② 소방시설 오작동 신고에 따른 조치활동
③ 방송제작 또는 촬영 관련 지원활동
④ 위해동물, 벌 등의 포획 및 퇴치활동

④ 생활안전활동

생활안전활동 vs 소방지원활동

생활안전활동(소방기본법 16조의3)	소방지원활동(소방기본법 16조의2, 소방기본법 시행규칙 8조의4)
① 붕괴, 낙하 등이 우려되는 고드름, 나무, 위험구조물 등의 제거활동 ② 위해동물, 벌 등의 포획 및 퇴치 활동 보기 ④ ③ 끼임, 고립 등에 따른 위험제거 및 구출 활동 ④ 단전사고 시 비상전원 또는 조명의 공급	① **산불**에 대한 **예방・진압** 등 지원활동 ② **자연재해**에 따른 **급수・배수** 및 **제설** 등 지원활동 ③ **집회・공연** 등 각종 행사 시 사고에 대비한 근접대기 등 지원활동 보기 ① ④ 화재, 재난・재해로 인한 **피해복구** 지원활동

공개경쟁채용 2018

생활안전활동(소방기본법 16조의3)	소방지원활동(소방기본법 16조의2, 소방기본법 시행규칙 8조의4)
⑤ 그 밖에 방치하면 급박해질 우려가 있는 위험을 예방하기 위한 활동 암기 단붕위끼	⑤ 그 밖에 **행정안전부령**으로 정하는 활동 참고 **그 밖에 행정안전부령** ㉠ 군·경찰 등 유관기관에서 실시하는 훈련지원 활동 ㉡ 소방시설 오작동 신고에 따른 조치활동 보기 ② ㉢ 방송제작 또는 촬영 관련 지원활동 보기 ③

정답 ④

★★★
19 「소방기본법 시행규칙」상 저수조의 설치기준으로 옳지 않은 것은?

유사기출
21년 공채
16년 경채
13년 경기

① 지면으로부터의 낙차가 10미터 이하일 것
② 흡수부분의 수심이 0.5미터 이상일 것
③ 흡수관의 투입구가 사각형의 경우에는 한 변의 길이가 60센티미터 이상, 원형의 경우에는 지름이 60센티미터 이상일 것
④ 저수조에 물을 공급하는 방법은 상수도에 연결하여 자동으로 급수되는 구조일 것

해설

① 10미터 이하 → 4.5미터 이하

소방기본법 시행규칙 [별표 3]
소방용수시설의 저수조에 대한 설치기준
(1) 낙차 : 4.5m 이하 보기 ①
(2) 수심 : 0.5m 이상 보기 ②
(3) 투입구의 길이 또는 지름 : 60cm 이상 보기 ③

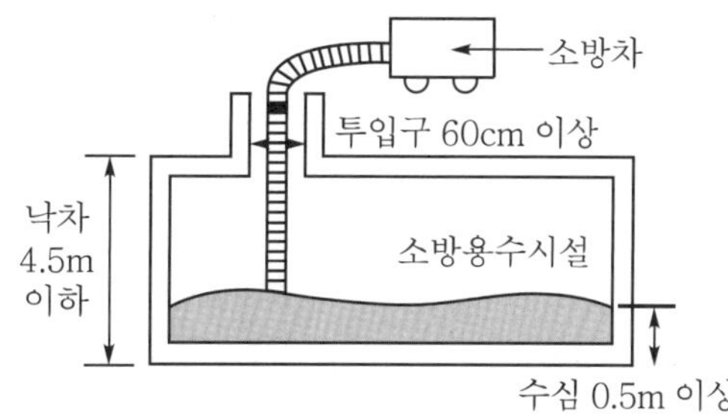

(4) 소방펌프 자동차가 쉽게 접근할 수 있도록 할 것
(5) 흡수에 지장이 없도록 토사 및 쓰레기 등을 제거할 수 있는 설비를 갖출 것
(6) 저수조에 물을 공급하는 방법은 **상수도**에 연결하여 **자동**으로 급수되는 구조일 것 보기 ④

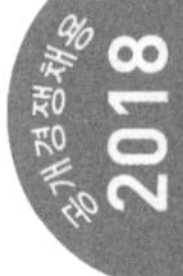

암기 수5(수호천사)

중요

50cm	60cm 이상
개구부 크기(소방시설법 시행령 2조)	**투입구** 길이 · 지름(소방기본법 시행규칙 [별표 3])

정답 ①

★★
20 「소방기본법 시행규칙」상 급수탑 및 지상에 설치하는 소화전 · 저수조의 소방용수표지 기준으로 옳은 것은?

유사기출 23년 공채

	문자	안쪽 바탕	바깥쪽 바탕
①	흰색	붉은색	파란색
②	붉은색	흰색	파란색
③	파란색	흰색	파란색
④	흰색	파란색	붉은색

해설 **소방기본법 시행규칙 [별표 2]**

소방용수표지

(1) **지하**에 설치하는 소화전 또는 저수조의 소방용수표지

① 맨홀 뚜껑은 지름 **648mm** 이상의 것으로 할 것(단, **승하강식** 소화전의 경우는 제외)

② 맨홀 뚜껑에는 '소화전 · 주정차금지' 또는 '저수조 · 주정차금지'의 표시를 할 것

③ 맨홀 뚜껑 부근에는 **노란색 반사도료**로 폭 **15cm**의 선을 그 둘레를 따라 칠할 것

(2) **지상**에 설치하는 소화전, 저수조 및 **급수탑**의 소방용수표지

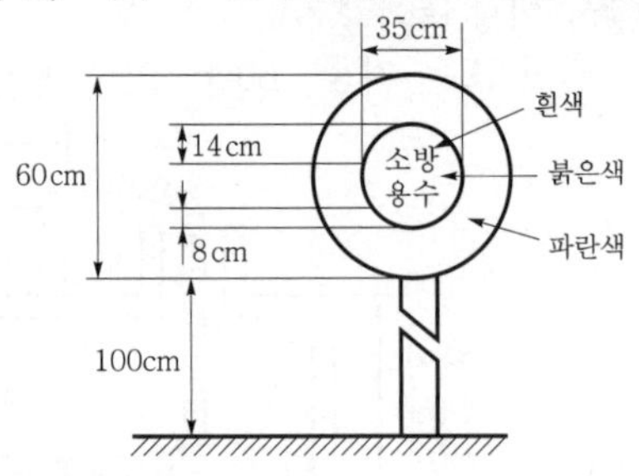

• 문자는 **흰색**, 안쪽 바탕은 **붉은색**, 바깥쪽 바탕은 **파란색**으로 하고 반사재료를 사용하여야 한다. 보기 ①

정답 ①

2018 경력경쟁채용 기출문제

맞은 문제수 [ ] / 틀린 문제수 [ ]

★★
01 유사기출 14년 경채

「화재의 예방 및 안전관리에 관한 법률 시행령」상 보일러 등의 설비 또는 기구 등의 위치 · 구조 및 관리와 화재예방을 위하여 불을 사용할 때 지켜야 하는 사항 중 난로에 대한 설명이다. ( ) 안의 내용으로 옳게 연결된 것은? (순서대로 ㉠~㉡)

> 연통은 천장으로부터 (㉠)m 이상 떨어지고, 연통의 배출구는 건물 밖으로 (㉡)m 이상 나오게 설치하여야 한다.

① 0.5, 0.6　　② 0.6, 0.6
③ 0.5, 0.5　　④ 0.6, 0.5

해설 **화재예방법 시행령 [별표 1]**
난로
(1) 연통은 천장으로부터 **0.6m 이상** 떨어지고, 연통의 배출구는 건물 밖으로 **0.6m 이상** 나오게 설치 보기 ②
(2) 가연성 벽 · 바닥 또는 천장과 접촉하는 연통의 부분은 **규조토** 등 **난연성 또는 불연성의 단열재**로 덮어씌울 것

 ②

★★
02 유사기출 14년 경채

「화재의 예방 및 안전관리에 관한 법률 시행령」상 규정하고 있는 특수가연물의 품명과 기준수량의 연결이 옳지 않은 것은?

① 면화류 : 1000kg 이상　　② 사류 : 1000kg 이상
③ 볏짚류 : 1000kg 이상　　④ 넝마 및 종이부스러기 : 1000kg 이상

해설

> ① 1000kg 이상 → 200kg 이상

화재예방법 시행령 [별표 2]
특수가연물

품 명	수 량
가연성 액체류	2m³ 이상
목재가공품 및 나무부스러기	10m³ 이상
면화류 보기 ①	200kg 이상
나무껍질 및 대팻밥	400kg 이상
넝마 및 종이부스러기	1000kg 이상
사류(絲類)	
볏짚류	

품 명		수 량
가연성 고체류		3000kg 이상
고무류 · 플라스틱류	발포시킨 것	$20m^3$ 이상
	그 밖의 것	3000kg 이상
석탄 · 목탄류		10000kg 이상

암기 가액목면나 넝사볏가고 고석
2 124 1 31

용어

특수가연물
화재가 발생하면 그 확대가 빠른 물품

정답 ①

★★
03 「소방기본법」상 사람을 구출하거나 불이 번지는 것을 막기 위하여 필요한 때에는 강제처분 등을 할 수 있다. 이와 같은 권한을 가진 자로 옳지 않은 것은?

유사기출 11년 경채

① 행정안전부장관 ② 소방본부장
③ 소방서장 ④ 소방대장

해설 **소방본부장 · 소방서장 · 소방대장**

(1) 소방활동 종사명령(소방기본법 24조)
(2) 토지 강제처분 · 제거(소방기본법 25조) 보기 ②, ③, ④
(3) 피난명령(소방기본법 26조)
(4) 댐 · 저수지 사용 등 위험시설 등에 대한 긴급조치(소방기본법 27조)

암기 소대종강피(소방대의 종강파티)

정답 ①

★★
04 「소방의 화재조사에 관한 법률」상 화재조사를 할 수 있는 권한을 가진 자로 옳은 것은?

유사기출 12년 전북

① 행정안전부장관, 소방청장, 소방본부장
② 행정안전부장관, 소방본부장, 소방서장
③ 소방청장, 소방본부장, 소방서장
④ 소방청장, 경찰청장, 소방서장

해설 **소방청장 · 소방본부장 · 소방서장**

(1) 119종합상황실의 설치 · 운영(소방기본법 4조)
(2) 소방활동(소방기본법 16조)
(3) 소방지원활동(소방기본법 16조의2)

(4) **소방대원**의 **소방교육·훈련**(소방교육훈련)(소방기본법 17조)
(5) **유치원 유아**에게 소방안전에 관한 교육과 훈련(소방기본법 17조)
(6) **화재**의 **원인**과 **피해조사**(화재조사법 5조) 보기 ③
(7) 특정소방대상물의 **화재안전조사**(화재예방법 7조)
(8) 화재안전조사 결과에 따른 조치명령(화재예방법 14조)
(9) 화재조사 전담부서의 위탁교육(화재조사법 시행령 6조)

암기 종청소(종로구 청소)

중요

화재조사법 제9조
화재조사를 위한 출입·조사
(1) 출입·조사권한 : **소방청장, 소방본부장, 소방서장**
(2) 출입·조사 등의 내용
① 관계인에 대한 **보고**요구(관계인에게 보고 또는 질문권)
② 관계인에 대한 **자료제출** 명령(관계인에게 자료제출 명령권)
③ 화재조사관으로 하여금 해당 장소에 출입하여 **화재조사**(관계 장소에 대한 출입조사권)
④ 관계인에 대한 **질문**

 ③

★★
05 「화재의 예방 및 안전관리에 관한 법률 시행령」상 화재의 예방조치 등에 대한 설명이다. ( ) 안의 내용으로 옳은 것은?

유사기출 15년 경채

> 소방관서장은 가연성이 큰 물건, 소방차량의 통행이나 소화활동에 지장을 줄 수 있는 물건 등 옮긴 물건 등을 보관하는 경우에는 그날부터 ( )일 동안 해당 소방관서의 인터넷 홈페이지에 그 사실을 공고해야 한다.

① 7 ② 10
③ 12 ④ 14

해설 **화재예방법 17조, 화재예방법 시행령 17조**
(1) 화재예방강화지구 및 대통령령으로 정하는 장소의 금지행위
① **모닥불**, 흡연 등 화기의 취급
② **풍등** 등 소형 열기구 날리기
③ **용접·**용단 등 불꽃을 발생시키는 행위
④ 그 밖에 **대통령령**으로 정하는 화재 발생 위험이 있는 행위
(2) **소방관서장**은 화재 발생 위험이 크거나 소화활동에 지장을 줄 수 있다고 인정되는 행위나 물건에 대하여 행위 당사자나 그 물건의 소유자, 관리자 또는 점유자에게 다음의 명령을 할 수 있다. 단, 위 ② 및 ③에 해당하는 물건의 소유자, 관리자 또는 점유자를 알 수 없는 경우 소속 공무원으로 하여금 그 물건을 옮기거나 보관하는 등 필요한 조치를 하게 할 수 있다.

① **목재**, **플라스틱** 등 가연성이 큰 물건의 제거, 이격, 적재 금지 등
② **소방차량**의 통행이나 소화활동에 지장을 줄 수 있는 물건의 이동

(3) 옮긴 물건 등에 대한 보관기간 및 보관기간 경과 후 처리 등에 필요한 사항은 **대통령령**으로 정한다.

(4) 소방관서장은 옮긴 물건 등을 보관하는 경우에는 그날부터 **14일** 동안 해당 소방관서의 인터넷 홈페이지에 그 사실을 공고해야 한다. 보기 ④

7일	14일
옮긴 물건 등의 **보관**기간	옮긴 물건 등의 **공고**기간

정답 ④

★★
06 「소방기본법」상 규정하는 소방지원활동과 생활안전활동을 옳게 연결한 것은? (순서대로 소방지원활동, 생활안전활동)

유사기출 17년 경채

㉠ 산불에 대한 예방·진압 등 지원활동
㉡ 자연재해에 따른 급수·배수 및 제설 등 지원활동
㉢ 집회 공연 등 각종 행사 시 사고에 대비한 근접대기 등 지원활동
㉣ 화재, 재난·재해로 인한 피해복구 지원활동
㉤ 붕괴, 낙하 등이 우려되는 고드름, 나무, 위험구조물 등의 제거활동
㉥ 위해동물, 벌 등의 포획 및 퇴치 활동
㉦ 끼임, 고립 등에 따른 위험제거 및 구출 활동
㉧ 단전사고 시 비상전원 또는 조명의 공급

① ㉠-㉡-㉢-㉣, ㉤-㉥-㉦-㉧
② ㉠-㉣-㉤-㉦, ㉡-㉢-㉥-㉧
③ ㉤-㉥-㉦-㉧, ㉠-㉡-㉢-㉣
④ ㉡-㉢-㉥-㉧, ㉠-㉣-㉤-㉦

소방지원활동(소방기본법 16조의2)	생활안전활동(소방기본법 16조의3)
① **산불**에 대한 **예방·진압** 등 지원활동 보기 ㉠	① 붕괴, 낙하 등이 우려되는 **고드름**, 나무, 위험구조물 등의 제거활동 보기 ㉤
② **자연재해**에 따른 **급수·배수** 및 **제설** 등 지원활동 보기 ㉡	② **위해동물**, **벌** 등의 포획 및 퇴치 활동 보기 ㉥
③ **집회·공연** 등 각종 행사 시 사고에 대비한 근접대기 등 지원활동 보기 ㉢	③ **끼임**, **고립** 등에 따른 위험제거 및 구출 활동 보기 ㉦
④ 화재, 재난·재해로 인한 **피해복구** 지원활동 보기 ㉣	④ **단전사고** 시 **비상전원** 또는 **조명**의 공급 보기 ㉧
⑤ 그 밖에 **행정안전부령**으로 정하는 활동	⑤ 그 밖에 방치하면 급박해질 우려가 있는 위험을 예방하기 위한 활동

정답 ①

★★
07 「소방기본법」상 규정하고 있는 소방자동차의 우선 통행 등에 대한 설명으로 옳지 않은 것은?

유사기출 15년 전북

① 모든 차와 사람은 소방자동차가 화재진압 및 구조・구급 활동을 위하여 출동을 할 때에는 이를 방해해서는 아니 된다.
② 소방자동차의 우선통행에 관하여는 「자동차 관리법」에서 정하는 바에 따른다.
③ 소방자동차는 화재진압 및 구조・구급 활동을 위하여 출동하거나 훈련을 위하여 필요할 때에는 사이렌을 사용할 수 있다.
④ 소방자동차의 화재진압 출동을 고의로 방해한 자는 5년 이하의 징역 또는 5000만원 이하의 벌금에 처한다.

해설

② 자동차 관리법 → 도로교통법

소방자동차의 우선통행(소방기본법 21조)	소방대의 긴급통행(소방기본법 22조)
① **모든 차**와 **사람**은 소방자동차(지휘를 위한 자동차와 구조・구급차 **포함**)가 화재진압 및 구조・구급 활동을 위하여 출동할 때 **방해 금지** 보기 ① ② 소방자동차가 **화재진압** 및 **구조・구급 활동**을 위하여 출동하거나 훈련을 위하여 필요할 때에는 **사이렌** 사용 가능 보기 ③ ③ 모든 차와 사람이 소방자동차가 화재진압 및 구조・구급 활동을 위하여 사이렌을 사용하여 출동하는 경우 금지사항 ㉠ 소방자동차에 **진로**를 **양보**하지 아니하는 행위 ㉡ 소방자동차 앞에 **끼어들거나** 소방자동차를 **가로막는** 행위 ㉢ 그 밖에 소방자동차의 출동에 지장을 주는 행위 ㉣ 소방자동차의 우선 통행에 관하여는 「**도로교통법**」에서 정하는 바에 따름 보기 ②	소방대는 화재, 재난・재해, 그 밖의 위급한 상황이 발생한 현장에 신속하게 출동하기 위하여 긴급할 때에는 일반적인 통행에 쓰이지 아니하는 **도로・빈터** 또는 **물 위**로 통행할 수 있다.

중요

1. 각종 법

도로교통법	법 률	보조금 관리에 관한 법률 시행령	국가재정법	민 법
① 소방자동차의 우선 통행(소방기본법 21조) ② 정차 또는 주차 금지(소방기본법 시행령 7조의12)	소방장비의 분류・표준화(소방기본법 8조)	국가보조대상사업의 기준보조율(소방기본법 시행령 2조)	위험물 매각(화재예방법 시행령 17조)	한국소방안전원 규정(소방기본법 40조)

2. 소방기본법 50조
5년 이하의 징역 또는 5000만원 이하의 벌금

(1) 소방자동차의 **출동 방해** 보기 ④
(2) 사람구출 방해(**소방활동 방해**)
(3) 소방용수시설 또는 비상소화장치의 **효용** 방해
(4) 출동한 소방대의 화재진압・인명구조 또는 구급활동 **방해**
(5) 소방대의 현장출동 **방해**
(6) 출동한 소방대원에게 **폭행・협박** 행사

정답 ②

★ 08 「소방기본법 시행령」상 규정하는 소방자동차 전용구역 방해행위 기준으로 옳지 않은 것은?

① 전용구역에 물건 등을 쌓거나 주차하는 행위
② 「주차장법」 19조에 따른 부설주차장의 주차구획 내에 주차하는 행위
③ 전용구역 진입로에 물건 등을 쌓거나 주차하여 전용구역으로의 진입을 가로막는 행위
④ 전용구역 노면표지를 지우거나 훼손하는 행위

② 행위 → 행위는 제외

소방기본법 시행령 7조의14
소방자동차 전용구역 방해행위의 기준

구 분	설 명
방해행위 기준	① 전용구역에 **물건** 등을 쌓거나 주차하는 행위 보기 ① ② 전용구역의 **앞면**, **뒷면** 또는 양 측면에 물건 등을 쌓거나 주차하는 행위(단, 「주차장법」에 따른 부설주차장의 주차구획 내에 주차하는 경우 제외) ③ 전용구역 **진입로**에 **물건** 등을 쌓거나 주차하여 전용구역으로의 진입을 가로막는 행위 보기 ③ ④ 전용구역 **노면표지**를 지우거나 **훼손**하는 행위 보기 ④ ⑤ 그 밖의 방법으로 소방자동차가 전용구역에 **주차**하는 것을 방해하거나 전용구역으로 진입하는 것을 방해하는 행위

정답 ②

★★
09 유사기출 11년 서울

「소방기본법」상 규정하는 용어의 정의를 옳게 연결한 것은? (순서대로 ㉠, ㉡, ㉢, ㉣, ㉤, ㉥)

> 가. (㉠)이란 건축물, 차량, 선박(「선박법」 1조의2 ①항에 따른 선박으로서, 항구에 매어둔 선박만 해당한다), 선박건조구조물, 산림, 그 밖의 인공구조물 또는 물건을 말한다.
> 나. (㉡)이란 소방대상물이 있는 장소 및 그 이웃지역으로서 화재의 예방・경계・진압, 구조・구급 등의 활동에 필요한 지역을 말한다.
> 다. (㉢)이란 소방대상물의 소유자・관리자 또는 점유자를 말한다.
> 라. (㉣)이란 특별시・광역시・특별자치시・도 또는 특별자치도에서 화재의 예방・경계・진압・조사 및 구조・구급 등의 업무를 담당하는 부서의 장을 말한다.
> 마. (㉤)란 화재를 진압하고 화재, 재난・재해, 그 밖의 위급한 상황에서 구조・구급 활동 등을 하기 위하여 소방공무원, 의무소방원, 의용소방대원으로 구성된 조직체를 말한다.
> 바. (㉥)이란 소방본부장 또는 소방서장 등 화재, 재난・재해, 그 밖의 위급한 상황이 발생한 현장에서 소방대를 지휘하는 사람을 말한다.

① 소방대상물, 관계지역, 관계인, 소방본부장, 소방대, 소방조장
② 방호대상물, 경계지역, 입회인, 소방서장, 지역대, 소방대장
③ 방호대상물, 경계지역, 입회인, 소방서장, 지역대, 소방조장
④ 소방대상물, 관계지역, 관계인, 소방본부장, 소방대, 소방대장

해설 **소방기본법 2조**

용 어	정 의
관계인 보기 ㉢	**소유자**, **관리자** 또는 **점유자**
소방대장 보기 ㉥	**소방본부장** 또는 **소방서장** 등 화재, 재난・재해, 그 밖의 위급한 상황이 발생한 현장에서 소방대를 지휘하는 사람
소방본부장 보기 ㉣	특별시・광역시・특별자치시・도 또는 특별자치도('시・도'라 한다)에서 화재의 예방・경계・진압・조사 및 구조・구급 등의 업무를 담당하는 **부서**의 **장**
관계지역 보기 ㉡	**소방대상물**이 있는 **장소** 및 **이웃 지역**으로서, 화재의 예방・경계・진압, 구조・구급 등의 활동에 필요한 지역
소방대 보기 ㉤	화재를 진압하고 화재, 재난・재해, 그 밖의 위급한 상황에서 구조・구급 활동 등을 하기 위하여 **소방공무원**, **의무소방원**, **의용소방대원**으로 구성된 조직체
소방대상물 보기 ㉠	**건축물**, **차량**, **선박**(항구에 매어둔 선박), **선박건조구조물**, **산림**, 그 밖의 **인공구조물** 또는 **물건**

참고

소방안전관리대상물	특정소방대상물	소방대상물
대통령령으로 정하는 특정소방대상물	건축물 등의 규모·용도 및 수용인원 등을 고려하여 소방시설을 설치하여야 하는 소방대상물로서 대통령령으로 정하는 것	소방차가 출동해서 불을 끌 수 있는 것

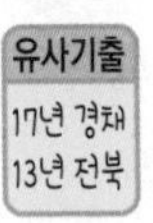
정답 ④

★★★
10 **「화재의 예방 및 안전관리에 관한 법률」 및 같은 법 시행령상 화재안전조사에 관한 설명으로 옳지 않은 것은?**

유사기출 17년 경채 13년 전북

① 개인의 주거에 대한 화재안전조사는 관계인의 승낙이 있거나 화재발생의 우려가 뚜렷하여 긴급한 필요가 있는 때에 한정한다.

② 소방관서장은 화재안전조사를 실시하려는 경우 사전에 관계인에게 조사대상, 조사기간 및 조사사유 등을 우편, 전화, 전자메일 또는 문자 전송 등을 통하여 통지하고 이를 대통령령으로 정하는 바에 따라 인터넷 홈페이지나 전산시스템 등을 통하여 공개하여야 한다.

③ 소방관서장, 시·도지사는 화재안전조사의 대상을 객관적이고 공정하게 선정하기 위하여 필요한 경우 화재안전조사위원회를 구성하여 화재안전조사 대상을 선정할 수 있다.

④ 화재안전조사위원회는 위원장 1명을 포함한 7명 이내의 위원으로 성별을 고려하여 구성한다.

해설 **1. 화재예방법 7·8조**

화재안전조사

(1) 실시자 : **소방청장·소방본부장·소방서장**(소방관서장)

(2) 관계인의 승낙이 필요한 곳 : **주거**(주택) 보기 ①

(3) 소방관서장은 화재안전조사를 실시하려는 경우 사전에 관계인에게 조사 대상·기간 및 조사사유 등을 우편, 전화, 전자메일 또는 문자전송 등을 통해 통지하고 이를 대통령령으로 정하는 바에 따라 인터넷 홈페이지나 전산시스템 등을 통해 공개 보기 ②

용어

화재안전조사

소방청장, **소방본부장** 또는 **소방서장**(소방관서장)이 소방대상물, 관계지역 또는 관계인에 대하여 소방시설 등이 소방 관계법령에 적합하게 설치·관리되고 있는지, 소방대상물에 화재의 발생위험이 있는지 등을 확인하기 위하여 실시하는 현장조사·문서열람·보고요구 등을 하는 활동

2. 화재예방법 7조

(1) 소방관서장은 다음에 해당하는 경우 화재안전조사를 실시할 수 있다. 단, 개인의 주거(실제 주거용도로 사용되는 경우에 한정한다)에 대한 화재안전조사는 관계인의

승낙이 있거나 화재발생의 우려가 뚜렷하여 긴급한 필요가 있는 때에 한정한다. [보기 ①]

(2) 소방관서장은 화재안전조사의 대상을 객관적이고 공정하게 선정하기 위하여 필요한 경우 화재안전조사위원회를 구성하여 화재안전조사의 대상을 선정할 수 있다. [보기 ③]

3. 화재예방법 시행령 11조
화재안전조사위원회

구 분	설 명
위원	① **과장급** 직위 이상의 **소방공무원** ② **소방기술사** ③ **소방시설관리사** ④ 소방 관련 분야의 **석사학위** 이상을 취득한 사람 ⑤ 소방 관련 법인 또는 단체에서 소방 관련 업무에 **5년** 이상 종사한 사람 ⑥ 소방공무원 교육훈련기관, 학교 또는 연구소에서 소방과 관련한 교육 또는 연구에 **5년** 이상 종사한 사람
위원장	소방관서장
구성	**7명** 이내(위원장 1명 포함)의 위원으로 성별을 고려하여 구성 [보기 ④]
임기	**2년**으로 하고, **한 차례**만 **연임**할 수 있다.

정답 ③

★★★
11 「소방기본법 시행령」 및 「화재의 예방 및 안전관리에 관한 법률 시행령」상 규정하고 있는 설명으로 ( ) 안에 들어갈 숫자를 옳게 연결한 것은? (순서대로 ㉠, ㉡, ㉢, ㉣, ㉤, ㉥)

유사기출
23년 공채
23년 경채
20년 공채
17년 경채
13년 간부
12년 전북
11년 부산

가. 화재예방강화지구에서 소방관서장은 소방상 필요한 훈련 및 교육을 실시하려는 경우에는 화재예방강화지구 안의 관계인에게 훈련 또는 교육 (㉠)일 전까지 그 사실을 통보해야 한다.
나. 특수가연물의 쌓는 높이는 (㉡)m 이하가 되도록 하고, 쌓는 부분의 바닥면적은 $50m^2$(석탄・목탄류의 경우에는 $200m^2$) 이하가 되도록 할 것. 단, 살수설비를 설치하거나 방사능력 범위에 해당 특수가연물이 포함되도록 대형 수동식 소화기를 설치하는 경우에는 쌓는 높이를 (㉢)m 이하, 쌓는 부분의 바닥면적을 $200m^2$(석탄・목탄류의 경우에는 $300m^2$) 이하로 할 수 있다.
다. 소방청장 등은 손실보상심의위원회의 심사・의결을 거쳐 특별한 사유가 없으면 보상금 지급 청구서를 받은 날부터 (㉣)일 이내에 보상금 지급 여부 및 보상금액을 결정하여야 한다.
라. 소방청장 등은 보상금 지급 여부 및 보상금액 결정일부터 (㉤)일 이내에 행정안전부령으로 정하는 바에 따라 결정내용을 청구인에게 통지하고, 보상금을 지급하기로 결정한 경우에는 특별한 사유가 없으면 통지한 날부터 (㉥)일 이내에 보상금을 지급하여야 한다.

① 7, 7, 14, 40, 15, 30
② 7, 10, 15, 60, 15, 20
③ 10, 7, 14, 40, 10, 20
④ 10, 10, 15, 60, 10, 30

경력경쟁채용 2018

1. **화재예방법 18조, 화재예방법 시행령 20조**

화재예방강화지구 안의 화재안전조사 · 소방훈련 및 교육

(1) 실시자 : **소방청장 · 소방본부장 · 소방서장** – 소방관서장

(2) 횟수 : **연 1회** 이상

(3) 훈련 · 교육 : **10일 전** 통보 보기 ㉠

비교

방치된 위험물 공고기간	위험물이나 물건의 보관기간
14일	7일
소방관서장	소방관서장

2. **화재예방법 시행령 [별표 3]**

특수가연물의 저장 및 취급의 기준

(1) 특수가연물을 저장 또는 취급하는 장소에는 **품명, 최대저장수량, 단위부피당 질량** 또는 **단위체적당 질량, 관리책임자 성명 · 직책, 연락처** 및 **화기취급의 금지표시**가 **포함**된 특수가연물 표지 설치

(2) 쌓아 저장하는 기준(단, 석탄 · 목탄류를 발전용으로 저장하는 것 제외)

① **품명별**로 구분하여 쌓을 것

② 쌓는 높이는 **10m** 이하가 되도록 하고, 쌓는 부분의 바닥면적은 **50m^2**(석탄 · 목탄류는 **200m^2**) 이하가 되도록 할 것(단, 살수설비를 설치하거나 방사능력 범위에 해당 특수가연물이 포함되도록 대형 수동식 소화기를 설치하는 경우에는 쌓는 높이를 **15m** 이하, 쌓는 부분의 바닥면적을 **200m^2**(석탄 · 목탄류는 **300m^2**) 이하로 할 수 있다) 보기 ㉡, ㉢

③ 쌓는 부분의 바닥면적 사이는 실내의 경우 **1.2m** 또는 **쌓는 높이**의 $\frac{1}{2}$ 중 **큰 값**(실외 **3m** 또는 **쌓는 높이** 중 **큰 값**) 이상으로 간격을 둘 것

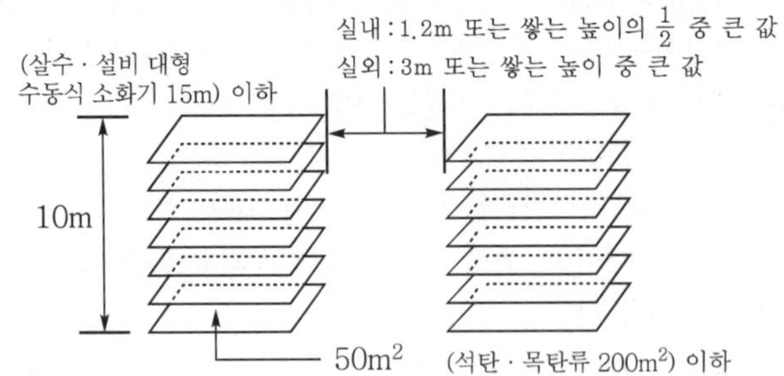

▌살수 · 설비 대형 수동식 소화기 200m^2(석탄 · 목탄류 300m^2) 이하▐

3. **소방기본법 시행령 12조**

(1) **소방청장** 등은 손실보상심의위원회의 심사 · 의결을 거쳐 특별한 사유가 없으면 보상금 지급 청구서를 받은 날부터 **60일** 이내에 보상금 지급 여부 및 보상금액을 결정하여야 한다. 보기 ㉣

(2) **소방청장** 등은 결정일로부터 **10일** 이내에 행정안전부령으로 정하는 바에 따라 결정 내용을 청구인에게 통지하고, 보상금을 지급하기로 결정한 경우에는 특별한 사유가 없으면 통지한 날부터 **30일** 이내에 보상금을 지급하여야 한다. 보기 ⓜ, ⓗ

정답 ④

★★
12 유사기출 17년 경채

「소방시설 설치 및 관리에 관한 법률 시행령」상 건축허가 등의 동의대상물 중 화재위험작업 공사현장에 설치하여야 하는 임시소방시설의 종류와 설치기준으로 옳지 않은 것은?

① 가연성 가스를 발생시키는 화재위험 작업현장에는 소화기를 설치하여야 한다.
② 바닥면적 150m^2 이상인 지하층 또는 무창층의 화재위험 작업현장에는 간이소화장치를 설치하여야 한다.
③ 바닥면적 150m^2 이상인 지하층 또는 무창층의 화재위험 작업현장에는 비상경보장치를 설치하여야 한다.
④ 바닥면적 150m^2 이상인 지하층 또는 무창층의 화재위험 작업현장에는 간이피난유도선을 설치하여야 한다.

해설

② 150m^2 이상 → 600m^2 이상

소방시설법 시행령 [별표 8]
임시소방시설의 종류 및 규모

종 류	설 명	규 모
소화기	–	건축허가 등을 할 때 **소방본부장** 또는 **소방서장**의 동의를 받아야 하는 특정소방대상물의 건축·대수선·용도변경 또는 설치 등을 위한 공사 중 작업을 하는 현장에 설치
간이소화장치	물을 방사하여 **화재**를 **진화**할 수 있는 장치로서, **소방청장**이 정하는 성능을 갖추고 있을 것	• 연면적 **3000m^2** 이상 • 지하층, 무창층 또는 **4층** 이상의 층(단, 바닥면적이 **600m^2** 이상인 경우만 해당) 보기 ②
비상경보장치	화재가 발생한 경우 주변에 있는 작업자에게 **화재사실**을 알릴 수 있는 장치로서, **소방청장**이 정하는 성능을 갖추고 있을 것	• 연면적 **400m^2** 이상 • **지하층** 또는 **무창층**(단, 바닥면적이 **150m^2** 이상인 경우만 해당) 보기 ③
간이피난유도선	화재가 발생한 경우 **피난구 방향**을 안내할 수 있는 장치로서, **소방청장**이 정하는 성능을 갖추고 있을 것	바닥면적이 **150m^2** 이상인 **지하층** 또는 **무창층**의 작업현장에 설치 보기 ④

종 류	설 명	규 모
가스누설경보기	**가연성 가스**가 누설 또는 발생된 경우 **탐지**하여 **경보**하는 장치로서, **소방청장**이 실시하는 형식승인 및 제품검사를 받은 것	바닥면적이 **150m²** 이상인 **지하층** 또는 **무창층**의 작업현장에 설치
비상조명등	**화재발생 시** 안전하고 원활한 피난활동을 할 수 있도록 **거실** 및 **피난통로** 등에 설치하여 **자동점등**되는 조명장치로서, **소방청장**이 정하는 성능을 갖추고 있을 것	바닥면적이 **150m²** 이상인 **지하층** 또는 **무창층**의 작업현장에 설치
방화포	**용접·용단** 등 **작업** 시 발생하는 금속성 불티로부터 가연물이 점화되는 것을 방지해주는 **천** 또는 **불연성 물품**으로서, **소방청장**이 정하는 성능을 갖추고 있을 것	**용접·용단** 작업이 진행되는 모든 작업장에 설치

암기 **간소경선임(간소한 경선임)**

용어

임시소방시설

건물을 지을 때 설치하는 소방시설

 ②

★★

13 「소방시설 설치 및 관리에 관한 법률 시행령」상 물분무등소화설비를 설치해야 하는 특정소방대상물로 옳지 않은 것은?

유사기출 12년 경채

① 항공기 격납고

② 연면적 600m^2 이상인 주차용 건축물

③ 특정소방대상물에 설치된 바닥면적 300m^2 이상인 전산실

④ 20대 이상의 차량을 주차할 수 있는 기계장치에 의한 주차시설

② 600m^2 이상 → 800m^2 이상

소방시설법 시행령 [별표 4]

물분무등소화설비의 설치대상

설치대상	조 건
① 차고·주차장(50세대 미만 연립주택 및 다세대주택 제외)	• 바닥면적 합계 **200m²** 이상
② 전기실·발전실·변전실 ③ 축전지실·통신기기실·전산실	• 바닥면적 **300m²** 이상 보기 ③
④ 주차용 건축물	• 연면적 **800m²** 이상 보기 ②

설치대상	조 건
⑤ 기계식 주차장치	• **20대** 이상 [보기 ④]
⑥ 항공기 격납고 [보기 ①]	• 전부(규모에 관계없이 설치)
⑦ 중·저준위 방사성 폐기물의 저장장치(소화수를 수집·처리하는 설미 미설치)	• 이산화탄소 소화설비, 할론소화설비, 할로겐 화합물 및 불활성 기체 소화설비 설치
⑧ 지하가 중 터널	• 예상교통량, 경사도 등 터널의 특성을 고려하여 행정안전부령으로 정하는 터널
⑨ 지정문화재	• **소방청장**이 **문화재청장**과 협의하여 정하는 것 또는 적응소화설비

중요

소방시설법 시행령 [별표 4]
특수가연물 저장·취급

지정수량 500배 이상	지정수량 750배 이상	지정수량 1000배 이상
① 자동화재탐지설비 ② 스프링클러설비(지붕 또는 외벽이 불연재료가 아니거나 내화구조가 아닌 공장 또는 창고시설)	① 옥내·외 소화전설비 ② 물분무등소화설비	스프링클러설비(공장 또는 창고시설)

정답 ②

★★

14 「소방시설 설치 및 관리에 관한 법률」 및 같은 법 시행령상 중앙소방기술심의위원회의 심의사항에 관한 내용 중 옳지 않은 것은?

유사기출
16년 충남
12년 전북

① 화재안전기준, 공법이 특수한 설계 및 시공에 관한 사항
② 소방시설공사의 하자를 판단하는 기준에 관한 사항
③ 연면적 100000m^2 이상의 특정소방대상물에 설치된 소방시설의 설계·시공·감리의 하자 유무에 관한 사항
④ 소방본부장 또는 소방서장이 심의에 부치는 사항

해설

④ 소방본부장 또는 소방서장 → 소방청장

1. 소방시설법 18조
소방기술심의위원회의 심의사항

중앙소방기술심의위원회	지방소방기술심의위원회
① **화재안전기준**에 관한 사항 보기 ① ② 소방시설의 구조 및 원리 등에서 공법이 특수한 설계 및 시공에 관한 사항 보기 ① ③ 소방시설의 설계 및 공사감리의 방법에 관한 사항 ④ **소방시설공사**의 하자를 판단하는 기준에 관한 사항 보기 ② ⑤ 성능위주설계 신기술 · 신공법 등 검토 · 평가에 고도의 기술이 필요한 경우로서, 중앙위원회에 심의를 요청한 사항	**소방시설**에 하자가 있는지의 판단에 관한 사항

2. 소방시설법 시행령 20조

중앙소방기술심의위원회	지방소방기술심의위원회
① 연면적 **100000m^2** 이상의 특정소방대상물에 설치된 소방시설의 설계 · 시공 · 감리의 하자 유무에 관한 사항 보기 ③ ② **새로운 소방시설**과 **소방용품** 등의 도입 여부에 관한 사항 ③ 소방기술과 관련하여 **소방청장**이 심의에 부치는 사항 보기 ④	① 연면적 **100000m^2** 미만의 특정소방대상물에 설치된 소방시설의 설계 · 시공 · 감리의 하자 유무에 관한 사항 ② **소방본부장** 또는 **소방서장**이 화재안전기준 또는 위험물제조소 등의 시설기준의 적용에 관하여 기술검토를 요청하는 사항 ③ 소방기술과 관련하여 **시 · 도지사**가 심의에 부치는 사항

정답 ④

★★★
15 유사기출 18년 경채 14년 전북 13년 경기

「소방시설 설치 및 관리에 관한 법률」 및 같은 법 시행령상 규정하고 있는 소방대상물의 방염에 대한 설명으로 옳지 않은 것은?

① 층수가 11층 이상인 특정소방대상물(아파트 제외)은 방염성능기준 이상의 실내장식물 등을 설치해야 한다.

② 창문에 설치하는 커튼류(블라인드 포함)는 제조 또는 가공 공정에서 방염처리를 한 물품에 해당된다.

③ 방염성능검사 합격표시를 위조하거나 변조하여 사용한 자는 300만원 이하의 과태료에 처한다.

④ 대통령령에서 규정하는 방염성능기준 범위는 탄화한 면적의 경우 50cm^2 이내, 탄화한 길이는 20cm 이내이다.

③ 과태료 → 벌금

1. 소방시설법 시행령 30조

방염성능기준 이상 적용 특정소방대상물

(1) 체력단련장, 공연장 및 종교집회장
(2) 문화 및 집회시설
(3) 종교시설
(4) 운동시설(수영장은 제외)
(5) 의원, 조산원, 산후조리원
(6) 의료시설(종합병원, 정신의료기관)
(7) 교육연구시설 중 합숙소
(8) 노유자시설
(9) 숙박이 가능한 수련시설
(10) 숙박시설
(11) 방송국 및 촬영소
(12) 다중이용업소(단란주점영업, 유흥주점영업, 노래연습장의 영업장 등)
(13) 층수가 11층 이상인 것(아파트는 제외) 보기 ①

- **11층 이상** : '**고층건축물**'에 해당된다.

2. 소방시설법 시행령 [별표 2]

의료시설

구 분	종 류	
병원	• 종합병원 • 치과병원 • 요양병원	• 병원 • 한방병원
격리병원	• 전염병원	• 마약진료소
정신의료기관	–	
장애인 의료재활시설	–	

비교

(1) 재가장기요양병원 vs 요양병원

재가장기요양병원	요양병원
노유자시설	의료시설

(2) 의원 vs 병원

의 원	병 원
근린생활시설	의료시설

3. 소방시설법 시행령 31조

방염대상물품

제조 또는 가공 공정에서 방염처리를 한 물품	건축물 내부의 천장·벽에 부착·설치하는 것
① 창문에 설치하는 커튼류(**블라인드 포함**) 보기 ② ② 카펫	① 종이류(두께 **2mm 이상**), 합성수지류 또는 섬유류를 주원료로 한 물품 ② 합판이나 목재

제조 또는 가공 공정에서 방염처리를 한 물품	건축물 내부의 천장·벽에 부착·설치하는 것
③ 두께 **2mm 미만**인 벽지류(**종이벽지 제외**) ④ 전시용 합판·섬유판 ⑤ 무대용 합판·섬유판 ⑥ 암막·무대막(영화상영관, 가상체험 체육시설업의 스크린 포함) ⑦ 섬유류 또는 합성수지류 등을 원료로 하여 제작된 소파·의자(단란주점영업, 유흥주점영업 및 노래연습장업의 영업장에 설치하는 것만 해당)	③ 공간을 구획하기 위하여 설치하는 간이칸막이 ④ 흡음재(흡음용 커튼 포함) 또는 방음재(방음용 커튼 포함)

• 가구류(옷장, 찬장, 식탁, 식탁용 의자, 사무용 책상, 사무용 의자 및 계산대)의 너비 **10cm 이하**인 **반자돌림대, 내부마감재료 제외**

4. 300만원 이하의 벌금

(1) 화재안전조사를 정당한 사유없이 거부·방해·기피(화재예방법 50조)
(2) 위탁받은 업무종사자의 **비밀누설**(소방시설법 59조)
(3) 방염성능검사 합격표시 위조(소방시설법 59조) 보기 ③
(4) 방염성능검사를 할 때 거짓시료를 제출한 자(소방시설법 59조)
(5) 소방시설 등의 자체점검 결과조치를 위반하여 필요한 조치를 하지 아니한 관계인 또는 관계인에게 중대위반사항을 알리지 아니한 관리업자 등(소방시설법 59조)
(6) **소방안전관리자** 또는 **소방안전관리보조자 미선임**(화재예방법 50조)
(7) 소방시설·피난시설·방화시설 및 방화구획 등이 법령에 위반된 것을 발견하였음에도 필요한 조치를 할 것을 요구하지 아니한 소방안전관리자(화재예방법 50조)
(8) 다른 자에게 자기의 성명이나 상호를 사용하여 소방시설공사 등을 수급 또는 시공하게 하거나 소방시설업의 등록증·**등록수첩을 빌려준 자**(소방시설공사업법 37조)
(9) 감리원 미배치자(소방시설공사업법 37조)
(10) 소방기술인정 자격수첩을 빌려준 자(소방시설공사업법 37조)
(11) **2 이상의 업체에 취업**한 자(소방시설공사업법 37조)
(12) 소방시설업자나 관계인 감독 시 관계인의 업무를 방해하거나 비밀누설(소방시설공사업법 37조)

암기 비3(비상)

경력경쟁채용 2018

 ③

★
16 「소방시설 설치 및 관리에 관한 법률 시행령」상 '분말형태의 소화약제를 사용하는 소화기'의 내용연수로 옳은 것은?

① 10년　② 15년
③ 20년　④ 25년

해설 **소방시설법 시행령 19조**

내용연수 설정 대상 소방용품

구 분	설 명
설정대상	분말형태의 소화약제를 사용하는 소화기
내용연수	10년 보기 ①

정답 ①

★
17 「소방시설 설치 및 관리에 관한 법률 시행령」상 피난구조설비 중 인명구조기구로 옳지 않은 것은?

① 구조대 ② 방열복
③ 공기호흡기 ④ 인공소생기

해설

① 구조대 : 피난기구

소방시설법 시행령 [별표 1]

피난구조설비

피난기구	인명구조기구	유도등
• 피난사다리 • 구조대 보기 ① • 완강기 • 화재안전기준으로 정하는 것 (피난교, 공기안전매트, 승강식 피난기, 다수인 피난장비, 미끄럼대)	• 방열복 보기 ② • 방화복(안전모, 보호장갑, 안전화 포함) • 공기호흡기 보기 ③ • 인공소생기 보기 ④  암기 방화열공인	• 피난유도선 • 피난구유도등 • 통로유도등 • 객석유도등 • 유도표지

• 비상조명등 · 휴대용 비상조명등

정답 ①

★
18 「소방시설 설치 및 관리에 관한 법률」 및 같은 법 시행령상 다음에서 설명하는 '대통령령으로 정하는 소방시설'로 옳은 것은?

> 10조(주택에 설치하는 소방시설) 다음 각 호의 주택의 소유자는 소화기 등 대통령령으로 정하는 소방시설을 설치하여야 한다.
> 1. 「건축법」 2조 ②항 ①호의 단독주택
> 2. 「건축법」 2조 ②항 ②호의 공동주택(아파트 및 기숙사는 제외한다)

① 소화기 및 시각경보기 ② 소화기 및 간이소화용구
③ 소화기 및 자동확산소화기 ④ 소화기 및 단독경보형 감지기

해설 **소방시설법 시행령 10조**
주택용 소방시설
(1) 소화기
(2) 단독경보형 감지기

정답 ④

★★
19 「소방시설 설치 및 관리에 관한 법률 시행령」상 '유사한 소방시설의 설치 · 면제의 기준'에 대한 설명이다. ( ) 안의 내용으로 옳게 연결된 것은? (순서대로 ㉠, ㉡)

유사기출 16년 충남

> 간이스프링클러를 설치해야 하는 특정소방대상물에 (㉠), (㉡) 또는 미분무소화설비를 화재안전 기준에 적합하게 설치한 경우에는 그 설비의 유효범위에서 설치가 면제된다.

① 스프링클러설비, 옥내소화전설비
② 포소화설비, 물분무소화설비
③ 스프링클러설비, 물분무소화설비
④ 포소화설비, 옥내소화전설비

해설 **소방시설법 시행령 [별표 5]**
소화시설 면제기준

면제대상 (면제되는 소방시설)	대체설비 (설치면제요건)
스프링클러설비	• 물분무등소화설비
물분무등소화설비	• 스프링클러설비
간이스프링클러설비	• 스프링클러설비 보기 ㉠ • 물분무소화설비 보기 ㉡ • 미분무소화설비
비상경보설비 또는 단독경보형 감지기	• 자동화재탐지설비 암기 탐경단
비상경보설비	• 2개 이상 단독경보형 감지기 연동 암기 경단2
비상방송설비	• 자동화재탐지설비 • 비상경보설비
연결살수설비	• 스프링클러설비 • 간이스프링클러설비 • 물분무소화설비 • 미분무소화설비
제연설비	• 공기조화설비

면제대상 (면제되는 소방시설)	대체설비 (설치면제요건)
연소방지설비	• 스프링클러설비 • 물분무소화설비 • 미분무소화설비
연결송수관설비	• 옥내소화전설비 • 스프링클러설비 • 간이스프링클러설비 • 연결살수설비
자동화재탐지설비	• **자동화재탐지설비**의 기능을 가진 **스프링클러설비** • 물분무등소화설비
옥내소화전설비	• 옥외소화전설비 • 미분무소화설비(호스릴방식)
비상조명등	• 피난구유도등 • 통로유도등
누전경보기	• 아크경보기 • 지락차단장치

 ③

★★★
20 「소방시설 설치 및 관리에 관한 법률 시행령」상 특정소방대상물의 분류로 옳지 않은 것은?

유사기출 15년 전북 13년 전북

① 근린생활시설 – 한의원, 치과의원
② 문화 및 집회시설 – 동물원, 식물원
③ 항공기 및 자동차 관련시설 – 항공기격납고
④ 숙박시설 – 「청소년활동 진흥법」에 따른 유스호스텔

④ 숙박시설 → 수련시설

소방시설법 시행령 [별표 2]

(1) **근린생활시설**

면 적	적용장소	
150m² 미만	• 단란주점	
300m² 미만	• 종교시설 • 비디오물 감상실업	• 공연장 • 비디오물 소극장업
500m² 미만	• 탁구장 • 볼링장 • 금융업소 • 부동산 중개사무소 • 골프연습장	• 서점 • 체육도장 • 사무소 • 학원

면 적	적용장소
1000m^2 미만	• 의약품 판매소 • 의료기기 판매소 • 자동차영업소 • 슈퍼마켓 • 일용품
전부	• 기원 • 의원 · 치과의원 · 한의원 · 침술원 · 접골원 · 이용원 보기 ① • 휴게음식점 · 일반음식점 • 독서실 • 제과점 • 안마원(안마시술소 포함) • 조산원(산후조리원 포함)

암기 종3(중세시대)
5탁불 금부골 서체사학

(2) **문화 및 집회시설**

구 분	설 명
공연장	근린생활시설에 해당하지 않는 것
집회장	예식장, 공회당, 회의장, 마권 장외 발매소, 마권 전화투표소, 그 밖에 이와 비슷한 것으로서 근린생활시설에 해당하지 않는 것
관람장	경마장, 경륜장, 경정장, 자동차경기장, 체육관 및 운동장으로서 관람석의 바닥면적의 합계가 1000m^2 이상인 것
전시장	박물관, 미술관, 과학관, 문화관, 체험관, 기념관, 산업전시장, 박람회장, 견본주택
동 · 식물원	동물원, 식물원, 수족관 보기 ②

(3) **항공기 및 자동차 관련 시설**

① 항공기격납고 보기 ③
② 주차용 건축물, 차고 및 기계장치에 의한 주차시설
③ 세차장
④ 폐차장
⑤ 자동차검사장
⑥ 자동차매매장
⑦ 자동차정비공장
⑧ 운전학원 · 정비학원
⑨ 주차장
⑩ 차고 및 주기장(駐機場)

용어

주기장
비행기 등을 세워두는 곳

(4) **수련시설**

수련시설	세부사항
생활권 수련시설	① 청소년수련관 ② 청소년문화의 집 ③ 청소년특화시설
자연권 수련시설	① 청소년수련원 ② 청소년야영장 ③ 그 밖에 이와 비슷한 것
유스호스텔 **보기 ④**	–

MEMO

2017 공개경쟁채용 기출문제

맞은 문제수 [ ] / 틀린 문제수 [ ]

★★

01 다음 중 소방박물관 및 소방체험관의 설립·운영자를 순서대로 답한 것은?

유사기출 17년 경채

① 소방청장, 시·도지사
② 문화재청장, 소방박물관장
③ 문화재청장, 소방청장
④ 시·도지사, 소방청장

해설 **소방기본법 5조 ①항**

설립과 운영

소방박물관	소방체험관
소방청장	시·도지사
암기 **박청(방청객)**	암기 **시체**

중요

시·도지사

(1) 제조소 등의 설치허가(위험물관리법 6조) : **허가는 시·도지사**
(2) 소방업무의 지휘·감독(소방기본법 3조)
(3) 소방체험관의 설립·운영(소방기본법 5조)
(4) 소방업무에 관한 세부적인 종합계획 수립 및 소방업무 수행(소방기본법 6조)
(5) 화재예방강화지구의 지정(화재예방법 18조)

암기 **시허화**

용어

1. 시·도지사

(1) 특별시장
(2) 광역시장
(3) 도지사
(4) 특별자치시
(5) 특별자치도

2. 화재예방강화지구 vs 소방활동구역

화재예방강화지구(화재예방법 18조)	소방활동구역(소방기본법 23조)
화재발생 우려가 크거나 화재가 발생할 경우 피해가 클 것으로 예상되는 지역에 대하여 화재의 예방 및 안전관리를 강화하기 위해 지정·관리하는 지역	화재, 재난·재해, 그 밖의 위급한 상황이 발생한 현장에 설정하는 구역
시·도지사	소방대장

정답 ①

02 다음 중 소방력의 기준 등에 대한 설명으로 틀린 것은?

유사기출 17년 경채

① 소방기관이 소방업무를 수행하는 데에 필요한 인력과 장비를 소방력이라 한다.
② 소방업무를 수행하는 데에 필요한 소방력에 관한 기준은 행정안전부령으로 정한다.
③ 소방청장은 소방력의 기준에 따라 관할구역의 소방력을 확충하기 위하여 필요한 계획을 수립하여 시행하여야 한다.
④ 소방자동차 등 소방장비의 분류·표준화와 그 관리 등에 필요한 사항은 따로 법률에서 정한다.

해설

③ 소방청장 → 시·도지사

소방기본법 8조
소방력
(1) 소방기관이 소방업무를 수행하는 데 필요한 인력과 장비 등에 관한 기준 보기 ①
(2) **시·도지사** : 관할구역의 소방력 확충을 위하여 필요한 계획을 수립·시행 보기 ③
(3) 소방자동차 등 소방장비의 분류·표준화와 그 관리 등에 필요한 사항 : 따로 **법률**에서 정함 보기 ④
(4) 소방력 기준 : **행정안전부령** 보기 ②

정답 ③

03 「소방기본법」상 소방업무의 응원협정에 대한 설명으로 옳지 않은 것은?

유사기출 17년 경채

① 소방본부장이나 소방서장은 소방활동을 할 때에 긴급한 경우에는 이웃한 소방본부장 또는 소방서장에게 소방업무의 응원을 요청할 수 있다.
② 소방업무의 응원요청을 받은 소방본부장 또는 소방서장은 정당한 사유 없이 그 요청을 거절하여서는 아니 된다.
③ 소방업무의 응원을 위하여 파견된 소방대원은 응원을 요청받은 소방본부장 또는 소방서장의 지휘에 따라야 한다.
④ 시·도지사는 소방업무의 응원을 요청하는 경우를 대비하여 출동 대상지역 및 규모와 필요한 경비의 부담 등에 관하여 필요한 사항을 행정안전부령으로 정하는 바에 따라 이웃하는 시·도지사와 협의하여 미리 규약으로 정하여야 한다.

해설

③ 요청받은 → 요청한

소방기본법 11조
(1) **소방본부장**이나 **소방서장**은 소방활동을 할 때에 긴급한 경우에는 이웃한 소방본부장 또는 소방서장에게 소방업무의 응원을 요청할 수 있다. 보기 ①
(2) 소방업무의 응원을 요청받은 **소방본부장** 또는 **소방서장**은 정당한 사유 없이 그 요청을 거절하여서는 아니 된다. 보기 ②
(3) 소방업무의 응원을 위하여 파견된 소방대원은 응원을 **요청**한 소방본부장 또는 소방서장의 지휘에 따라야 한다. 보기 ③

(4) **시 · 도지사**는 소방업무의 응원을 요청하는 경우를 대비하여 출동 대상지역 및 규모와 필요한 경비의 부담 등에 관하여 필요한 사항을 **행정안전부령**으로 정하는 바에 따라 이웃하는 **시 · 도지사**와 협의하여 미리 규약으로 정하여야 한다. 보기 ④

중요

소방기본법 시행규칙 8조
소방업무의 상호응원협정
(1) 다음의 소방활동에 관한 사항
① 화재의 경계 · 진압 활동
② 구조 · 구급 업무의 지원
③ 화재조사활동
(2) 응원출동 대상지역 및 규모
(3) 소요 경비의 부담에 관한 사항
① 출동대원의 수당 · 식사 및 의복의 수선
② 소방장비 및 기구의 정비와 연료의 보급
(4) 응원출동의 요청방법
(5) 응원출동 훈련 및 평가

암기 조응(조아?)

 ③

04 다음 화재예방조치의 내용 중 옳지 않은 것은?

유사기출 17년 경채

① 소방관서장은 화재발생 위험이 크거나 소화활동에 지장을 줄 수 있다고 인정되는 행위나 물건에 대하여 행위 당사자나 그 물건의 소유자, 관리자 또는 점유자에게 명령을 할 수 있다.
② 소방관서장은 목재, 플라스틱 등 가연성이 큰 물건, 소방차량의 통행이나 소화활동에 지장을 줄 수 있는 물건이 소유자, 관리자 또는 점유자를 알 수 없는 경우 소속 공무원으로 하여금 그 물건을 옮기거나 보관하는 등 필요한 조치를 하게 할 수 있다.
③ 옮긴 물건 등에 대한 보관기간 및 보관기간 경과 후 처리 등에 필요한 사항은 대통령령으로 정한다.
④ 소방관서장은 옮긴 물건 등을 보관하는 경우에는 그날부터 7일 동안 해당 소방관서의 인터넷 홈페이지에 그 사실을 공고해야 한다.

④ 7일 동안 → 14일 동안

1. 화재예방법 17조
(1) 화재예방강화지구 및 대통령령으로 정하는 장소의 금지행위
① 모닥불, 흡연 등 화기의 취급
② 풍등 등 소형 열기구 날리기

③ 용접·용단 등 불꽃을 발생시키는 행위
④ 그 밖에 대통령령으로 정하는 화재발생 위험이 있는 행위

(2) **소방관서장**은 화재 발생 위험이 크거나 소화활동에 지장을 줄 수 있다고 인정되는 행위나 물건에 대하여 행위 당사자나 그 물건의 소유자, 관리자 또는 점유자에게 다음의 명령을 할 수 있다. 단, ① 및 ②에 해당하는 물건의 소유자, 관리자 또는 점유자를 알 수 없는 경우 소속 공무원으로 하여금 그 물건을 옮기거나 보관하는 등 필요한 조치를 하게 할 수 있다. 보기 ①, ②
① 목재, 플라스틱 등 가연성이 큰 물건의 제거, 이격, 적재 금지 등
② 소방차량의 통행이나 소화활동에 지장을 줄 수 있는 물건의 이동

(3) 옮긴 물건 등에 대한 보관기간 및 보관기간 경과 후 처리 등에 필요한 사항은 **대통령령**으로 정한다. 보기 ③

(4) 보일러, 난로, 건조설비, 가스·전기 시설, 그 밖에 화재 발생 우려가 있는 대통령령으로 정하는 설비 또는 기구 등이 위치·구조 및 관리와 화재 예방을 위하여 불을 사용할 때 지켜야 하는 사항은 대통령령으로 정한다.

(5) 화재가 발생하는 경우 불길이 빠르게 번지는 고무류·플라스틱류·석탄 및 목탄 등 대통령령으로 정하는 특수가연물의 저장 및 취급 기준은 대통령령으로 정한다.

2. 화재예방법 시행령 17조

옮긴 물건 등의 보관기간 및 보관기간 경과 후 처리

(1) 소방관서장은 옮긴 물건 등을 보관하는 경우에는 그날부터 **14일** 동안 해당 소방관서의 인터넷 홈페이지에 그 사실을 공고해야 한다. 보기 ④

(2) 옮긴 물건 등의 보관기간은 (1)에 따른 공고기간의 종료일 다음 날부터 **7일**까지로 한다.

7일	14일
옮긴 물건 등의 **보관**기간	옮긴 물건 등의 **공고**기간

(3) 소방관서장은 (2)에 따른 보관기간이 종료된 때에는 보관하고 있는 옮긴 물건 등을 매각해야 한다. 단, 보관하고 있는 옮긴 물건 등이 부패·파손 또는 이와 유사한 사유로 정해진 용도로 계속 사용할 수 없는 경우에는 폐기할 수 있다.

(4) 소방관서장은 보관하던 옮긴 물건 등을 (3)에 따라 매각한 경우에는 지체 없이 「국가재정법」에 따라 세입조치를 해야 한다.

(5) 소방관서장은 (3)에 따라 매각되거나 폐기된 옮긴 물건 등의 소유자가 보상을 요구하는 경우에는 보상금액에 대하여 소유자와의 협의를 거쳐 이를 보상해야 한다.

3. 7일

(1) 옮긴 물건 등의 **보관**기간(화재예방법 시행령 17조)
(2) 건축허가 등의 취소통보(소방시설법 시행규칙 3조)
(3) 소방공사 감리원의 배치통보일(소방시설공사업법 시행규칙 17조)
(4) 소방공사 감리결과 통보·보고일(소방시설공사업법 시행규칙 19조)

암기 감배7(감 배치), 7

 ④

★★
05 다음 중 소방지원활동 등에 대한 설명으로 틀린 것은?

유사기출 17년 경채

① 화재, 재난・재해로 인한 피해복구 소방지원활동을 할 수 있다.
② 소방지원활동에는 단전사고 시 비상전원 또는 조명의 공급이 있다.
③ 소방지원활동은 소방활동 수행에 지장을 주지 아니하는 범위에서 할 수 있다.
④ 유관기관・단체 등의 요청에 따른 소방지원활동에 드는 비용은 지원요청을 한 유관기관・단체 등에게 부담하게 할 수 있다.

해설

② 생활안전활동에 해당

소방기본법 16조의2

소방지원활동 : 소방청장・소방본부장・소방서장

(1) 소방지원활동 사항
- ① **산불**에 대한 **예방・진압** 등 지원활동
- ② **자연재해**에 따른 **급수・배수** 및 **제설** 등 지원활동
- ③ **집회・공연** 등 각종 행사 시 사고에 대비한 근접대기 등 지원활동
- ④ 화재, 재난・재해로 인한 **피해복구** 지원활동 보기 ①
- ⑤ 그 밖에 **행정안전부령**으로 정하는 활동

(2) 소방지원활동은 소방활동 수행에 지장을 주지 아니하는 범위에서 할 수 있다. 보기 ③

(3) 유관기관・단체 등의 요청에 따른 소방지원활동에 드는 비용은 지원요청을 한 유관기관・단체 등에게 부담하게 할 수 있다(단, 부담금액 및 부담방법에 관하여는 지원요청을 한 유관기관・단체 등과 협의하여 결정). 보기 ④

비교

소방기본법 16조의3

생활안전활동

구 분	설 명
권한	① 소방**청장** ② 소방**본부장** ③ 소방**서장**
내용	① 붕괴, 낙하 등이 우려되는 **고드름**, 나무, 위험구조물 등의 제거활동 ② **위해동물**, **벌** 등의 포획 및 퇴치 활동 ③ **끼임**, **고립** 등에 따른 위험제거 및 구출 활동 ④ 단전사고 시 **비상전원** 또는 **조명**의 공급 보기 ② ⑤ 그 밖에 방치하면 급박해질 우려가 있는 위험을 예방하기 위한 활동

정답 ②

★★
06 화재로 오인할 만한 우려가 있는 불을 피우거나 연막소독을 하려는 자가 관할 소방본부장 또는 소방서장에게 신고하여야 하는 조건으로 옳지 않은 것은?

유사기출 17년 경채

① 시장지역
② 공장·창고가 밀집한 지역
③ 소방시설·소방용수시설 또는 소방출동로가 없는 지역
④ 위험물의 저장 및 처리 시설이 밀집한 지역

해설

③ 화재예방강화지구의 지정대상

화재로 오인할 만한 불을 피우거나 연막소독 시 신고 지역(소방기본법 19조)	화재예방강화지구 지정지역(화재예방법 18조)
① 시장지역 보기 ① ② 공장·창고가 밀집한 지역 보기 ② ③ 목조건물이 밀집한 지역 ④ 위험물의 저장 및 처리시설이 밀집한 지역 보기 ④ ⑤ 석유화학제품을 생산하는 공장이 있는 지역 ⑥ 그 밖에 **시·도**의 조례로 정하는 지역 또는 장소	① **시장**지역 ② **공장·창고** 등이 **밀집**한 지역 ③ **목조건물**이 **밀집**한 지역 고층건물 × ④ **노후·불량 건축물**이 밀집한 지역 ⑤ **위험물**의 **저장** 및 **처리시설**이 **밀집**한 지역 ⑥ **석유화학제품**을 **생산**하는 공장이 있는 지역 관리 × ⑦ **소방시설·소방용수시설** 또는 **소방출동로**가 **없는** 지역 있는 × ⑧ 「**산업입지 및 개발에 관한 법률**」에 따른 산업단지 ⑨ 「물류시설의 개발 및 운영에 관한 법률」에 따른 물류단지 ⑩ **소방청장, 소방본부장·소방서장**(소방관서장)이 화재예방강화지구로 지정할 필요가 있다고 인정하는 지역 암기 **공목위밀**

용어

화재예방강화지구
화재발생 우려가 크거나 화재가 발생할 경우 피해가 클 것으로 예상되는 지역에 대하여 화재의 예방 및 안전관리를 강화하기 위해 지정·관리하는 지역

정답 ③

★★
07 다음 중 소방활동 종사명령의 비용을 지급할 수 있는 사람으로 옳은 것은?

유사기출 17년 경채

① 소방서장 ② 소방본부장
③ 시 · 도지사 ④ 소방청장

해설 **소방기본법 24조**

(1) 소방활동 종사명령

소방활동 종사명령	소방활동 비용지급 보기 ③
소방본부장 · 소방서장 · 소방대장	시 · 도지사

(2) 소방활동의 비용을 지급받을 수 없는 경우
① 소방대상물에 화재, 재난 · 재해, 그 밖의 위급한 상황이 발생한 경우 그 **관계인**
② 고의 또는 과실로 인하여 화재 또는 구조 · 구급 활동이 필요한 **상황**을 **발생**시킨 자
③ 화재 또는 구조 · 구급 현장에서 **물건**을 **가져간 자**

정답 ③

★★
08 다음 중 소방업무 활동 등에 대한 설명으로 틀린 것은?

유사기출 17년 경채

① 소방활동 업무를 돕다가 사망하거나 부상을 입은 경우에는 소방청장 또는 시 · 도지사가 보상한다.
② 소방활동에 종사한 관계인은 시 · 도지사로부터 비용을 지급받을 수 있다.
③ 소방서장은 인근 사람에게 인명구출, 화재진압을 명할 수 있다.
④ 소방활동 시 방해하면 5년 이하의 징역 또는 5000만원 이하의 벌금에 처할 수 있다.

해설

② 있다. → 없다.

1. 소방기본법 49조의2
소방청장, 시 · 도지사의 손실보상
(1) **생활안전활동**에 따른 조치로 인하여 **손실**을 입은 자
(2) **소방활동** 종사로 인하여 **사망**하거나 **부상**을 입은 자 보기 ①
(3) **강제처분**으로 인하여 **손실**을 입은 자(단, **법령**을 **위반**하여 소방자동차의 통행과 소방활동에 방해가 된 경우는 제외)
(4) **위험시설** 등에 대한 **긴급조치**로 인하여 **손실**을 입은 자
(5) 그 밖에 소방기관 또는 소방대의 적법한 소방업무 또는 소방활동으로 인하여 손실을 입은 자

비교

시 · 도지사	소방청장, 시 · 도지사
소방활동 비용 지급(소방기본법 24조 ③항)	소방활동 사망 · 부상 시의 손실보상 (소방기본법 49조의2)

2. 소방기본법 24조 ③항

소방활동의 비용을 지급받을 수 없는 경우

(1) 소방대상물에 화재, 재난・재해, 그 밖의 위급한 상황이 발생한 경우 그 **관계인** 보기 ②

(2) 고의 또는 과실로 인하여 화재 또는 구조・구급 활동이 필요한 **상황**을 **발생**시킨 자

(3) 화재 또는 구조・구급 현장에서 **물건**을 **가져간 자**

3. 소방본부장・소방서장・소방대장

(1) 소방활동 종사명령 : 인명구출, 화재진압(소방기본법 24조) 보기 ③

(2) 강제처분(소방기본법 25조)

(3) 피난명령(소방기본법 26조)

암기 소대종강피(소방대의 종강파티)

4. 소방기본법 50조

5년 이하의 징역 또는 5000만원 이하의 벌금

(1) 소방자동차의 **출동 방해**

(2) 사람구출 방해(**소방활동 방해**) 보기 ④

(3) 소방용수시설 또는 비상소화장치의 **효용** 방해

(4) 출동한 소방대의 화재진압・인명구조 또는 구급활동 **방해**

(5) 소방대의 현장출동 **방해**

(6) 출동한 소방대원에게 **폭행・협박** 행사

정답 ②

★★

09 다음 중 소방산업의 육성・진흥 및 지원 등에 대한 설명으로 틀린 것은?

유사기출 17년 경채

① 국가는 소방산업의 육성・진흥을 위하여 필요한 계획의 수립 등 행정상・재정상의 지원시책을 마련하여야 한다.

② 국가는 소방산업과 관련된 기술의 개발을 촉진하기 위하여 기술개발을 실시하는 자에게 그 기술개발에 드는 자금의 전부를 출연하거나 보조할 수 있다.

③ 국가는 소방기술 및 소방산업의 국제경쟁력과 국제적 통용성을 높이는 데에 필요한 기반 조성을 촉진하기 위한 시책을 마련하여야 한다.

④ 국가는 국민의 생명과 재산을 보호하기 위하여 기관이나 단체로 하여금 소방기술의 연구・개발 사업을 수행하게 할 수 있다.

해설

② 전부를 → 전부나 일부를

1. 소방기본법 39조의3

국가의 책무

국가는 소방산업(소방용 기계・기구의 제조, 연구・개발 및 판매 등에 관한 일련의 산업의 육성・진흥을 위하여 필요한 계획의 수립 등 **행정상・재정상**의 **지원시책**을 마련하여야 한다. 보기 ①

2. 소방기본법 39조의5 ①항
소방산업과 관련된 기술개발 등의 지원
국가는 소방산업과 관련된 기술의 개발을 촉진하기 위하여 **기술개발**을 실시하는 자에게 그 기술개발에 드는 자금의 **전부**나 **일부**를 **출연**하거나 **보조**할 수 있다. 보기 ②

3. 소방기본법 39조의7 ①항
소방기술 및 소방산업의 국제화사업
국가는 소방기술 및 소방산업의 **국제경쟁력**과 국제적 통용성을 높이는 데에 필요한 기반 조성을 촉진하기 위한 **시책**을 마련하여야 한다. 보기 ③

4. 소방기본법 39조의6 ①항
소방기술의 연구·개발 사업 수행
국가는 국민의 생명과 재산을 보호하기 위하여 다음에 해당하는 기관이나 단체로 하여금 소방기술의 연구·개발 사업을 수행하게 할 수 있다. 보기 ④
(1) **국공립 연구기관**
(2) 「과학기술분야 정부출연연구기관 등의 설립·운영 및 육성에 관한 법률」에 따라 설립된 연구기관
(3) 「특정연구기관 육성법」에 따른 특정연구기관
(4) 「고등교육법」에 따른 **대학·산업대학·전문대학** 및 **기술대학**
(5) 「민법」이나 다른 법률에 따라 설립된 소방기술분야의 법인인 **연구기관** 또는 **법인부설 연구소**
(6) 「기초연구진흥 및 기술개발지원에 관한 법률」에 따른 **기업부설 연구소**
(7) 「소방산업의 진흥에 관한 법률」에 따른 **한국소방산업기술원**
(8) **대통령령**으로 정하는 소방에 관한 기술개발 및 연구를 수행하는 **기관·협회**

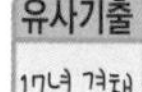
정답 ②

★★
10 다음 중 한국소방안전원에 대한 설명으로 틀린 것은?

유사기출 17년 경채

① 안전원은 법인으로 한다.
② 소방안전관리자 또는 소방기술자로 선임된 사람도 회원이 될 수 있다.
③ 안전원의 운영경비는 국가보조금으로 충당한다.
④ 안전원이 정관을 변경하려면 소방청장의 인가를 받아야 한다.

해설

③ 충당한다. → 충당할 수 없다.

1. 소방기본법 40조
한국소방안전원의 설립 등
(1) 소방기술과 안전관리기술의 향상 및 홍보, 그 밖의 교육·훈련 등 행정기관이 위탁하는 업무의 수행과 소방 관계 종사자의 기술 향상을 위하여 한국소방안전원을 **소방청장**의 **인가**를 받아 설립한다.
(2) 안전원은 **법인**으로 한다. 보기 ①
(3) 안전원에 관하여 이 법에 규정된 것을 제외하고는 「**민법**」 중 재단법인에 관한 규정을 준용한다.

도로교통법	법 률	보조금 관리에 관한 법률 시행령	국가재정법	민 법
① 소방자동차의 우선 통행(소방기본법 21조) ② 정차 또는 주차 금지(소방기본법 시행령 7조의12)	소방장비의 분류·표준화(소방기본법 8조)	국고보조대상사업의 기준보조율(소방기본법 시행령 2조)	위험물 매각(화재예방법 시행령 17조)	한국소방안전원 규정(소방기본법 40조)

2. 소방기본법 42조

회원이 될 수 있는 사람

(1) 「소방시설 설치 및 관리에 관한 법률」, 「소방시설공사업법」 또는 「위험물관리법」에 따라 등록을 하거나 허가를 받은 사람으로서 회원이 되려는 사람

(2) 「화재의 예방 및 안전관리에 관한 법률」, 「소방시설공사업법」 또는 「위험물관리법」에 따라 **소방안전관리자, 소방기술자** 또는 **위험물안전관리자**로 선임되거나 채용된 사람으로서 회원이 되려는 사람 보기 ②

(3) **소방 분야**에 관심이 있거나 **학식**과 **경험**이 풍부한 사람으로서 회원이 되려는 사람

3. 소방기본법 44조

안전원의 운영경비 보기 ③

(1) 업무수행에 따른 수입금

(2) 회원의 회비

(3) 자산운영수익금

(4) 부대수입

4. 소방기본법 43조

한국소방안전원의 정관

정관 변경 : **소방청장**의 **인가** 보기 ④

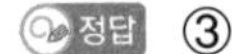

정답 ③

★★

11 다음 중 소방활동 등에 대한 설명으로 올바른 것은?

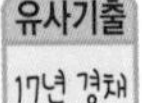

유사기출 17년 경채

① 소방활동에 종사한 관계인은 시·도지사로부터 비용을 지급받을 수 있다.

② 시·도지사는 소방활동에 필요한 보호장구를 지급하는 등 안전을 위한 조치를 하여야 한다.

③ 소방서장은 인근 사람에게 인명구출, 화재진압, 화재조사를 명할 수 있다.

④ 소방활동 시 방해하면 5년 이하의 징역 또는 5000만원 이하의 벌금에 해당된다.

해설

① 받을 수 있다. → 받을 수 없다.
② 시·도지사 → 소방본부장, 소방서장 또는 소방대장
③ 인명구출, 화재진압, 화재조사 → 인명구출, 화재진압

1. **소방기본법 24조 ③항**

소방활동의 비용을 지급받을 수 없는 경우

(1) 소방대상물에 화재, 재난·재해, 그 밖의 위급한 상황이 발생한 경우 그 **관계인** 보기 ①

(2) 고의 또는 과실로 인하여 화재 또는 구조·구급 활동이 필요한 **상황**을 **발생**시킨 자

(3) 화재 또는 구조·구급 현장에서 **물건**을 **가져간 자**

2. **소방기본법 24조**

소방활동 종사명령

소방본부장, **소방서장** 또는 **소방대장**은 화재, 재난·재해, 그 밖의 위급한 상황이 발생한 현장에서 소방활동을 위하여 필요할 때에는 그 관할구역에 사는 사람 또는 그 현장에 있는 사람으로 하여금 사람을 구출하는 일(인명구출) 또는 불을 끄거나 불이 번지지 아니하도록 하는 일(화재진압)을 하게 할 수 있다. 이 경우 **소방본부장**, **소방서장** 또는 **소방대장**은 소방활동에 필요한 보호장구를 지급하는 등 안전을 위한 조치를 하여야 한다. 보기 ②, ③

3. **소방기본법 50조**

5년 이하의 징역 또는 5000만원 이하의 벌금

(1) **소방자동차**의 **출동** 방해

(2) 사람구출 방해(소방활동 방해) 보기 ④

(3) 소방용수시설 또는 비상소화장치의 효용 방해

(4) 출동한 소방대의 **화재진압·인명구조** 또는 **구급활동** 방해 보기 ④

(5) **소방대**의 **현장출동** 방해

(6) 출동한 소방대원에게 **폭행·협박** 행사

정답 ④

★★

12 **「소방기본법」의 벌칙에서 출동한 소방대원에게 폭행 또는 협박을 행사하여 화재진압·인명구조 또는 구급활동을 방해하는 행위를 한 자의 벌칙으로 옳은 것은?**

유사기출 17년 경채

① 5년 이하의 징역 또는 5000만원 이하의 벌금
② 5년 이하의 징역 또는 3000만원 이하의 벌금
③ 3년 이하의 징역 또는 3000만원 이하의 벌금
④ 3년 이하의 징역 또는 1500만원 이하의 벌금

해설 **소방기본법 50조**

5년 이하의 징역 또는 5000만원 이하의 벌금

(1) **소방자동차**의 **출동 방해**

(2) 사람구출 방해(소방활동 방해)

(3) 소방용수시설 또는 비상소화장치의 효용 방해

(4) 출동한 소방대의 **화재진압·인명구조** 또는 **구급활동** 방해

(5) **소방대**의 **현장출동** 방해

(6) 출동한 소방대원에게 **폭행·협박** 행사 보기 ①

200만원 이하의 과태료	5년 이하의 징역 또는 5000만원 이하의 벌금
소방자동차의 출동 **지장**(소방기본법 56조)	소방자동차의 출동 **방해**(소방기본법 50조)

정답 ①

13 5년 이하의 징역 또는 5000만원 이하의 벌금으로 틀린 것은?

유사기출 17년 경채

① 정당한 사유 없이 소방대가 현장에 도착할 때까지 사람을 구출하는 조치 또는 불을 끄거나 불을 번지지 아니하도록 하는 조치를 하지 아니한 사람

② 위력을 사용하여 출동한 소방대의 화재진압 · 인명구조 또는 구급활동을 방해하는 행위

③ 사람을 구출하는 일, 불을 끄거나 불이 번지지 아니하도록 하는 일을 방해한 사람

④ 출동한 소방대원에게 폭행 또는 협박을 행사하여 화재진압 · 인명구조 또는 구급활동을 방해하는 행위

해설

① 100만원 이하의 벌금

소방기본법 50조

5년 이하의 징역 또는 5000만원 이하의 벌금

(1) **소방자동차**의 **출동 방해**

(2) 사람구출 방해(소방활동 방해) 보기 ③

(3) 소방용수시설 또는 비상소화장치의 효용 방해

(4) 출동한 소방대의 **화재진압 · 인명구조** 또는 **구급활동** 방해 보기 ②

(5) **소방대**의 **현장출동** 방해

(6) 출동한 소방대원에게 폭행 · 협박 행사 보기 ④

비교

200만원 이하 과태료	500만원 이하 과태료
(1) **한국 119 청소년단** 또는 이와 유사한 명칭을 사용한 자(소방기본법 56조) (2) **한국소방안전원** 또는 이와 유사한 명칭을 사용한 자(소방기본법 56조) (3) 소방활동구역 출입 위반(소방기본법 56조) (4) 화재현장 보존 등 허가 없이 통제구역에 출입한 사람(화재조사법 23조) (5) 보고 또는 자료 제출을 하지 아니하거나 거짓으로 보고 또는 자료를 제출한 사람(화재조사법 23조) (6) 정당한 사유 없이 출석을 거부하거나 질문에 대하여 거짓으로 진술한 사람(화재조사법 23조) (7) 소방자동차의 **출동**에 **지장**을 준 자(소방기본법 56조) (8) **불**을 사용할 때 지켜야 하는 사항 및 특수가연물의 저장 및 취급기준을 위반한 자(화재예방법 52조) (9) 소방설비 등의 설치명령을 정당한 사유 없이 따르지 아니한 자(화재예방법 52조)	화재 · 구조 · 구급 **거짓신고** (소방기본법 56조)

200만원 이하 과태료	500만원 이하 과태료
(10) 기간 내에 선임신고를 하지 아니하거나 소방안전관리자의 성명 등을 게시하지 아니한 자(화재예방법 52조) (11) 기간 내에 선임신고를 하지 아니한 자(화재예방법 52조) (12) 기간 내에 소방훈련 및 교육 결과를 제출하지 아니한 자(화재예방법 52조) (13) 관계서류 미보관자(소방시설공사업법 40조) (14) 소방기술자 미배치자(소방시설공사업법 40조) (15) 완공검사를 받지 아니한 자(소방시설공사업법 40조) (16) 방염성능기준 미만으로 방염한 자(소방시설공사업법 40조) (17) 하도급 미통지자(소방시설공사업법 40조) (18) 관계인에게 지위승계·행정처분·휴업·폐업 사실을 거짓으로 알린 자(소방시설공사업법 40조)	화재·구조·구급 **거짓신고** (소방기본법 56조)

비교

100만원 이하 벌금

(1) **피난명령** 위반(소방기본법 54조)
(2) 위험시설 등에 대한 긴급조치 방해(소방기본법 54조)
(3) 소방활동(**인명구출**, **화재진압**)을 하지 않은 관계인(소방기본법 54조) 보기 ①
(4) 위험시설 등에 정당한 사유 없이 물의 **사용**이나 **수도**의 **개폐장치**의 사용 또는 조작을 하지 못하게 하거나 **방해**한 자(소방기본법 54조)
(5) 소방대의 **생활안전활동**을 **방해**한 자(소방기본법 54조)

 ①

★★

14 다음 중 「소방기본법 시행령」에서 소방업무에 관한 세부계획의 수립·시행 기한으로 옳은 것은?

유사기출 17년 경채

① 계획 시행 연도 10월 31일까지 수립해야 한다.
② 계획 시행 전년도 10월 31일까지 수립해야 한다.
③ 계획 시행 연도 12월 31일까지 수립해야 한다.
④ 계획 시행 전년도 12월 31일까지 수립해야 한다.

해설 **소방기본법 시행령 1조의3**

소방업무에 관한 종합계획 및 세부계획의 수립·시행

(1) **소방청장**은 소방업무에 관한 종합계획을 관계 중앙행정기관의 장과의 협의를 거쳐 계획 시행 **전년도 10월 31일**까지 수립해야 한다. 보기 ①

(2) '**대통령령**으로 정하는 사항'
① 재난·재해 환경 변화에 따른 소방업무에 필요한 대응 체계 마련 보기 ②
② 장애인, 노인, 임산부, 영유아 및 어린이 등 이동이 어려운 사람을 대상으로 한 소방활동에 필요한 조치 보기 ③

(3) **시·도지사**는 종합계획의 시행에 필요한 세부계획을 계획 시행 전년도 12월 31일까지 수립하여 **소방청장**에게 제출하여야 한다. 보기 ④

소방업무에 관한 종합계획	종합계획의 시행에 필요한 세부계획
전년도 10월 31일까지 수립	**전년도 12월 31일**까지 수립

정답 ④

★★
15 다음 중 국고보조 대상사업의 범위로 옳지 않은 것은?

유사기출 17년 경채

① 소방관서용 청사의 건축
② 소방헬리콥터 및 소방정
③ 소방전용 통신설비 및 전산설비
④ 특정소방대상물의 소방시설

해설

④ 해당없음

소방기본법 시행령 2조

(1) 국고보조의 대상
① 소방활동장비와 설비의 구입 및 설치
㉠ 소방자동차
㉡ 소방헬리콥터·소방정 보기 ②
㉢ 소방전용 통신설비·전산설비 보기 ③
㉣ 방화복
② 소방관서용 청사 건축 보기 ①

(2) 국고보조산정 기준가격 : **행정안전부령**

(3) 국고보조대상사업의 기준보조율 : **「보조금관리에 관한 법률 시행령」**에 따름

암기 **자헬 정전화 청국**

중요

각종 법

도로교통법	법 률	보조금 관리에 관한 법률 시행령	국가재정법	민 법
① 소방자동차의 우선 통행(소방기본법 21조) ② 정차 또는 주차 금지(소방기본법 시행령 7조의12)	소방장비의 분류·표준화(소방기본법 8조)	국가보조대상사업의 기준보조율(소방기본법 시행령 2조)	위험물 매각(화재예방법 시행령 17조)	한국소방안전원 규정(소방기본법 40조)

정답 ④

16 다음 중 소방력의 기준 및 소방장비의 국고보조에 대한 설명으로 올바른 것은?

유사기출 17년 경채

① 시 · 도지사는 관할구역의 소방력 확충을 위하여 필요한 계획을 수립하여 시행한다.
② 소방장비의 분류, 표준화와 그 관리 등에 필요한 사항은 대통령령으로 정한다.
③ 국고보조 대상사업과 기준보조율은 행정안전부령으로 정한다.
④ 소방활동장비 및 설비의 종류와 규격은 대통령령으로 정한다.

② 대통령령 → 법률
③ 행정안전부령 → 대통령령
④ 대통령령 → 행정안전부령

1. 소방기본법 8조 ②항

시 · 도지사는 소방력의 기준에 따라 관할구역 안의 소방력을 확충하기 위하여 필요한 계획을 수립하여 시행하여야 한다. 보기 ①

2. 소방기본법 8조 ③항

소방자동차 등 소방장비의 분류 · 표준화와 그 관리 등에 관하여 필요한 사항 : **법률** 보기 ②

3. 소방기본법 9조

소방장비 등에 대한 국고보조 기준 : **대통령령** 보기 ③

4. 소방기본법 시행령 2조

(1) 국고보조의 대상
  ① 소방활동장비와 설비의 구입 및 설치
    ㉠ 소방자동차
    ㉡ 소방헬리콥터 · 소방정
    ㉢ 소방전용 통신설비 · 전산설비
    ㉣ 방화복
  ② 소방관서용 청사 건축
(2) 소방활동장비 및 설비의 종류와 규격 : **행정안전부령** 보기 ④
(3) 대상사업의 기준보조율 : **「보조금관리에 관한 법률 시행령」**에 따름

암기 **자헬 정전화 청국**

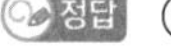 ①

17 화재예방강화지구의 화재안전조사의 기준에 대해 가장 올바르지 못한 것은?

유사기출 17년 경채

① 시·도지사는 화재 발생 우려가 크거나 화재가 발생할 경우 피해가 클 것으로 예상되는 지역을 화재예방강화지구로 지정할 수 있다.

② 소방관서장은 화재예방강화지구 안의 소방대상물의 위치·구조 및 설비 등에 대한 화재안전조사를 연 1회 이상 실시할 수 있다.

③ 소방관서장은 화재예방강화지구 안의 관계인에 대하여 대통령령으로 정하는 바에 따라 소방에 필요한 훈련 및 교육을 실시할 수 있다.

④ 소방관서장은 소방에 필요한 훈련 및 교육을 실시하려는 경우에는 화재예방강화지구 안의 관계인에게 훈련 또는 교육 10일 전까지 그 사실을 통보해야 한다.

해설

② 실시할 수 있다. → 실시해야 한다.

1. 화재예방법 18조

화재예방강화지구의 지정

(1) **지정권자** : 시·도지사

(2) **지정지역**

① **시장**지역

② **공장·창고** 등이 **밀집**한 지역

③ **목조건물**이 **밀집**한 지역
고층건물 ×

④ **노후·불량 건축물**이 밀집한 지역

⑤ **위험물**의 **저장** 및 **처리시설**이 **밀집**한 지역

⑥ **석유화학제품**을 **생산**하는 공장이 있는 지역
관리 ×

⑦ **소방시설·소방용수시설** 또는 **소방출동로**가 **없는** 지역
있는 ×

⑧ 「**산업입지 및 개발에 관한 법률**」에 따른 산업단지

⑨ 「물류시설의 개발 및 운영에 관한 법률」에 따른 물류단지

⑩ **소방청장, 소방본부장·소방서장**(소방관서장)이 화재예방강화지구로 지정할 필요가 있다고 인정하는 지역 **보기 ①**

암기 **공목위밀**

용어

화재예방강화지구

화재발생 우려가 크거나 화재가 발생할 경우 피해가 클 것으로 예상되는 지역에 대하여 화재의 예방 및 안전관리를 강화하기 위해 지정·관리하는 지역

비교

소방기본법 19조

화재로 오인할 만한 불을 피우거나 연막소독 시 신고지역

(1) **시장**지역
(2) **공장 · 창고**가 밀집한 지역
(3) **목조건물**이 밀집한 지역
(4) **위험물**의 **저장** 및 **처리시설**이 밀집한 지역
(5) **석유화학제품**을 **생산**하는 공장이 있는 지역
(6) 그 밖에 **시 · 도**의 **조례**로 정하는 지역 또는 장소

2. 화재예방법 18조, 화재예방법 시행령 20조

화재예방강화지구 안의 화재안전조사 · 소방훈련 및 교육

(1) 실시자 : **소방본부장 · 소방서장**
(2) 횟수 : **연 1회** 이상
(3) 훈련 · 교육 : **10일 전** 통보 **보기 ③, ④**
(4) 관련 법령 : 대통령령

비교

방치된 위험물 공고기간	위험물이나 물건의 보관기간
14일	7일
소방관서장	소방관서장

정답 ②

★★

18 **다음 중 음식조리를 위하여 설치하는 설비에 관한 사항으로 옳지 않은 것은?**

① 주방설비에 부속된 배기덕트는 0.5mm 이상의 아연도금강판 또는 이와 동등 이상의 내식성 불연재료로 설치할 것
② 주방시설에는 동물 또는 식물의 기름을 제거할 수 있는 필터 등을 설치할 것
③ 열을 발생하는 조리기구는 반자 또는 선반으로부터 0.5m 이상 떨어지게 할 것
④ 열을 발생하는 조리기구로부터 0.15m 이내에 있는 가연성 주요 구조부는 석면판 또는 단열성이 있는 불연재료로 덮어씌울 것

③ 0.5m → 0.6m

구 분	설 명
음식조리를 위하여 설치하는 설비 (화재예방법 시행령 [별표 1])	일반음식점에서 조리를 위하여 불을 사용하는 설비를 설치하는 경우 지켜야 할 사항 ① 주방설비에 부속된 배기덕트는 **0.5mm 이상**의 아연 도금강판 또는 이와 동등 이상의 내식성 불연재료로 설치 **보기 ①** ② 주방시설에는 동물 또는 식물의 기름을 제거할 수 있는 필터 등을 설치 **보기 ②**

구 분	설 명
음식조리를 위하여 설치하는 설비 (화재예방법 시행령 [별표 1])	③ 열을 발생하는 조리기구는 반자 또는 선반으로부터 **0.6m** 이상 떨어지게 할 것 보기 ③ ④ 열을 발생하는 조리기구로부터 **0.15m** 이내의 거리에 있는 가연성 주요 구조부는 석면판 또는 단열성이 있는 불연재료로 덮어씌울 것 보기 ④ 배출덕트 / 0.5m 이상 / 반자 또는 선반 / 0.6m 이상 / 불연재료 / 0.15m 이내

정답 ③

★★★
19 **「화재의 예방 및 안전관리에 관한 법률 시행령」상 특수가연물의 저장 및 취급의 기준에 대한 설명으로 틀린 것은?**

유사기출
23년 공채
23년 경채
20년 경채
18년 경채
12년 전북
11년 부산

① 특수가연물을 저장 또는 취급하는 장소에는 품명 · 최대저장수량, 단위부피당 질량 또는 단위체적당 질량, 관리책임자 성명 · 직책, 연락처 및 화기취급의 금지 표지를 설치할 것

② 쌓는 높이는 10m 이하가 되도록 하고, 쌓는 부분의 바닥면적은 $200m^2$ 이하가 되도록 할 것

③ 석탄 · 목탄류를 발전용으로 저장하는 경우에는 제외할 것

④ 쌓는 부분의 바닥면적 사이는 실내의 경우 1.2m 또는 쌓는 높이의 $\frac{1}{2}$ 중 큰 값 이상이 되도록 할 것

② $200m^2$ 이하 → $50m^2$ 이하

화재예방법 시행령 [별표 3]
특수가연물의 저장 및 취급의 기준

(1) 특수가연물을 저장 또는 취급하는 장소에는 **품명**, **최대저장수량**, **단위부피당 질량** 또는 **단위체적당 질량**, **관리책임자 성명 · 직책**, **연락처** 및 **화기취급의 금지표시**가 **포함**된 특수가연물 표지 설치 보기 ①

(2) 쌓아 저장하는 기준(단, 석탄 · 목탄류를 발전용으로 저장하는 것 제외) 보기 ③
  ① **품명별**로 구분하여 쌓을 것
  ② 쌓는 높이는 **10m** 이하가 되도록 하고, 쌓는 부분의 바닥면적은 **$50m^2$**(석탄 · 목탄류는 **$200m^2$**) 이하가 되도록 할 것(단, 살수설비를 설치하거나 방사능력 범위에 해당 특수가연물이 포함되도록 대형 수동식 소화기를 설치하는 경우에는 쌓는 높이를 **15m** 이하, 쌓는 부분의 바닥면적을 **$200m^2$**(석탄 · 목탄류는 **$300m^2$**) 이하로 할 수 있다)

③ 쌓는 부분의 바닥면적 사이는 실내의 경우 1.2m 또는 **쌓는 높이**의 $\frac{1}{2}$ 중 **큰 값**(실외 3m 또는 **쌓는 높이** 중 **큰 값**) 이상으로 간격을 둘 것 보기 ④

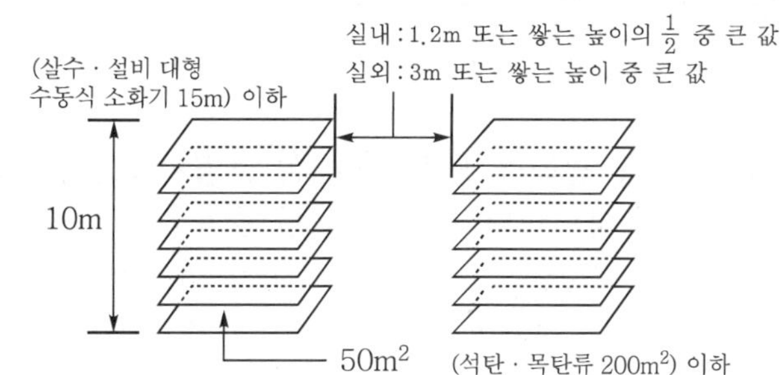

▌살수 · 설비 대형 수동식 소화기 200m²(석탄 · 목탄류 300m²) 이하▌

정답 ③

★★
20 종합상황실에 지체없이 보고해야 할 대상으로 틀린 것은?

유사기출 17년 경채

① 사망자 5인 이상　　② 사상자 10인 이상
③ 재산피해액 10억 이상　　④ 이재민 100인 이상

③ 10억 → 50억

소방기본법 시행규칙 3조
종합상황실 실장의 보고화재
(1) 사망자 **5인** 이상 화재 보기 ①
(2) 사상자 **10인** 이상 화재 보기 ②
(3) 이재민 **100인** 이상 화재 보기 ④
(4) 재산피해액 **50억원** 이상 화재 보기 ③
(5) 관광호텔, 층수가 **11층** 이상인 건축물, 지하상가, 시장, 백화점
(6) **5층 이상** 또는 **객실 30실** 이상인 숙박시설
(7) **5층 이상** 또는 **병상 30개** 이상인 종합병원 · 정신병원 · 한방병원 · 요양소
(8) **1000t 이상**인 선박(항구에 매어둔 것), 철도차량, 항공기, 발전소 또는 변전소
(9) **지정수량 3000배** 이상의 위험물 제조소 · 저장소 · 취급소
(10) **연면적 15000m²** 이상인 공장 또는 화재예방강화지구에서 발생한 화재
(11) **가스** 및 **화약류**의 폭발에 의한 화재
(12) 관공서 · 학교 · 정부미 도정공장 · 문화재 · 지하철 또는 지하구의 화재
(13) 철도차량, 항공기, 발전소 또는 변전소에서 발생한 화재
(14) 다중이용업소의 화재

용어

종합상황실
화재, 재난 · 재해, 구조 · 구급 등이 필요한 때에 신속한 소방활동을 위한 정보를 수집 · 전파하는 소방서 또는 소방본부의 지령관제실

정답 ③

2017 경력경쟁채용 기출문제

맞은 문제수 [ ] / 틀린 문제수 [ ]

01 ★ **「소방시설 설치 및 관리에 관한 법률」상 소방시설을 설치하지 아니할 수 있는 특정소방대상물 및 소방시설의 범위로 틀린 것은?**

① 불연성 물품을 저장하는 창고－화재 위험도가 낮은 특정소방대상물
② 어류양식용 시설－화재안전기준을 적용하기 어려운 특정소방대상물
③ 원자력 발전소－화재안전기준을 달리 적용하여야 하는 특수한 용도 또는 구조를 가진 특정소방대상물
④ 펄프공장의 작업장－화재 위험도가 낮은 특정소방대상물

해설

④ 화재 위험도가 낮은 특정소방대상물 → 화재안전기준을 적용하기 어려운 특정소방대상물

소방시설법 시행령 [별표 6]
소방시설을 설치하지 아니할 수 있는 특정소방대상물 및 소방시설의 범위

구 분	특정소방대상물	소방시설
화재위험도가 낮은 특정소방대상물	**석재, 불연성 금속, 불연성 건축재료** 등의 가공공장·기계조립공장 또는 불연성 물품을 저장하는 창고 **보기 ①**	① **옥외소화전설비** ② **연결살수설비** 암기 석외불금
화재안전기준을 적용하기 어려운 특정소방대상물	**펄프공장의 작업장, 음료수 공장**의 세정 또는 충전을 하는 작업장, 그 밖에 이와 비슷한 용도로 사용하는 것 **보기 ④**	① **스프링클러설비** ② **상수도 소화용수설비** ③ **연결살수설비**
	정수장, 수영장, 목욕장, 어류양식용 시설, 그 밖에 이와 비슷한 용도로 사용되는 것 **보기 ②**	① **자동화재탐지설비** ② **상수도 소화용수설비** ③ **연결살수설비**
화재안전기준을 달리 적용하여야 하는 특수한 용도 또는 구조를 가진 특정소방대상물	원자력발전소, 중·저준위 방사성 폐기물의 저장시설 **보기 ③**	① 연결송수관설비 ② 연결살수설비
자체소방대가 설치된 특정소방대상물	자체소방대가 설치된 위험물 제조소 등에 부속된 사무실	① 옥내소화전설비 ② 소화용수설비 ③ 연결살수설비 ④ 연결송수관설비

정답 ④

02 다음 중 소방활동구역의 출입자로서 틀린 것은?

① 소방활동구역 안에 있는 소방대상물의 소유자 · 관리자, 점유자는 출입을 할 수 있다.
② 전기 · 가스 · 수도 · 통신 · 교통의 업무에 종사하는 자로서 원활한 소방활동을 위하여 필요한 사람은 출입을 할 수 있다.
③ 화재가 발생한 건축물의 인접 건축물 이웃사람은 출입을 할 수 있다.
④ 규정에 위반하여 소방활동구역을 출입한 사람은 200만원의 과태료에 처한다.

③ 할 수 있다. → 할 수 없다.

1. 소방기본법 시행령 8조
소방활동구역 출입자
(1) 소방활동구역 안에 있는 소방대상물의 **소유자 · 관리자** 또는 **점유자** [보기 ①]
(2) **전기 · 가스 · 수도 · 통신 · 교통**의 업무에 종사하는 자로서 원활한 소방활동을 위하여 필요한 자 [보기 ②]
(3) **의사 · 간호사**, 그 밖의 **구조 · 구급 업무**에 종사하는 자
(4) **취재인력** 등 보도업무에 종사하는 자(언론 보도인)
(5) **수사업무**에 종사하는 자
(6) **소방대장**이 소방활동을 위하여 출입을 허가한 자

• 소방활동구역 : 화재, 재난 · 재해, 그 밖의 위급한 상황이 발생한 현장에 정하는 구역

2. 200만원 이하의 과태료
(1) **한국 119 청소년단** 또는 이와 유사한 명칭을 사용한 자(소방기본법 56조)
(2) **한국소방안전원** 또는 이와 유사한 명칭을 사용한 자(소방기본법 56조)
(3) **소방활동구역** 출입 위반(소방기본법 56조) [보기 ④]
(4) **화재현장 보존** 등 허가 없이 **통제구역**에 출입한 사람(화재조사법 23조)
(5) 화재조사보고 또는 자료 제출을 하지 아니하거나 거짓으로 보고 또는 자료를 제출한 사람(화재조사법 23조)
(6) 정당한 사유 없이 **출석**을 **거부**하거나 질문에 대하여 거짓으로 진술한 사람(화재조사법 23조)
(7) **소방자동차**의 출동에 **지장**을 준 자

5년 이하 징역 또는 5000만원 벌금	200만원 과태료
소방차 출동 방해(소방기본법 56조)	소방차 출동 지장(소방기본법 56조)

(8) 불을 사용할 때 지켜야 하는 사항 및 특수가연물의 저장 및 취급기준을 위반한 자(화재예방법 52조)
(9) **소방설비** 등의 설치명령을 정당한 사유 없이 따르지 아니한 자(화재예방법 52조)
(10) 기간 내에 선임신고를 하지 아니하거나 **소방안전관리자**의 **성명** 등을 게시하지 아니한 자(화재예방법 52조)
(11) 기간 내에 **선임신고**를 하지 아니한 자(화재예방법 52조)
(12) 기간 내에 **소방훈련** 및 **교육** 결과를 제출하지 아니한 자(화재예방법 52조)
(13) 관계서류 **미보관자**(소방시설공사업법 40조)
(14) **소방기술자** 미배치자(소방시설공사업법 40조)

(15) **완공검사**를 받지 아니한 자(소방시설공사업법 40조)
(16) **방염성능기준 미만**으로 방염한 자(소방시설공사업법 40조)
(17) **하도급** 미통지자(소방시설공사업법 40조)
(18) 관계인에게 **지위승계 · 행정처분** · 휴업 · 폐업 사실을 거짓으로 알린 자(소방시설공사업법 40조)

정답 ③

★★★

03 다음 중 특정소방대상물의 수용인원 산정방법으로 옳지 않은 것은?

유사기출
23년 공채
23년 경채
22년 경채
18년 공채

① 강의실 · 교무실 · 상담실 · 실습실 · 휴게실 용도로 쓰이는 특정소방대상물 : 해당 용도로 사용하는 바닥면적의 합계를 $1.9m^2$로 나누어 얻은 수
② 강당, 문화 및 집회시설, 운동시설, 종교시설 : 해당 용도로 사용하는 바닥면적의 합계를 $4.6m^2$로 나누어 얻은 수
③ 바닥면적을 산정하는 때에는 복도, 계단 및 화장실의 바닥면적을 포함한다.
④ 계산 결과 소수점 이하의 수는 반올림한다.

해설

③ 포함한다. → 포함하지 않는다.

소방시설법 시행령 [별표 7]
수용인원의 산정방법

특정소방대상물		산정방법
• 숙박시설	침대가 있는 경우	종사자수 + 침대수
	침대가 없는 경우	종사자수 + $\frac{\text{바닥면적 합계}}{3m^2}$ (소수점 이하 반올림)
• 강의실 • 교무실 • 상담실 • 실습실 • 휴게실		$\frac{\text{바닥면적 합계}}{1.9m^2}$ (소수점 이하 반올림) 보기 ①
• 기타		$\frac{\text{바닥면적 합계}}{3m^2}$ (소수점 이하 반올림)
• 강당 • 문화 및 집회시설, 운동시설 • 종교시설		$\frac{\text{바닥면적 합계}}{4.6m^2}$ (소수점 이하 반올림) 보기 ②

• **복도**, **계단** 및 **화장실** 바닥면적 **제외** 보기 ③

중요

소수점 이하 반올림 보기 ④	소수점 이하 버림
수용인원 산정 (소방시설법 시행령 [별표 7])	소방안전관리보조자 수 (화재예방법 시행령 [별표 5])

정답 ③

★★★
04 「소방시설 설치 및 관리에 관한 법률 시행령」 별표 상 스프링클러를 설치해야 하는 기준 중 올바른 것은?

유사기출
23년 공채
23년 경채

① 판매시설, 운수시설 및 창고시설(물류터미널에 한정함)로서 연면적의 합계가 5000m^2 이상

② 판매시설, 운수시설 및 창고시설(물류터미널에 한정함)로서 수용인원이 100명 이상인 경우에는 모든 층

③ 문화 및 집회시설 중 영화상영관의 용도로 쓰이는 층의 바닥면적이 지하층 또는 무창층인 경우에는 1000m^2 이상

④ 문화 및 집회시설 중 무대부가 지하층·무창층 또는 4층 이상의 층에 있는 경우에는 무대부의 면적이 300m^2 이상인 것

해설

① 연면적의 합계 → 바닥면적 합계
② 100명 → 500명
③ 1000m^2 이상 → 500m^2 이상

소방시설법 시행령 [별표 4]
스프링클러설비의 설치대상

설치대상	조 건
① 문화 및 집회시설(동·식물원 제외) ② 종교시설(주요 구조부가 목조인 것 제외) ③ 운동시설[물놀이형 시설, 바닥(불연재료), 관람석 없는 운동시설 제외]	• 수용인원 : **100명** 이상 • 영화상영관 : 지하층·무창층 **500m^2**(기타 **1000m^2**) 보기 ③ • 무대부 – 지하층·무창층·4층 이상 **300m^2** 이상 – 1~3층 **500m^2** 이상
④ 판매시설 ⑤ 운수시설 ⑥ 물류터미널	• 수용인원 **500명** 이상 보기 ② • 바닥면적 합계 **5000m^2** 이상 보기 ①
⑦ 조산원, 산후조리원 ⑧ 정신의료기관 ⑨ 종합병원, 병원, 치과병원, 한방병원 및 요양병원 ⑩ 노유자시설 ⑪ 수련시설(숙박 가능한 곳) ⑫ 숙박시설	• 바닥면적 합계 **600m^2** 이상
⑬ 지하가(터널 제외)	• 연면적 **1000m^2** 이상
⑭ 지하층·무창층(축사 제외) ⑮ 4층 이상	• 바닥면적 **1000m^2** 이상
⑯ 10m 넘는 랙크식 창고	• 바닥면적 합계 **1500m^2** 이상
⑰ 창고시설(물류터미널 제외)	• 바닥면적 합계 **5000m^2** 이상

<table>
<tr><th>설치대상</th><th>조 건</th></tr>
<tr><td>⑱ 기숙사
⑲ 복합건축물</td><td>• 연면적 5000m² 이상</td></tr>
<tr><td>⑳ 6층 이상</td><td>• 모든 층
• 6층 이상
– 건축허가 동의(소방시설법 시행령 7조)
– 자동화재탐지설비의 설치대상(소방시설법 시행령 [별표 4])
– 스프링클러설비의 설치대상(소방시설법 시행령 [별표 4])</td></tr>
<tr><td>㉑ 공장 또는 창고 시설</td><td>• 특수가연물 저장 · 취급 : 지정수량 1000배 이상
• 중 · 저준위 방사성 폐기물의 저장시설 중 소화수를 수집 · 처리하는 설비가 있는 저장시설</td></tr>
<tr><td>㉒ 지붕 또는 외벽이 불연재료가 아니거나 내화구조가 아닌 공장 또는 창고시설</td><td>• 물류터미널(⑥에 해당하지 않는 것)
– 바닥면적 합계 2500m² 이상
– 수용인원 250명
• 창고시설(물류터미널 제외) : 바닥면적 합계 2500m² 이상
• 지하층 · 무창층 · 4층 이상(⑭ · ⑮에 해당하지 않는 것) : 바닥면적 500m² 이상
• 랙크식 창고(⑯에 해당하지 않는 것) : 바닥면적 합계 750m² 이상
• 특수가연물 저장 · 취급(㉑에 해당하지 않는 것)
<table>
<tr><td>지정수량 500배 이상</td><td>• 자동화재탐지설비
• 스프링클러설비(지붕 또는 외벽이 불연재료가 아니거나 내화구조가 아닌 공장 또는 창고시설)</td></tr>
<tr><td>지정수량 750배 이상</td><td>• 옥내 · 외 소화전설비
• 물분무등소화설비</td></tr>
<tr><td>지정수량 1000배 이상</td><td>• 스프링클러설비(공장 또는 창고시설)</td></tr>
</table></td></tr>
<tr><td>㉓ 교정 및 군사시설</td><td>• 보호감호소, 교도소, 구치소 및 그 지소, 보호관찰소, 갱생보호시설, 치료감호시설, 소년원 및 소년분류심사원의 수용시설
• 보호시설(외국인보호소는 보호대상자의 생활공간으로 한정)
• 유치장</td></tr>
<tr><td>㉔ 발전시설</td><td>• 전기저장시설</td></tr>
</table>

용어

바닥면적 vs 연면적

바닥면적	연면적
한 층의 면적	전층의 면적(지하층 포함)

 정답 ④

★★
05 다음 중 피난구조설비로 옳은 것은?

유사기출 20년 공채

① 공기호흡기 ② 통합감시시설
③ 무선통신보조설비 ④ 연결살수설비

해설

① 피난구조설비
② 경보설비
③, ④ 소화활동설비

1. 소방시설법 시행령 [별표 1]
소화활동설비
(1) 연결송수관설비
(2) 연결살수설비 보기 ④
(3) 연소방지설비
(4) 무선통신보조설비 보기 ③
(5) 제연설비
(6) 비상콘센트설비

암기 3연무제비콘

- 소방활동설비 : 화재를 진압하거나 인명구조활동을 위하여 사용하는 설비

2. 소방시설법 시행령 [별표 1]
경보설비
(1) 비상경보설비 ┬ 비상벨설비
└ 자동식 사이렌설비
(2) 단독경보형 감지기
(3) 비상방송설비
(4) 누전경보기
(5) 자동화재탐지설비 및 시각경보기
(6) 화재알림설비(2023. 12. 1 시행)
(7) 자동화재속보설비
(8) 가스누설경보기
(9) 통합감시시설 보기 ②

3. 소방시설법 시행령 [별표 1]
피난구조설비

피난기구	인명구조기구	유도등
• 피난사다리 • 구조대 • 완강기 • 화재안전기준으로 정하는 것 (피난교, 공기안전매트, 승강식 피난기, 다수인 피난장비, 미끄럼대)	• 방열복 • 방화복(안전모, 보호장갑, 안전화 포함) • 공기호흡기 보기 ① • 인공소생기 암기 방화열공인	• 피난유도선 • 피난구유도등 • 통로유도등 • 객석유도등 • 유도표지

• 비상조명등 · 휴대용 비상조명등

 ①

★

06 다음 중 소방안전관리대상물의 소방계획서 사항으로 틀린 것은?

① 소방안전관리대상물의 위치 · 구조 · 연면적 · 용도 및 수용인원 등 일반현황
② 관계인이 소방안전관리업무를 성실하게 수행할 수 있도록 지도 · 감독 현황
③ 화재예방을 위한 자체점검계획 및 진압대책
④ 소방시설 · 피난시설 및 방화시설의 점검 · 정비 계획

해설

② 해당없음

화재예방법 시행령 27조
소방계획에 포함되어야 할 사항

(1) 소방안전관리대상물의 **위치 · 구조 · 연면적 · 용도 · 수용인원** 등 일반현황 보기 ①
(2) 소방안전관리대상물에 설치한 **소방시설 · 방화시설, 전기시설 · 가스시설 · 위험물시설**의 현황
(3) 화재예방을 위한 **자체점검계획** 및 **진압대책** 보기 ③
(4) **소방시설 · 피난시설 · 방화시설**의 점검 · 정비 계획 보기 ④
(5) 피난층 및 피난시설의 위치와 피난경로의 설정, 화재안전취약자의 피난계획 등을 포함한 **피난계획**
(6) 방화구획 · 제연구획 · 건축물의 내부마감재료 및 방염물품의 사용현황과 그 밖의 **방화구조** 및 **설비의 유지 · 관리 계획**
(7) **소방훈련** 및 **교육**에 관한 계획
(8) 특정소방대상물의 근무자 및 거주자의 **자위소방대 조직**과 대원의 임무에 관한 사항
(9) 화기취급작업에 대한 사전안전조치 및 감독 등 공사 중의 **소방안전관리**에 관한 **사항**
(10) 관리의 권원이 분리된 특정소방대상물의 **소방안전관리**에 관한 사항
(11) **소화** 및 **연소방지**에 관한 사항
(12) **위험물의 저장 · 취급**에 관한 사항
(13) 소방안전관리에 대한 업무수행에 관한 기록 및 유지에 관한 사항
(14) 화재발생 시 화재경보, 초기소화 및 피난유도등 초기대응에 관한 사항
(15) **소방본부장** 또는 **소방서장**이 소방안전관리대상물의 위치 · 구조 · 설비 또는 관리상황 등을 고려하여 소방안전관리에 필요하여 요청하는 사항

정답 ②

★★

07 다음 중 소방안전관리보조자를 두어야 하는 특정소방대상물로 틀린 것은?

① 노유자시설 ② 수련시설
③ 아파트 300세대 ④ 연면적 10000m^2 미만 특정소방대상물

④ 10000m^2 미만 → 15000m^2 이상(아파트 제외)

화재예방법 시행령 [별표 5]
소방안전관리보조자 선임기준

선임대상물	선임기준	비 고
300세대 이상인 아파트 보기 ③	1명	초과되는 **300세대**마다 1명 이상 추가(소수점 이하 삭제)
연면적 **15000m^2** 이상(아파트 제외) 보기 ④	1명	초과되는 **15000m^2**(특정소방대상물의 종합방재실에 자위소방대가 24시간 상시 근무하고 소방자동차 중 소방펌프차, 소방물탱크차, 소방화학차 또는 무인방수차를 운용하는 경우에는 **30000m^2**)마다 1명 이상 추가(소수점 이하 삭제)
① 공동주택 중 기숙사 ② 의료시설 ③ 노유자시설 보기 ① ④ 수련시설 보기 ② ⑤ 숙박시설(숙박시설로 사용되는 바닥면적의 합계가 **1500m^2 미만**이고 관계인이 **24**시간 상시 근무하고 있는 숙박시설은 제외)	1명	해당 특정소방대상물이 소재하는 지역을 관할하는 소방서장이 야간이나 휴일에 해당 특정소방대상물이 이용되지 아니한다는 것을 확인한 경우에는 소방안전관리보조자를 선임하지 아니할 수 있음

중요

소방안전관리보조자 선임기준

아파트	아파트 제외
아파트 $= \dfrac{세대수}{300세대}$ (소수점 버림)	아파트 제외 $= \dfrac{연면적}{15000\text{m}^2}$ (소수점 버림)

정답 ④

★★

08 방염성능기준 이상의 실내장식물 등을 설치하여야 하는 특정소방대상물로 틀린 것은?

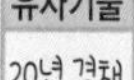
유사기출 20년 경채

① 문화 및 집회시설
② 종합병원
③ 노유자시설
④ 운동시설(수영장)

해설

④ 수영장 → 수영장 제외

소방시설법 시행령 30조
방염성능기준 이상 적용 특정소방대상물
(1) 체력단련장, 공연장 및 종교집회장
(2) 문화 및 집회시설 보기 ①
(3) 종교시설
(4) 운동시설(수영장은 제외) 보기 ④

(5) 의원, 조산원, 산후조리원
(6) 의료시설(종합병원, 정신의료기관) 보기 ②
(7) 교육연구시설 중 합숙소
(8) 노유자시설 보기 ③
(9) 숙박이 가능한 수련시설
(10) 숙박시설
(11) 방송국 및 촬영소
(12) 다중이용업소(단란주점영업, 유흥주점영업, 노래연습장의 영업장 등)
(13) 층수가 11층 이상인 것(아파트는 제외)

• **11층 이상** : '**고층건축물**'에 해당된다.

중요

소방시설법 시행령 [별표 2]
의료시설

구 분	종 류	
병원	• 종합병원 • 치과병원 • 요양병원	• 병원 • 한방병원
격리병원	• 전염병원	• 마약진료소
정신의료기관	–	
장애인 의료재활시설	–	

정답 ④

09 ★ **다음 중 성능위주설계를 하여야 할 특정소방대상물의 범위로 올바른 것은?**

유사기출 19년 경채

① 연면적 100000m^2 이상인 특정소방대상물
② 지하층을 제외한 층수가 30층 이상인 특정소방대상물
③ 연면적 30000m^2 이상의 철도 및 도시철도
④ 연면적 20000m^2 이상의 공항시설

해설

① 100000m^2 → 200000m^2
② 지하층을 제외한 → 지하층을 포함한
④ 20000m^2 → 30000m^2

소방시설법 시행령 9조
성능위주설계를 해야 할 특정소방대상물의 범위
(1) 연면적 **200000m^2** 이상인 특정소방대상물(아파트 등 제외) 보기 ①
(2) **지하층 포함 30층** 이상 또는 높이 **120m** 이상 특정소방대상물(아파트 등 제외) 보기 ②
(3) 지하층 제외 **50층** 이상 또는 높이 **200m** 이상 아파트
(4) 연면적 **30000m^2** 이상인 **철도 및 도시철도 시설, 공항시설** 보기 ③, ④

(5) 하나의 건축물에 관련법에 따른 **영화상영관**이 **10개** 이상인 특정소방대상물
(6) 지하연계 복합건축물에 해당하는 특정소방대상물
(7) 창고시설 중 연면적 $100000m^2$ 이상인 것 또는 지하층의 층수가 2개 층 이상이고 지하층의 바닥면적의 합계가 $30000m^2$ 이상인 것
(8) 터널 중 수저터널 또는 길이가 5000m 이상인 것

중요

영화상영관 10개 이상	영화상영관 1000명 이상
성능위주설계 대상 (소방시설법 시행령 9조)	소방안전특별관리시설물 (화재예방법 40조)

정답 ③

10 다음 중 임시소방시설의 종류 및 설치기준으로 틀린 것은?

① 인화성 · 가연성 · 폭발성 물질을 취급하거나 가연성 가스를 발생시키는 작업
② 용접 · 용단 등 불꽃을 발생시키거나 화기를 취급하는 작업
③ 전열기구, 가열전선 등 열을 발생시키는 기구를 취급하는 작업
④ 알루미늄, 마그네슘 등을 취급하여 수증기 부유분진을 발생시킬 수 있는 작업

④ 수증기 → 폭발성

소방시설법 시행령 18조
임시소방시설의 종류 및 설치기준 등 : 대통령령
(1) **인화성** · 가연성 · 폭발성 물질을 취급하거나 가연성 가스를 발생시키는 작업 보기 ①
(2) **용접** · 용단 등 불꽃을 발생시키거나 화기를 취급하는 작업 보기 ②
(3) **전열기구**, 가열전선 등 열을 발생시키는 기구를 취급하는 작업 보기 ③
(4) 알루미늄, 마그네슘 등을 취급하여 **폭발성** 부유분진을 발생시킬 수 있는 작업 보기 ④

정답 ④

11 다음 중 화재안전조사위원회의 구성 등에 대한 설명으로 틀린 것은?

① 화재안전조사위원회 위원장은 소방관서장이 된다.
② 위원장 1명을 포함한 7명 이내의 위원으로 성별을 고려하여 구성한다.
③ 위촉위원의 임기는 5년으로 하고, 한 차례만 연임할 수 있다.
④ 조사에 참여하는 외부 전문가에게는 수당, 여비, 그 밖에 필요한 경비를 지급할 수 있다.

③ 5년 → 2년

1. 화재예방법 시행령 11조

화재안전조사위원회

구 분	설 명
위원	① **과장급** 직위 이상의 **소방공무원** ② **소방기술사** ③ **소방시설관리사** ④ 소방 관련 분야의 **석사학위** 이상을 취득한 사람 ⑤ 소방 관련 법인 또는 단체에서 소방 관련 업무에 **5년** 이상 종사한 사람 ⑥ 소방공무원 교육훈련기관, 학교 또는 연구소에서 소방과 관련한 교육 또는 연구에 **5년** 이상 종사한 사람
위원장	소방관서장 보기 ①
구성	**위원장 1명**을 **포함**한 **7명** 이내의 위원으로 성별을 고려하여 구성 보기 ②
임기	**2년**으로 하고, **한 차례**만 **연임**할 수 있다. 보기 ③

2. 화재예방법 11조

화재안전조사 전문가 참여

조사에 참여하는 외부 전문가에게는 예산의 범위에서 **수당**, **여비**, 그 밖에 필요한 **경비**를 지급할 수 있다. 보기 ④

 ③

★
12 「소방기본법」에서 200만원 이하의 과태료 부과권자로 틀린 것은?

① 시・도지사 ② 소방본부장
③ 소방서장 ④ 소방청장

 소방기본법 56조

과태료 부과권자

500만원 이하, 200만원 이하 및 100만원 이하에 따른 **과태료**는 **대통령령**으로 정하는 바에 따라 관할 **시・도지사**, **소방본부장** 또는 **소방서장**이 부과・징수 보기 ①, ②, ③

비교

소방기본법 57조

과태료 부과권자

20만원 이하에 따른 과태료는 조례로 정하는 바에 따라 관할 **소방본부장** 또는 **소방서장**이 부과・징수한다.

중요

부과권자

500만원 이하, 200만원 및 100만원 이하의 과태료(소방기본법 56조)	20만원 이하의 과태료 (소방기본법 57조)
시·도지사·소방본부장·소방서장	소방본부장·소방서장
대통령령	시·도의 조례

정답 ④

★ 13 다음 중 내진설계대상으로 옳지 않은 것은?

① 옥내소화전설비 ② 옥외소화전설비
③ 스프링클러설비 ④ 물분무소화설비

해설

② 해당없음

소방시설법 시행령 8조
소방시설의 내진설계대상 : 대통령령

(1) 옥내소화전설비 보기 ①
(2) 스프링클러설비 보기 ③
(3) 물분무등소화설비 보기 ④

암기 **스물내(스물네살)**

중요

물분무등소화설비

(1) 분말소화설비
(2) 포소화설비
(3) 할론소화설비
(4) 이산화탄소소화설비
(5) 할로겐화합물 및 불활성 기체 소화설비
(6) 강화액소화설비
(7) 미분무소화설비
(8) 물분무소화설비
(9) 고체에어로졸 소화설비

암기 **분포할이 할강미고**

정답 ②

경력경쟁채용 2017

★ 14 다음 중 화재안전조사에 대한 설명으로 틀린 것은?

① 화재안전조사에 소방기술사, 소방시설관리사, 전문지식을 갖춘 사람을 화재안전조사에 참여하게 할 수 있다.
② 소방청장, 소방본부장, 소방서장은 화재안전조사를 하려면 사전에 조사사유, 조사대상, 조사기간 등을 관계인에게 우편, 전화, 전자메일 또는 문자전송 등을 통하여 통지한다.
③ 화재안전조사의 연기를 신청하려는 자는 화재안전조사 시작 5일 전까지 소방청장, 소방본부장, 소방서장에게 연기 신청할 수 있다.
④ 관계인이 질병, 장기출장 등으로 화재안전조사를 참여할 수 없는 경우 소방청장, 소방본부장, 소방서장에게 연기 신청을 할 수 있다.

③ 5일 전 → 3일 전

1. 화재예방법 11조
화재안전조사 전문가 참여
소방청장, **소방본부장** 또는 **소방서장**은 필요하면 소방기술사, 소방시설관리사, 그 밖에 소방·방재분야에 관한 전문지식을 갖춘 사람을 화재안전조사에 참여하게 할 수 있다. 보기 ①

2. 화재예방법 7·8조
화재안전조사
(1) 실시자 : **소방청장·소방본부장·소방서장**(소방관서장)
(2) 관계인의 승낙이 필요한 곳 : **주거**(주택)
(3) **소방관서장**은 화재안전조사를 실시하려는 경우 사전에 관계인에게 **조사대상**, **조사기간** 및 **조사사유** 등을 우편, 전화, 전자메일 또는 문자전송 등을 통하여 통지하고 이를 **대통령령**으로 정하는 바에 따라 인터넷 홈페이지나 전산시스템 등을 통하여 공개 보기 ②

화재안전조사
소방청장, **소방본부장** 또는 **소방서장**(소방관서장)이 소방대상물, 관계지역 또는 관계인에 대하여 소방시설 등이 소방관계법령에 적합하게 설치·관리되고 있는지, 소방대상물에 화재의 발생위험이 있는지 등을 확인하기 위하여 실시하는 현장조사·문서열람·보고요구 등을 하는 활동

3. 화재예방법 시행규칙 4조
화재안전조사의 연기신청 등
화재안전조사의 연기를 신청하려는 자는 화재안전조사 시작 **3일** 전까지 화재안전조사 연기신청서(전자문서 포함)에 화재안전조사를 받기가 곤란함을 증명할 수 있는 서류(전자문서 포함)를 첨부하여 **소방청장**, **소방본부장** 또는 **소방서장**에게 제출해야 한다. 보기 ③

중요

3일

(1) 화재안전조사 연기신청(화재예방법 시행규칙 4조)
(2) 하자보수기간(소방시설공사업법 15조)
(3) 소방시설업 분실 시 재발급(소방시설공사업법 시행규칙 4조)

4. 화재예방법 시행령 9조

화재안전조사의 연기-대통령령으로 정하는 사유

(1) 「재난 및 안전관리 기본법」에 해당하는 재난이 발생한 경우
(2) 관계인이 **질병, 사고, 장기출장**의 경우 보기 ④
(3) 권한 있는 기관에 자체점검기록부, 교육·훈련 일지 등 화재안전조사에 필요한 **장부·서류** 등이 **압수**되거나 **영치**되어 있는 경우
(4) 소방대상물의 증축·용도변경 또는 대수선 등의 공사로 화재안전조사를 실시하기 어려운 경우

 ③

15 다음 중 벌칙이 3년 이하의 징역 또는 3000만원 이하의 벌금으로 올바른 것은?

① 소방시설관리업 등록을 하지 않고 영업을 한 사람
② 영업정지기간 중에 관리업의 업무를 한 사람
③ 소방용품 형식승인의 변경승인이나 성능인증의 변경인증을 받지 아니한 사람
④ 소방시설관리자증을 다른 사람에게 빌려준 자

해설

②~④ 1년 이하의 징역 또는 1000만원 이하의 벌금

1. 3년 이하의 징역 또는 3000만원 이하의 벌금

(1) 소방시설관리업 무등록자(소방시설법 57조) 보기 ①
(2) 형식승인을 받지 않은 소방용품 제조·수입자(소방시설법 57조) 보기 ②
(3) 제품검사를 받지 않은 자(소방시설법 57조)
(4) 부정한 방법으로 전문기관의 지정을 받은 자(소방시설법 57조)

2. 1년 이하의 징역 또는 1000만원 이하의 벌금

(1) 소방시설의 자체점검 미실시자(소방시설법 58조)
(2) 소방시설관리사증 대여(소방시설법 58조) 보기 ④
(3) 소방시설관리업의 등록증 또는 등록수첩 대여(소방시설법 58조)
(4) 관계인의 정당업무방해 또는 비밀누설(소방시설법 58조)
(5) 제품검사 합격표시 위조(소방시설법 58조)
(6) 성능인증 합격표시 위조(소방시설법 58조)
(7) 우수품질 인증표시 위조(소방시설법 58조)
(8) 소방용품 형식승인의 변경승인이나 성능인증의 변경인증을 받지 아니한 자(소방시설법 58조) 보기 ③
(9) 영업정지처분을 받고 그 영업정지기간 중에 관리업의 업무를 한 자(소방시설법 58조) 보기 ②

(10) 제조소 등의 정기점검 기록 허위 작성(위험물관리법 35조)
(11) 자체소방대를 두지 않고 제조소 등의 허가를 받은 자(위험물관리법 35조)
(12) 위험물 운반용기의 검사를 받지 않고 유통시킨 자(위험물관리법 35조)
(13) 제조소 등의 긴급 사용정지 위반자(위험물관리법 35조)
(14) 영업정지처분 위반자(소방시설공사업법 36조)
(15) 거짓 감리자(소방시설공사업법 36조)
(16) 공사감리자 미지정자(소방시설공사업법 36조)
(17) 하도급자(소방시설공사업법 36조)
(18) 소방시설업자가 아닌 자에게 공사 도급(소방시설공사업법 36조)
(19) 소방시설공사업법의 명령에 따르지 않은 소방기술자(소방시설공사업법 36조)

 ①

16 「소방시설 설치 및 관리에 관한 법률」상 소방시설관리사 또는 소방시설관리업에 대한 설명이다. 틀린 것은?

① 소방시설관리사가 되려는 사람은 소방청장이 실시하는 관리사시험에 합격하여야 한다.
② 소방공무원으로 5년 이상 근무한 경력이 있는 사람은 소방시설관리사 시험에 응시할 수 있다.
③ 기술 인력, 장비 등 관리업의 등록기준에 관하여 필요한 사항은 대통령령으로 정한다.
④ 관리업의 등록이 취소된 날부터 1년이 지난 경우는 관리업을 등록할 수 있다.

④ 1년 → 2년

1. 소방시설법 25조
소방시설관리사
(1) 시험 : **소방청장**이 실시 보기 ①
(2) 응시자격 등의 사항 : **대통령령**

2. 소방시설관리사시험의 응시자격

소방실무경력	대 상
무관	• 소방기술사 • 위험물기능장 • 건축사 • 건축기계설비기술사 • 건축전기설비기술사 • 공조냉동기계기술사
2년 이상	• 소방설비기사 • 소방안전공학(소방방재공학, 안전공학) 석사학위 • 특급 소방안전관리자

소방실무경력	대 상
3년 이상	• 소방설비산업기사 • 소방안전관리학과 전공자 • 소방안전관련학과 전공자 • 산업안전기사 • 1급 소방안전관리자 • 위험물산업기사 • 위험물기능사
5년 이상	• 소방공무원 보기 ② • 2급 소방안전관리자
7년 이상	• 3급 소방안전관리자
10년 이상	• 소방실무경력자

중요

소방시설법 시행령 27조(구법 적용)〈2026. 12. 1 개정 예정〉
소방시설관리사시험의 응시자격

(1) 소방기술사・위험물기능장・건축사・건축기계설비기술사・건축전기설비기술사 또는 공조냉동기계기술사
(2) **소방설비기사** 자격을 취득한 후 **2년** 이상 소방청장이 정하여 고시하는 소방에 관한 실무경력이 있는 사람
(3) **소방설비산업기사** 자격을 취득한 후 **3년** 이상 소방실무경력이 있는 사람
(4) 「국가과학기술 경쟁력 강화를 위한 이공계지원 특별법」에 따른 이공계 분야를 전공한 사람으로서, 다음의 어느 하나에 해당하는 사람
  ① **이공계** 분야의 **박사**학위를 취득한 사람
  ② 이공계 분야의 **석사**학위를 취득한 후 **2년** 이상 소방실무경력이 있는 사람
  ③ 이공계 분야의 **학사**학위를 취득한 후 **3년** 이상 소방실무경력이 있는 사람
(5) 소방안전공학(소방방재공학, 안전공학 포함) 분야를 전공한 후 다음에 해당하는 사람
  ① 해당 분야의 **석사**학위 이상을 취득한 사람
  ② **2년** 이상 소방실무경력이 있는 사람
(6) **위험물산업기사** 또는 **위험물기능사** 자격을 취득한 후 **3년** 이상 소방실무경력이 있는 사람
(7) 소방안전 관련 학과의 **학사**학위를 취득한 후 **3년** 이상 소방실무경력이 있는 사람
(8) **산업안전기사** 자격을 취득한 후 **3년** 이상 소방실무경력이 있는 사람
(9) **소방공무원**으로 **5년** 이상 근무한 경력이 있는 사람 보기 ②
(10) 다음에 해당하는 사람
  ① **특급** 소방안전관리대상물의 소방안전관리자로 **2년** 이상 근무한 실무경력이 있는 사람
  ② **1급** 소방안전관리대상물의 소방안전관리자로 **3년** 이상 근무한 실무경력이 있는 사람
  ③ **2급** 소방안전관리대상물의 소방안전관리자로 **5년** 이상 근무한 실무경력이 있는 사람

④ **3급** 소방안전관리대상물의 소방안전관리자로 **7년** 이상 근무한 실무경력이 있는 사람
⑤ **10년** 이상 소방실무경력이 있는 사람

3. 소방시설법 29조
소방시설관리업
(1) 업무 ┬ 소방시설 등의 **점**검
         └ 소방시설 등의 **관**리

암기 **점유관**

(2) 등록권자 : **시·도지사**
(3) 등록기준 : **대통령령** 보기 ③

4. 소방시설법 30조
소방시설관리업의 등록결격사유
(1) 피성년 후견인
(2) 금고 이상의 실형을 선고받고 그 집행이 끝나거나 집행이 면제된 날부터 2년이 지나지 아니한 사람
(3) 금고 이상의 형의 집행유예를 선고받고 그 유예기간 중에 있는 사람
(4) 관리업의 등록이 취소된 날부터 **2년**이 지나지 아니한 자 보기 ④

정답 ④

★★
17 관리의 권원이 분리된 특정소방대상물로 틀린 것은?

유사기출 18년 공채

① 복합건축물로서 연면적이 30000m^2 이상인 것 또는 지하층을 제외한 11층 이상인 특정소방대상물
② 지하가
③ 지하층을 포함한 11층 이상 특정소방대상물
④ 도매시장

해설 ③ 포함한 → 제외한

화재예방법 35조, 화재예방법 시행령 35조
관리의 권원이 분리된 특정소방대상물
(1) 복합건축물(**지하층**을 **제외**한 **11층** 이상 또는 연면적 **30000m^2** 이상인 건축물) 보기 ①
(2) **지하가**(지하의 인공구조물 안에 설치된 상점 및 사무실, 그 밖에 이와 비슷한 시설이 연속하여 지하도에 접하여 설치된 것과 그 지하도를 합한 것) 보기 ②

지하가(소방시설법 시행령 [별표 2])	지하구
① 터널 ② 지하상가	지하의 케이블 통로 ① 건축허가 동의(소방시설법 시행령 7조) ② 자동화재탐지설비의 설치대상(소방시설법 시행령 [별표 4]) ③ 2급 소방안전관리대상물(화재예방법 시행령 [별표 4])

(3) **도매시장, 소매시장** 및 **전통시장** 보기 ④

지하층 포함	지하층 제외	아파트 제외
① 특급소방안전관리 대상물 (화재예방법 시행령 [별표 4]) ② 인명구조기구 설치대상 (소방시설법 시행령 [별표 4]) ③ 비상조명등 설치대상 (소방시설법 시행령 [별표 4]) ④ 상주공사감리 기준 (소방시설공사업법 시행령 [별표 3])	관리의 권원이 분리된 특정소방대상물의 소방안전관리 (화재예방법 35조)	방염성능기준 이상 (소방시설법 시행령 30조)

정답 ③

★

18 다음 중 소방시설관리사의 결격사유로서 틀린 것은?

① 피성년 후견인

② 금고 이상의 실형을 선고받고 그 집행이 끝나거나 면제된 날부터 2년이 지나지 아니한 사람

③ 금고 이상의 형의 집행유예를 선고받고 그 유예기간 중에 있는 사람

④ 자격이 취소된 날부터 1년이 지나지 아니한 사람

해설

④ 1년 → 2년

소방시설법 27조
소방시설관리사의 결격사유

(1) 피성년 후견인 보기 ①

(2) 금고 이상의 실형을 선고받고 그 집행이 끝나거나(집행이 끝난 것으로 보는 경우를 포함) 집행이 면제된 날부터 **2년**이 지나지 아니한 사람 보기 ②

(3) 금고 이상의 형의 집행유예를 선고받고 그 유예기간 중에 있는 사람 보기 ③

(4) 자격취소 후 **2년**이 지나지 아니한 사람 보기 ④

정답 ④

★★

19 다음 중 불꽃을 사용하는 용접 · 용단 기구에 대한 내용으로 올바른 것은?

유사기출 19년 경채

> 용접 · 용단 작업장 주변 반경 (　)m 이내에 소화기를 갖추고, 작업장 주변 반경 (　)m 이내에는 가연물을 쌓아두거나 놓지 말 것

① 5, 10　　② 10, 5

③ 3, 5　　④ 5, 3

2017 경력경쟁채용

화재예방법 시행령 [별표 1]
불꽃을 사용하는 용접·용단 기구
(1) 용접 또는 용단 작업장 주변 반경 **5m** 이내에 **소화기**를 갖추어 둘 것
(2) 용접 또는 용단 작업장 주변 반경 **10m** 이내에는 **가연물**을 쌓아두거나 놓아두지 말 것 (단, 가연물의 제거가 곤란하여 방지포 등으로 방호조치를 한 경우는 제외)

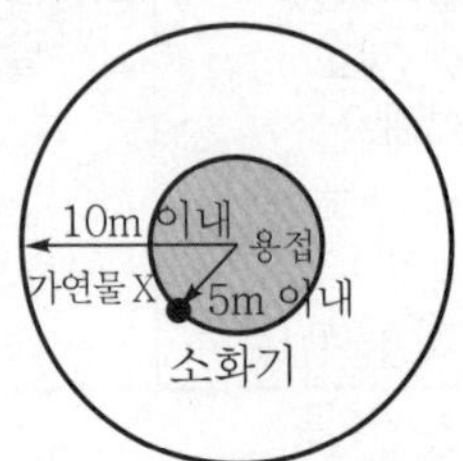

┃ 용접·용단 시 소화기, 가연물 이격거리 ┃

 ①

★★
20 소방안전교육사 응시자격으로 틀린 것은?

유사기출 20년 경채 19년 공채

① 소방공무원 3년 이상 근무한 경력이 있는 사람
② 소방공무원으로서 중앙소방학교 및 지방소방학교에서 2주 이상 교육을 받은 사람
③ 간호사 면허를 취득한 후 간호업무 분야에 1년 이상 종사한 사람
④ 2급 응급구조사 자격을 취득한 후 응급의료업무 분야에 1년 이상 종사한 사람

④ 1년 → 3년

1. 소방안전교육사 응시자격

1급 응급구조사	2급 응급구조사
1년 이상	3년 이상

2. 소방기본법 시행령 [별표 2의2]
소방안전교육사시험의 응시자격

자 격	경력 또는 학점	비 고
안전관리분야 기사	**1년**	-
간호사 보기 ③	**1년**	-
1급 응급구조사	**1년**	-
1급 소방안전관리자	**1년**	-
소방안전관리 실무경력	**1년**	-
어린이집의 원장 또는 보육교사	**3년**	-
안전관리분야 산업기사	**3년**	-
2급 응급구조사 보기 ④	**3년**	-
2급 소방안전관리자	**3년**	-
의용소방대원	**5년**	-

자 격	경력 또는 학점	비 고
소방공무원 보기 ①	**3년**	중앙소방학교 · 지방소방학교에서 **2주** 이상 전문교육도 해당 보기 ②
교원	경력 필요 없음	–
소방안전교육 관련 교과목 (응급구조학과, 교육학과, 소방 관련 학과 전공과목)	**6학점**	대학 또는 학습과정평가인정 교육훈련기관
안전관리분야 기술자	경력 필요 없음	–
소방시설관리사	경력 필요 없음	–
특급 소방안전관리자	경력 필요 없음	–
위험물기능장	경력 필요 없음	–

중요

소방안전교육사시험의 응시자격

(1) 「국가기술자격법」에 따른 국가기술자격의 직무분야 중 **안전관리분야의 기사** 자격을 취득한 후 안전관리분야에 **1년** 이상 종사한 사람
(2) 「의료법」에 따라 **간호사** 면허를 취득한 후 간호업무 분야에 **1년** 이상 종사한 사람
(3) 「응급의료에 관한 법률」에 따라 **1급 응급구조사** 자격을 취득한 후 응급의료 업무 분야에 **1년** 이상 종사한 사람
(4) 「화재의 예방 및 안전관리에 관한 법률 시행령」 1급 소방안전관리자로 **소방안전관리에 관한 실무경력**이 **1년** 이상 있는 사람
(5) 「영유아보육법」에 따라 **어린이집의 원장** 또는 **보육교사**의 자격을 취득한 사람(보육교사 자격을 취득한 사람은 보육교사 자격을 취득한 후 **3년** 이상의 보육업무 경력이 있는 사람만 해당)
(6) 「국가기술자격법」에 따른 국가기술자격의 직무분야 중 **안전관리분야의 산업기사** 자격을 취득한 후 안전관리분야에 **3년** 이상 종사한 사람
(7) 「응급의료에 관한 법률」에 따라 **2급 응급구조사** 자격을 취득한 후 응급의료 업무 분야에 **3년** 이상 종사한 사람
(8) 「화재의 예방 및 안전관리에 관한 법률 시행령」 **2급 소방안전관리자**로 **소방안전관리**에 관한 **실무경력**이 **3년** 이상 있는 사람
(9) 「의용소방대 설치 및 운영에 관한 법률」에 따라 **의용소방대원**으로 임명된 후 **5년** 이상 의용소방대 활동을 한 경력이 있는 사람
(10) 소방공무원으로서 다음에 해당하는 사람
  ① **소방공무원**으로 **3년** 이상 근무한 경력이 있는 사람
  ② **중앙소방학교** 또는 **지방소방학교**에서 **2주** 이상의 소방안전교육사 관련 전문교육과정을 이수한 사람
(11) 「초 · 중등교육법」에 따라 **교원**의 자격을 취득한 사람
(12) 「유아교육법」에 따라 **교원**의 자격을 취득한 사람
(13) 다음 어느 하나에 해당하는 기관에서 소방안전교육 관련 교과목(응급구조학과, 교육학과 또는 소방청장이 정하여 고시하는 소방 관련 학과에 개설된 전공과목을 말함)을 총 **6학점** 이상 이수한 사람

① 「고등교육법」 각종 **대학**의 규정의 어느 하나에 해당하는 학교
② 「학점인정 등에 관한 법률」에 따라 **학습과정**의 **평가인정**을 받은 **교육훈련기관**

(14) 「국가기술자격법」에 따른 국가기술자격의 직무분야 중 **안전관리분야**(국가기술자격의 직무분야 및 국가기술자격의 종목 중 중직무분야의 안전관리를 말함)의 **기술사** 자격을 취득한 사람
(15) 「소방시설 설치 및 관리에 관한 법률」에 따른 **소방시설관리사** 자격을 취득한 사람
(16) 「화재의 예방 및 안전관리에 관한 법률 시행령」 **특급 소방안전관리자**에 해당하는 사람
(17) 「국가기술자격법」에 따른 국가기술자격의 직무분야 중 위험물 중직무분야의 기능장 자격을 취득한 사람

정답 ④

찐!합격 소방관계법규 7개년 기출문제 무료강의

2024. 1. 3. 초 판 1쇄 인쇄
2024. 1. 10. 초 판 1쇄 발행

지은이 | 공하성
펴낸이 | 이종춘
펴낸곳 | BM (주)도서출판 성안당
주소 | 04032 서울시 마포구 양화로 127 첨단빌딩 3층(출판기획 R&D 센터)
10881 경기도 파주시 문발로 112 파주 출판 문화도시(제작 및 물류)
전화 | 02) 3142-0036
031) 950-6300
팩스 | 031) 955-0510
등록 | 1973. 2. 1. 제406-2005-000046호
출판사 홈페이지 | www.cyber.co.kr
ISBN | 978-89-315-8631-2 (13530)
정가 | 29,000원

이 책을 만든 사람들
기획 | 최옥현
진행 | 박경희
교정·교열 | 이은화
전산편집 | 송은정
표지 디자인 | 박현정
홍보 | 김계향, 유미나, 정단비, 김주승
국제부 | 이선민, 조혜란
마케팅 | 구본철, 차정욱, 오영일, 나진호, 강호묵
마케팅 지원 | 장상범
제작 | 김유석